飞行器质量与可靠性专业系列教材

故障物理学

陈　颖　编著

康　锐　主审

北京航空航天大学出版社

内 容 简 介

本书总结回顾了故障物理学发展历史,从静力学、动力学、电学和电磁学等角度分析了产品常见故障机理的根源、影响因素,阐述了故障物理学的精华——物理模型的建立方法,以及将故障物理学应用于可靠性分析、可靠性预计与评估、故障诊断与健康管理等方面时存在的问题和解决的方法。

本书的主要内容包括三大部分,第一部分是认识故障机理,包括结构的变形与疲劳,电子产品的热疲劳与振动疲劳、结构磨损与腐蚀,电子产品的腐蚀、迁移与扩散,电子产品的热载流子、栅氧化层击穿和电迁移、静电放电,以及空间环境下的单粒子效应、总剂量效应和位移损伤效应;第二部分是刻画故障行为,给出故障物理模型的类型,以及解析类故障物理模型的推导方法、反应论类故障物理模型和性能退化类物理模型的数据拟合方法;第三部分是故障物理学在可靠性工程中的应用,包括 FMMEA(故障机理、模式与影响分析方法)、电子产品的可靠性仿真分析、基于故障物理的故障诊断与健康管理等内容。

本书可作为高等院校本科生、硕士生学习和研究故障物理方法的参考,也可供广大工程技术人员在可靠性工程实践中应用参考。

图书在版编目(CIP)数据

故障物理学 / 陈颖编著. -- 北京 : 北京航空航天
大学出版社,2020.9
  ISBN 978-7-5124-3353-3

  Ⅰ. ①故… Ⅱ. ①陈… Ⅲ. ①物理学－高等学校－教
材 Ⅳ. ①O4

中国版本图书馆 CIP 数据核字(2020)第 167606 号

故障物理学

陈 颖 编著

康 锐 主审

责任编辑 王 瑛 胡玉娟

*

北京航空航天大学出版社出版发行

北京市海淀区学院路 37 号(邮编 100191) http://www.buaapress.com.cn
发行部电话:(010)82317024 传真:(010)82328026
读者信箱:goodtextbook@126.com 邮购电话:(010)82316936
北京建宏印刷有限公司印装 各地书店经销

*

开本:787×1 092 1/16 印张:14.25 字数:365 千字
2020 年 9 月第 1 版 2022 年 1 月第 2 次印刷 印数:1 001~2 000 册
ISBN 978-7-5124-3353-3 定价:45.00 元

飞行器质量与可靠性专业系列教材

序

　　1985 年国防科技界与教育界著名专家杨为民教授创建了国内首个可靠性方向本科专业,翻开了我国可靠性工程专业人才培养的篇章。2006 年在北京航空航天大学的积极申请和原国防科工委的支持与推动下,教育部批准将质量与可靠性工程专业正式增列入本科专业教育目录。2008 年该专业入选国防紧缺专业和北京市特色专业建设点。2012 年教育部进行本科专业目录修订,将专业名称改为飞行器质量与可靠性专业(属航空航天类)。2019 年该专业获批教育部省级一流本科专业建设点。

　　当今在实施质量强国战略的过程中,以航空航天为代表的高技术产品领域对可靠性专业人才的需求越发迫切。为适应这种形势,我们组织长期从事质量与可靠性专业教学的一线教师出版了这套《飞行器质量与可靠性专业系列教材》。本系列教材在系统总结并全面展现质量与可靠性专业人才培养经验的基础上,注重吸收质量与可靠性基础理论的前沿研究成果和工程应用的长期实践经验,涵盖质量工程与技术,可靠性设计、分析、试验、评估,产品故障监测与环境适应性等方面的专业知识。

　　本系列教材是一套理论方法与工程技术并重的教材,不仅可作为质量与可靠性相关本科专业的教学用书,也可作为其他工科专业本科生、研究生以及广大工程技术和管理人员学习质量与可靠性知识的工具用书。我们希望这套教材的出版能够助力我国质量与可靠性专业的人才培养取得更大成绩。

编委会
2019 年 12 月

前　言

故障物理学经过了半个多世纪的发展,目前已经成为一门十分活跃的研究领域。它与概率统计学几乎同时在可靠性工程中开始应用,但是由于依赖于人们认知水平的提高,使得其发展较为缓慢,直到 20 世纪 80 年代后才加快了应用的步伐。目前,故障物理学已经在国内外的航空航天、舰船、兵器、核能等领域有了较为广泛的应用,在产品的可靠性设计、预计和评估等领域发挥着越来越大的作用。

可靠性科学是在与故障作斗争的实践过程中成长和发展起来的技术科学。概率统计方法更多关注产品故障的结果数据,要获得高置信度的评估结果,需要积累大量的故障数据,同时评估结果只能说明产品故障的统计特性,无法回答故障起因及可靠性设计问题。故障物理学从认识故障机理、刻画故障行为两个角度,研究产品故障的发生、发展及其预防的规律,以延长产品寿命、提高性能和增进可靠性。

最初接触故障物理学,是在 2006 年我刚刚进入北京航空航天大学可靠性与系统工程学院工作之时。从事相关基础研究几年后,由于航空、航天产品研制的需求,大概有六七年的时间我都在故障物理学的研究和实践中摸爬滚打,期间充分体会到工程上的迫切需求对于理论方法研究的牵引作用。2017 年,学院将"故障物理学"课程建设的任务交给了我,从那时起,编写一本理论与实践相结合的教材的想法就开始酝酿了,经过了编写和几轮的修改,这本教材终于能够展现在读者面前。

本书编写的指导思想是,紧密跟踪故障物理学国内外研究的最新进展,结合作者团队近十年来在国内重点装备、特别是大飞机研制过程中的应用实践经验,在介绍典型的常见的故障机理及其故障物理模型的基础上,进一步介绍故障物理模型的类别及其常用建模方法,最后阐述故障物理方法在可靠性工程中的典型应用,以期读者能渐进式地学习和掌握故障物理学的全貌。

本书力图在内容的编排上既涵盖故障物理学的基本理论和方法,又注重面向实际应用,在对各种故障现象概念的阐述和故障机理发生机制描述的基础上,增加了较多的应用例题,以便加深对基本理论和方法的理解。为了提高学生分析问题和解决问题的能力,每章都配有大量的习题,可以在教学过程中根据情况选用。

本书的主要内容分为三大部分。第 1 章介绍了故障物理学的基本概念。第 2～6 章为第一部分,在对常见故障机理认识的基础上,给出成熟可用的各物理模型,对故障机理的影响因素进行全面剖析。第 7 章为第二部分,归纳总结了故障物理模型的类别以及建立故障物理模型的方法。第 8～10 章为第三部分,是故障物理方法在可靠性分析、可靠性评价和故障监控与预测领域的应用，给出了精选的工程实际案例。

本书由陈颖编写和统稿，李姝敏、马启超、杨松等参与了例题与习题的编写，李颖异、王羽佳、王泽、王艳芳等参与了校对工作。

在本书的编写过程中，得到了我国著名可靠性专家康锐教授的大力支持，康老师在百忙中审阅了本书的全文，并在方法论、逻辑结构等方面提出了许多宝贵意见，在修改过程中给予了诸多的具体指导，使得本书的理论和方法得到了升华，在此向康老师表示衷心的感谢！

在本书的编写过程中，还参阅了国内外一些相关著作，均列入参考文献中，在此向这些著作的作者表示感谢！

由于作者水平有限，书中难免存在错误和不妥之处，恳请读者批评指正。

陈　颖

2020 年 5 月 18 日

于北京航空航天大学

目　　录

第1章 绪 论

1.1 故障物理学的基本概念

1.1.1 故障物理学的定义

故障物理学是对各种工程结构(如机械结构、土木结构、航空航天结构、核电结构和电子元器件)和工程材料(如金属、陶瓷、高分子、岩土、复合材料和生物材料等)的破坏(故障)行为(包括断裂、损伤、疲劳、腐蚀、磨损、迁移和辐射)及规律进行研究的一门综合性的学科,该学科着重从物理、化学和生物学的基本原理出发描述故障的发生与发展过程。

故障物理学与材料力学、弹塑性力学、粘塑性及蠕变力学、疲劳学、断裂力学、损伤力学、半导体物理学、化学与电化学和辐射物理学等传统学科存在着交叉关系,但是又与这些工程学科有区别。各工程学科所研究的是产品或者工程结构能否实现其功能,而故障物理学所描述的规律是在产品实现功能后,能否在规定的时间(可靠性指标)内持续的实现产品的规定功能。也就是说,传统工程学科只关心产品寿命周期开始的时间点 t 上是否能够满足功能,而故障物理学关心的是 $t>0$ 后的故障演变规律,这一点与可靠性工作是一致的,因而故障物理方法能够应用在可靠性工程的各个领域中。

1.1.2 故障机理

故障机理是故障物理学中的一个重要概念,是指引发故障的物理、电学、化学、力学或其他过程。故障机理从微观方面阐明故障的本质、规律和原因,可以追溯到原子、分子尺度和结构上的变化。故障机理与故障模式是不同的,故障模式是零部件、子系统或整个系统不能实现某种功能的某种表现方式,这种表现方式通常是我们通过肉眼能够观察到的,或者通过简单的仪器仪表就能检测出来的。例如,电路烧毁,肉眼可能会看到烟雾,闻到烧焦的气味,而电路的参数漂移通过肉眼很难判断,只有通过电阻计或者电压测量仪器能观测到。

故障机理的形成是由内因和外因决定的,内因包括材料的缺陷、材料的退化而引发的性能的变化,内因还包括结构的变化,例如材料变形引起的结构的变化。材料的退化是从微观部分开始的,例如在晶体中,或多或少存在某些偏离理想结构的区域,称为晶体缺陷,对金属的许多性能有非常重要的影响,例如,晶体的凝固、扩散过程,塑性变形、强度和断裂。无缺陷的理想金属晶体,其强度比实际晶体大 1 000 倍。常见的材料级别的缺陷包括:点缺陷(如空位和间隙)、线缺陷(如位错)、面缺陷(如堆垛层错)等。位错是纳米级的缺陷,微裂纹则是微米级的缺陷。美国贝尔电话研究所在调查海下电缆增音机故障原因时意外地发现了完善的晶体,它是由电缆铜线接头部位生产出的细锡结晶,其强度为普通锡的 1 000 倍。这种须状晶体的发现,使得人们对于晶体缺陷的研究进入了新阶段。但是大多数无缺陷的晶体目前直径只在 1 μm 左右,大于该尺寸则缺陷增加,1 mm 以上的强度便大大下降。

　　晶体缺陷不是静止、稳定存在的,可以随着条件的变化而发展、运动并相互作用,有时会合并或消失。而材料的某些参数,容易受到内部结构微观变化的影响,这些参数成为结构敏感性参数,例如屈服应力、塑性变形、断裂、电导率和磁性等。其他一些材料参数不易受到内部结构微小差异的影响,如密度、弹性系数、比热、热膨胀系数和折射率等。结构敏感性参数的变化是导致退化发生的主要因素。

　　引起故障机理的外因主要是环境条件和载荷。环境条件包括热、振动、湿度、电磁、太阳辐射、盐雾和霉菌等;载荷包括机械力和电等。在工程中,产品质量控制不当会引入材料和结构的缺陷;由于设计不当会引起设计缺陷;装配、退化、筛选中应力选择不当或环境控制不当会引入损伤;使用中工作应力、环境应力以及人为因素造成的可靠性问题,都会导致产品故障。无论是什么原因引起的故障,都是外因和内因共同作用的结果。

　　故障机理可以从多个角度进行分类,如从引发故障机理的外因分类,从引发故障机理的内因分类以及从故障机理的动态特性出发进行分类等。本书主要介绍两种分类方法,如图 1-1 所示。

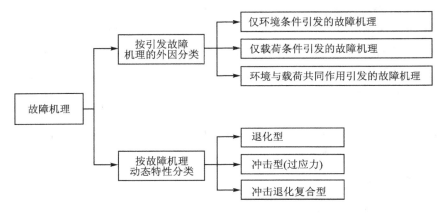

图 1-1　故障机理的分类

(1) 按引发故障机理的外因分类

可将故障机理分为环境条件引发的故障机理、载荷条件引发的故障机理以及两者共同作用引发的故障机理。环境条件相关的故障机理是指单纯由环境引起的故障机理,这一类故障机理并不多见,例如振动疲劳、环境温度变化引起的热疲劳。存在这类故障机理的产品,即使不工作,处于待机状态,也会存在结构的损伤或者退化现象;载荷引发的故障机理是指单纯由载荷作用引起的故障机理,例如机械疲劳、磨损、电击穿等,这类故障机理只有在产品处于工作状态下才会对其造成损伤。

环境和载荷共同作用引发的故障机理比较常见,例如电化学腐蚀通常发生在有一定的湿度和温度(环境条件)共同作用下,且在电压偏置(载荷)的情况下;又如银迁移,通常发生在温度和湿度条件作用下,且具有一定的直流电压偏置情况下。有些故障机理既能单纯由环境条件引发,也能单纯由载荷引发,例如电子产品的热疲劳,既能由于环境温度的变化而发生,也能由于工作电应力变动,引起的耗散热量变动而引发。而有些故障机理必须在环境和载荷共同作用下才能发生。

按照引发故障的外因,还可以将故障机理进行细分,如图 1-2 所示。

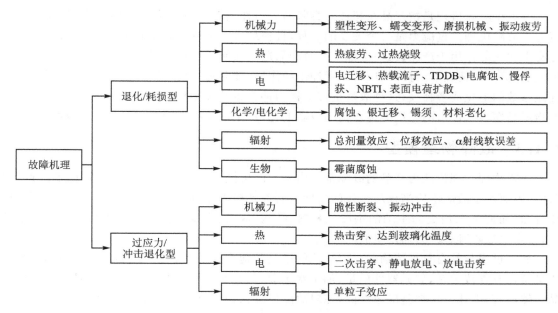

图 1-2 按照引发故障的外因细分

故障机理可以包括机械相关故障机理、热相关故障机理、振动相关故障机理、电相关故障机理和化学/电化学故障机理等。机械相关故障机理是由机械力引发的,机械力可以是外部施加的载荷,还可以由于产品内部的应力释放引发,如疲劳断裂、磨损和变形等。对于机械产品,这三类是最常见的故障机理;热故障机理是指产品由于过热或者温度的急剧变化而导致的烧毁、熔融、蒸发以及热力耦合故障机理等。对于电子产品,热力耦合故障机理主要是由于材料之间热性能不匹配造成的,与热和通电所产生的热量有关系。

振动相关故障机理是指由于产品受到周期的或者非周期的振动而引起的疲劳、断裂、开路等。振动故障机理在机械产品和电子产品中都存在,对于电子产品而言,振动相关的故障机理通常是引起产品早期故障的主要形式;电相关故障机理是指产品由于过电或长期电应力作用而导致的烧毁、熔融、参数漂移或退化等故障。对于电子产品,电相关的故障机理占相当大的比例,它与电应力有关,同时也与材料缺陷、结构相关。

化学/电化学故障机理是指产品受到化学腐蚀、电化学腐蚀的作用而出现材料的变质、老化的现象。对于机械产品,腐蚀性故障机理可以分为点腐蚀、晶间腐蚀等多种类型,对于电子产品,腐蚀故障机理主要是由于存在离子沾污物,以及腐蚀性环境(如酸和碱等)的残留或者入侵造成的,同时也与温度、湿度、电压等因素相关。

(2)按故障机理的动态特性分类

按照故障机理动态特性可将故障机理分为退化型、冲击型或者冲击退化复合型。退化型故障机理是指产品的一个或者多个参数,或者产品的某些局部特性发生退化性变化直至达不到规定的要求而发生故障。在工程上,又将退化型故障机理称为耗损型故障机理。某些故障机理。例如疲劳,在从裂纹萌生到扩展的过程中,无法通过监测某一个参数来表征其发展的过程,但这并不是说疲劳就是突变的,未来可能会有一个能观测的参数来表征这种故障机理。因此疲劳类的故障机理也属于退化故障机理。

　　冲击型故障机理是指产品在超过其容限的应力作用下而发生突然故障的机制,又称为过应力型故障机理。过应力是一个突变的过程,且在最后一次造成故障的应力到来之前,可能已经有多次应力作用于产品,每一次都不会对产品造成任何的损伤,这是过应力型故障机理的一种假设;更多的情况下,每一次应力或者冲击的作用,都会对产品产生一定的影响,如果造成了性能参数的退化或者耗损,这种故障机理就称为冲击退化型故障机理。冲击退化型故障机理是指产品在多次冲击的作用下逐步损伤或者退化,直至最后一次冲击引起失效的过程。

1.1.3　故障物理模型

　　故障物理学理论认为产品的故障都是由基本的机械、电、热和化学等应力作用的过程所导致的,因而对于故障不应当仅从统计的角度去研究其规律性,被动的验证产品有具备的可靠性或寿命,而应当采用更为主动的手段从材料、结构、应力、强度和损伤累加等角度去全面了解“何时发生故障”以及“为何发生故障”。

　　故障过程与其自身抵抗物理、化学、热的以及其他变化的特性密切相关,而这与其自身的质量特性有直接关系,如元器件质量、加工水平等,都是影响这一特性的因素。对某一具体产品个体而言,上述特性都是确定性的,在对故障机理认识清晰的前提下,产品的寿命也是确定性的,这一确定性体现在可以通过故障机理以量化的形式解释清楚寿命影响因素与寿命之间的关系。故障物理模型就是体现这一量化关系的一种形式。

　　故障物理模型是针对某一特定的故障机理,在基本物理、化学或其他原理的公式和(或)试验回归公式的基础上,建立起来的定量地反映故障发生的特性参数(故障发生时间、退化量和故障率等)与材料、结构和应力等关系的数学函数模型,如图 1-3 所示。

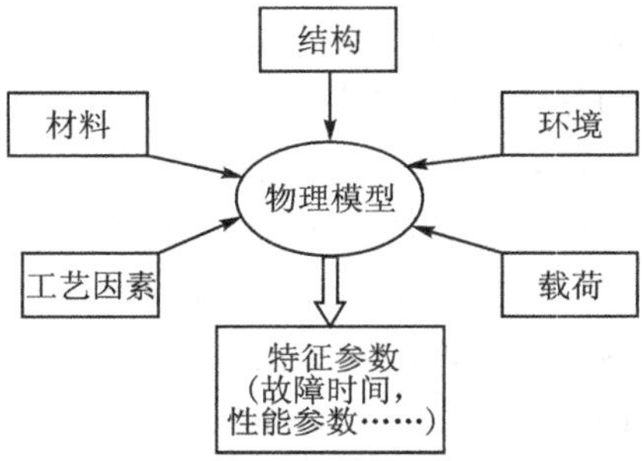

图 1-3　故障物理模型

1.1.4　故障物理学的发展历程

　　1985 年美国马里兰大学提出“基于故障物理的可靠性”概念,将这一方法命名为故障物理学(PoF,Physic of Failure)方法,后又称为“可靠性物理”。故障物理学的发展主要经历了四个阶段,即萌芽阶段、初步发展阶段、深入发展阶段以及专业化应用阶段,如图 1-4 所示。

1. 萌芽阶段

　　20 世纪 50 年代开始,电子管、二极管等新型电子元器件诞生并广泛应用。电子元器件故障频发,严重威胁到美军主战装备的操作完好性,随着电子产品技术的发展,产品更新换代速度加快,新的元器件产生后,还来不及积累故障数据,就已经被工艺更先进,甚至原理更先进的元器件替代。在产品设计阶段需要认知故障的根本原因以预防故障的发生,而传统的基于手册的可靠性评估方法无法实现这一目的。在这种现实的挑战下,故障物理方法诞生了。1955 年,美国召开了第一届电接触会议,又称为“Holm”会议,会上发表了大量电连接器领域故障机理相关的论文,成为日后进行连接器故障物理分析时信息的主要来源。Holm 会议此后基本上每年举行一次,对后来的故障物理发展具有重要意义。

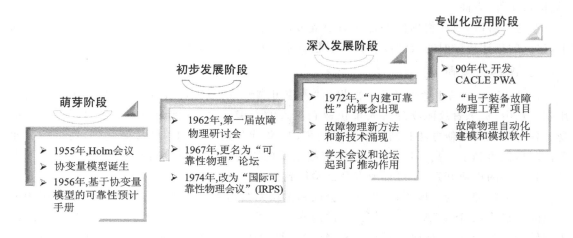

图 1 - 4 故障物理方法的发展历程

在故障物理学的萌芽阶段,还诞生了协变量模型。协变量模型是一种显式的函数关系,它将可靠性指标(如故障率)与其相关的产品内、外在特性参数(又称为协变量)建立起关联关系。例如,对电子元器件来说,协变量可能是电压、电流、温度、湿度或描述应力及环境的其他参数,通过对这些协变量和故障率指标之间的关系开展物理或统计分析,就能建立故障率与这些参数存在的函数关系。这种函数关系表示的可靠性指标与协变量之间不一定具有因果相关性,更多的还是统计相关性,且在后来,基于协变量模型的可靠性预计结果的准确性不断受到质疑,但这丝毫不影响协变量模型的重要历史地位,它标志着故障物理学这一学科的萌芽。1956 年美国可靠性分析中心发布了第一部基于协变量模型的可靠性预计手册,并成为美国军用标准可靠性预计手册 MIL - HDBK - 217 的前身,之后这一方法论的改进和使用一直持续至今,目前协变量模型仍然大量存在于各行业产品的可靠性预计手册中。

2. 初步发展阶段

美国纽约 Griffiss 空军基地的罗姆航空研制中心(RADC,Rome Air Development Center,现为 Air Force Research Laboratory)是最早开展故障物理研究的机构之一,早在 1961 年就开始故障物理方面的研究项目,通过这些研究项目增强了对电子元器件的故障机理的认识,1962 年,在民兵 II 导弹的研制过程中,RADC 制定了一个规模庞大的元部件故障物理保证计划。1962 年 9 月,RADC 在芝加哥组织了第一届故障物理研讨会,揭开了故障物理研究和应用新一阶段的序幕。

1967 年由 RADC 主办的会议更名为"可靠性物理"论坛,1974 年又改为"国际可靠性物理会议"(IRPS)并延续至今。目前,IRPS 已经发展成集成电路行业的一个盛会,而可靠性也成为横跨学校研究所及半导体产业的重要研究领域。

在这一阶段,故障物理学已经步入自己的发展道路,人们意识到对故障机理的深入认识,是提高产品可靠性的主要方法。除了对半导体器件金属互连线的劣化问题、电连接的可靠性问题等展开的研究活动,对新型集成电路器件、塑封新材料的故障分析技术和故障机理的研究也得到了发展。例如,美国 NASA 在研制阿波罗宇宙飞船用的电子计算机时,对集成电路的失效分析工作倾注了大量的人力。此外,故障物理的研究领域还扩展到其他非电子元件(电器、机械元件)方面。

在这一阶段,故障物理模型是在对引起故障发生的物理、化学过程进行深入研究的基础上,建立的描述故障时间或性能参数与引起故障的要素之间定量关系的确定性模型。

3. 深入发展阶段

1972 年,美国马里兰大学第一次提出"内建可靠性"的概念,故障物理模型诞生并开始运用到工程中,标志着故障物理进入了快速和深入的发展阶段,其理念越来越被电子行业所接受。各种故障物理新方法和新技术大量涌现,70 年代早期发展的封装故障物理,使得新型元器件可靠性得到了提高。1973 年,反映焊接金属的脆变、静电放电方面的文章发表。接下来各种新器件的迅速开发,使得加速寿命试验得到推广。

在故障物理学的发展历程中,学术会议和论坛无疑起到了推动性的作用。例如,国际测试与故障分析论坛(ISTFA),学者们讨论的内容涉及了半导体器件分立器件、集成电路芯片、无源器件的故障机理以及加速试验。70 年代后期,IRPS 会议也开始关注半导体故障物理。1979 年组织召开的电子产品过应力和静电放电论坛则更关注由于过电应力而造成的电子产品问题。

4. 专业化应用阶段

20 世纪 80 年代后,针对故障物理研究的交流更加深入。IRPS 在 80 年代讨论的焦点问题涉及电子产品的封装、金属化、电介质和混合半导体工艺的故障机理等。90 年代后,IRPS主要针对半导体物理领域开展研讨。

20 世纪 90 年代,美国马里兰大学 CALCE(Computer Aided Life Cycle Engineering,计算机辅助寿命周期工程)中心深入研究了基于故障物理的电子产品辅助设计与分析方法,开发了用于电路卡组件可靠性评估的故障物理分析软件工具 CACLE PWA。从此,奠定了 CALCE在故障物理学领域研究的主导地位,标志着故障物理学开始走向成熟和专业化。CALCE 还在加速试验、电子产品破坏性物理分析、电子元器件的选择与管理等研究领域居于世界领先地位。

为了寻求更科学的故障物理方法评价电子装备可靠性,美国陆军与马里兰大学的CALCE 中心合作开展"电子装备故障物理工程"项目。将 CALCE 开发用于计算机辅助电子封装设计(CADMP)软件应用到了工程中,证明了故障物理学能帮助工程师在设计早期识别并消除故障源,从而减少试验量,缩短研制周期,提高武器系统的可靠性。美国陆军还在机械、光电子系统以及整机电子设备等方面开展故障物理学的研究,并开发相应的故障物理的自动化建模和模拟软件。以上研究说明,故障物理的方法已经逐渐走向了工程应用。

在欧洲,德国弗劳恩霍夫可靠性和微集成研究所(IZM)是从事故障物理研究的一个重要机构。IZM 成立于 1993 年,隶属于欧洲最著名的应用科学研究机构——德国弗劳恩霍夫应用研究促进协会。主要研究内容有微电子封装技术、互连技术,微型机电系统 MEMS 产品的研发,微电路可靠性和全寿命评估等技术。该机构通过深入研究机械、电子、热、化学过程可能的故障机理来发现潜在的可靠性问题,利用加速试验来确定故障机理,利用有限元仿真的方法建立故障模型,并与试验模型进行比较。

伴随着新器件、新技术的发展,故障物理学也在不断的进步,并反过来促进新器件的发展。为了适应对不同器件、材料和封装技术等开展故障物理研究,相应的失效分析技术、加速试验技术和有限元仿真技术等也得到了发展。

20 世纪 80 年代,故障物理方法传入我国,北京航空航天大学可靠性与系统工程学院最早开始相关方法的研究,目前在电子产品失效分析、电子产品故障物理、可靠性仿真和故障行为分析、机械与机电产品的耐久性仿真与加速试验设计等方向开展研究和应用工作。2000 年后,在理论研究的基础上,北京航空航天大学可靠性与系统工程学院将故障物理应用到了航空、航天、兵器、舰船、高铁和核能等各个领域,取得了大量的研究成果。2018 年,康锐教授团队创新地提出了基于故障物理的电子产品 MTBF 算法,并开发了电子产品可靠性评估云平台(CRAFE),该平台结合了物理模型、协变量模型以及不确定理论对电子产品的可靠性进行预测和评估。

1.2　故障物理方法

1.2.1　故障物理方法概念及其主要任务

故障物理学是故障物理方法的理论基础。故障物理方法从物理、化学的微观结构的角度出发,研究材料、零件(元器件)和结构的故障机理,并分析工作条件、环境应力及时间对产品退化或故障的影响,从而为产品的设计改进、预测评估提供基础。故障物理方法主要有两大任务:

（1）认识故障机理

人类对世界的认识总是在不断的深入,科学家和工程师们对故障机理的认识也在逐渐加深。认识故障机理是故障物理学的首要任务,只有认识了发生故障的根本原因,才能从源头上切断故障发展的路径,或者延缓故障的发生,从而提高产品的可靠性。

认识故障机理有很多途径,人们认识世界的各种方法都可以应用到认识产品的故障机理上。例如可以通过对已发生的故障的深入分析,通过观测定位到故障点,剖析故障发生的物理根源。如果是新研究的产品,没有历史故障信息,则可以通过实验室模拟真实环境的方法激发故障的发生,同样利用观测的手段来定位故障。限于人们目前的认知能力和认知水平,有些故障机理可能无法获得,随着人们认识故障的活动的不断开展以及观测水平的提高,这些问题的根源将会越来越清晰地展现出来。

（2）刻画故障行为

人们认识了故障机理之后,总结规律来描述故障机理的过程,称为刻画故障行为。描述故障机理可以通过拟合物理方程来显现,也就是建立故障物理模型。故障物理模型可以将发生该机理的时间与结构材料、环境载荷条件相关联,可以实现定量优化设计、优选材料,为可靠性的提高提供依据。

故障行为还包括了故障机理的传播模型,故障机理传播是指故障从某一部位最先发生,通过影响周边的物理因素,例如结构、材料和环境载荷而进行传播的过程。这一过程通常采用建立系统故障关系模型的方法来进行。

除此以外,限于认知能力和水平,人们无法用完美的方程来描述故障机理或者故障行为,此时,故障机理的一些数据,例如元器件性能参数的变化、元器件局部结构尺寸的变化等,也承担起了刻画故障规律的任务,描述这些微观的变化也是刻画故障行为的一种方式。

1.2.2　故障物理方法与概率统计方法的区别

人们对于故障的认识是一个逐渐深入的过程。例如,传统观念认为电子产品故障的发生是偶然的,只要将故障率控制在一定水平就可以了。随着现代武器装备的使用寿命和可靠性要求越来越高,这种故障随机性的假设日益突显出其局限性。大量试验研究表明,电子产品故障机理主要是疲劳、退化和腐蚀等耗损性的故障机理,而不是不可归因的随机性故障,电子产品具有有限寿命。随着电子产品在使用过程中故障的日益增多,带来维修成本的大量增加,这种情况下需要衡量维修成本和产品自身成本之间的关系,即必须考虑电子产品的使用寿命。

从可靠性工程的发展历程来看,在最初始阶段就萌芽了两种解决可靠性问题的方法和途径。第一种是已在工程实践中广泛应用的基于概率统计的方法(传统方法);第二种就是近年来愈来愈受到广泛关注的故障物理方法。这两种方法在可靠性工程发展的过程中一直是并存的,是可靠性工程的发展存在着两条"主线"。实际上由于第一种方法在工程实践中见效快而被广泛推广,呈现出迅速发展的趋势;而第二种方法则由于需要漫长的数据、模型的积累过程,并且依赖于人们认识能力的提高,因此发展相对缓慢。

概率统计方法认识产品故障具有不可归因的随机特性,在工程实施中更多产品故障的结果数据,而不会过多的关注产品的故障过程,要获得高置信度的评估结果,就需要大量增加试验样本和试验时间。这种方法主要是基于对产品故障的整体认识,并从数据上得到故障的统计规律,因此这种方法在故障数据充足时,用于评价产品可靠性是非常有参考价值的,这也是概率统计法目前被工程上广泛接受的原因。正是由于基于故障随机性的认识,概率统计方法无法回答故障的起因,也无法将故障数据与产品的设计参数挂钩,设计改进后,产品只能制造出来并获得统计数据之后,才能了解改进的效果,这导致了可靠性工作与产品设计过程的脱节现象。

故障物理方法认为电子产品的任何故障都必然是由特定的工作应力或环境应力引起的某种机理造成的。产品的寿命周期过程,是其自身的强度特性和使用与环境载荷导致的应力损伤之间的斗争过程,其使用寿命的完结点就是其故障的时刻。只有从内外因相互作用的角度寻找故障发生的根本原因,才能对产品进行有效的设计改进,从而提高产品的可靠性。基于故障物理的方法注重对故障发生的深层根源的探究与认知,要获取准确的故障预测结果,需要大量的基础实验或者试验,以及长时间的认识过程,一旦形成对故障机理的深层认识,就能够从引发故障机理的内部因素和外部因素出发来对设计改进提出建议。

因此,与概率统计方法的"事后分析"不同,故障物理方法是一种"事前分析"方法。该方法通过收集产品的机械、热、电、电磁等载荷与环境条件,以及所采用的材料、结构和工艺等内部因素信息,研究产品故障模式、故障位置、故障机理及故障发生过程,事先把可靠性工作结合到产品设计过程中,试图实现"可靠性是设计出来的"这一目标。表1-1是这两种方法对比的一个汇总。

表 1 - 1　故障物理方法与概率统计方法的对比

对比点	概率统计方法	故障物理方法
认识角度	故障的随机性	故障的确定性
理论基础	数学(概率论、数理统计、随机过程……)	故障物理学(力学、电学、电磁学、电化学……)
关注重点	故障数据、故障模式	故障过程、故障机理
方法属性	事后分析方法	事前分析方法
成熟应用	可靠性评估	可靠性预计、可靠性设计
工作重点	收集故障数据加以分析	认识故障机理、刻画故障行为

1.3 故障物理方法在可靠性工程中的应用

国外已经从最初的基于概率统计的可靠性技术,实现了向基于故障物理的可靠性技术转变。基于故障物理的可靠性设计、分析、试验、评估以及故障预测等技术日益成熟并已得到广泛应用,如通过可靠性虚拟鉴定技术、高效快速的加速试验技术以及故障预测与健康管理方法等来保证关键产品的长寿命、高可靠性。例如,美国宇航局(NASA)针对空间系统的高可靠性要求进行了相关研究。针对空间环境对系统故障的原因进行了分析,识别宇宙飞船故障的主要原因、揭示引起故障的环境因素;针对第二代可重复使用运载火箭提出了一种定量的可靠性分析方法,通过建立故障模型以及描述产品功能丧失的故障结构/推理模型,然后以此模型为基础进行可靠性分析,包括故障根本原因分析、可靠性预计、可靠性评估、灵敏度分析等,给出可靠性分析或评估的定量输出值。

总结起来,故障物理方法在可靠性领域的应用主要包括可靠性预计、可靠性设计、可靠性分析、可靠性评估以及故障预测与健康管理(PHM)等。

1.3.1 可靠性预计

工程上目前广泛用于的可靠性预计方法,主要包括相似产品法(机械产品)或基于手册的方法(电子产品),后者包括 MIL - HDBK - 217F、GJB - 299C 以及 IEC62380、Telcordia SR - 332、FIDES 等。在可靠性发展的初期阶段,这种方法对于电子产品可靠性设计指标的保障起到了一定的作用,然而随着电子产品的日益复杂和可靠性指标的提高,这种方法暴露出了数据更新不及时、未真正考虑环境对产品可靠性的影响、恒定故障率假设不合理等问题。

2010 年完成的 MIL - HDBK - 217 的 G 版本更新了故障率数据,但却很快在美国国防部停止了内部审查。2011 年 10 月,国防部再次开始 MIL - HDBK - 217 的修改工作,修改组提议用基于计算机辅助与基于科学的故障物理建模仿真和概率机械学方法,来拓展目前可靠性预计方法的局限性,即将 217F 版本中加入故障物理方法。从这样的建议可见,故障物理方法在国外有逐渐替代统计数据的趋势,至少目前已经开始研究两者相融合的方法。

第一部基于故障物理方法的可靠性预计标准 VITA51 目前已经正式出版,这项工作由美国海军地面武器研制中心以及波音公司发起,第一个版本为 ANSI/VITA 51.1—2008,后来历经 ANSI/VITA 51.2—2011,目前的版本已经是 ANSI/VITA 51.2—2016。这一标准给出了常见的电子产品故障机理及其物理模型,包括热疲劳、振动疲劳、热载流子、电迁移和腐蚀等,给出了故障物理模型中的系数和常数的推荐取值,用户可以利用这部标准预测产品由于各种故障机理所造成的故障的时间、寿命的分布等。

1.3.2 可靠性设计

传统的可靠性设计方法是以经验为主,通过制定可靠性设计准则,并在产品样机设计生产出来之后,进行功能测试和可靠性增长的一些试验,发现了故障或者薄弱环节后,再回到设计环节,修改设计方案,之后再次生产出实物产品后进行验证,如图 1 - 5(a)所示。

基于故障物理的可靠性设计过程如图 1 - 5(b)所示。与传统的可靠性设计方法相比,基于故障物理的方法更注重于量化设计过程。首先要根据产品的情况,总结故障物理设计准则,

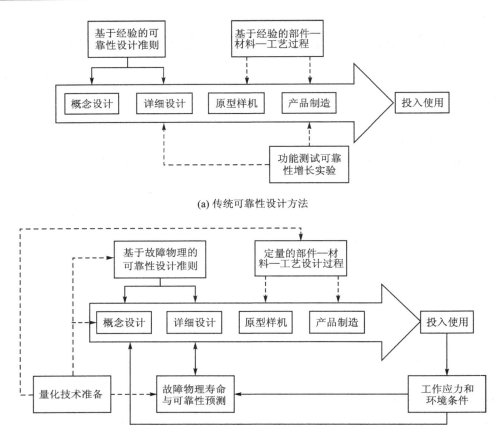

(a) 传统可靠性设计方法

(b) 基于故障物理的可靠性设计方法

图 1-5　传统可靠性设计方法与基于故障物理的可靠性设计方法

在产品的概念设计、详细设计阶段,指导定量设计过程。其次在设计阶段,利用故障物理仿真的方法查找设计的薄弱环节,同时进行寿命和可靠性定量计算,并在此阶段,也就是产品制造出来之前就改进设计,使得产品满足定量设计要求。在设计阶段,产品在投入使用后可能的环境和工作条件是重要的输入信息。最后,在原型实物样机和产品制造环节中,利用定量的部件—材料—工艺设计过程,实现设计的高可靠性。

在可靠性设计过程中,需要在性能、材料、封装、机械和电气完整性、成本之间找到最佳的均衡点,因此设计过程是一个迭代的过程。基于故障物理的方法将次迭代过程提前到详细设计阶段(数字样机),而不是在产品制造出来之后再进行,能够大大的节约时间和成本。

对于工程师来说,掌握故障物理方法,在可靠性设计中会有很大的帮助,故障物理是对材料的特性,加工方法,设计中采用的技术的综合描述,同时在产品的整个寿命周期内,这些因素如何与风险因素相互作用,也是故障物理方法的研究范畴。可靠性设计工程师必须要了解产品的使用条件,以及产品与环境之间的相互作用。

定量设计的一个重要依据就是故障机理的各影响因素与寿命和可靠性之间的关系,也就是利用故障物理模型进行计算和分析。例如,要对大规模集成电路进行可靠性设计,就要了解包括电迁移、热载流子、闩锁、ESD 等故障机理的定量物理模型,了解设计相关的物理参数与故障之间的关系,这已经成为集成电路设计工程师们总结的一个重要经验。

1.3.3　可靠性分析

传统的可靠性分析方法包括故障模式影响与危害性分析(FMECA)、故障树分析(FTA)等在内的一系列方法。FMECA 主要是针对产品的故障模式进行原因、影响和危害性分析,得到的结论通常与设计因素无法关联,能够定位到关键部件,除了更换更高等级的元器件和部件外,无法对设计改进提出更为有效的建议;FTA 方法是一种逻辑演绎法,在给定的初始事件的前提下,分析此事件可能导致的各种事件序列的结果,用于评价系统的可靠性和安全性。这两种方法能够在一定程度上发现故障在系统中的影响关系、对系统性能的影响及其后果,但是仍然不能回答故障发生根源如何消除的问题。

故障模式、机理与影响分析方法(FMMEA)是研究产品的每个组成部分可能存在的故障模式、故障机理并确定各个故障机理对产品及其他组成部分故障影响,是利用故障物理模型定量的进行故障机理风险性分析的一种方法。利用 FMMEA 能够确定产品的主故障机理及引发该机理的应力条件,从而为产品的设计改进、加速寿命(退化)试验设计以及故障诊断与健康管理(PHM)提供输入。

FMMEA 也是一种系统分析的方法,它将 FMECA 延伸到了故障机理的层面,帮助工程师梳理故障发生的深层机制,成为可靠性分析领域的新方法、新工具。这种方法首先在电子产品的故障机理分析中得到应用,目前已经推广到各个行业,包括航空、航天、核能和舰船等。

1.3.4　可靠性评估

在产品的设计阶段,利用虚拟仿真的手段来对产品可靠性进行评估已经成为工程中全新设计理念和分析方法。基于故障物理的可靠性仿真评估是通过分析产品的故障规律,综合考虑产品的材料、几何特性和产品可能的工作条件和环境载荷,通过故障物理模型的计算,找出最可能的故障点、故障模式和薄弱环节,同时利用算法定量评价产品的可靠性指标。

基于故障物理的可靠性仿真评估已经广泛应用于各种产品的可靠性设计与分析中并取得了很好的成效。例如,对于电子产品,美国马里兰大学的 CALCE 中心主持开发研制了CALCE PWA 和 CADMP 可靠性虚拟仿真软件,并将其应用到了航天、航空和计算机等各领域产品上。图 1 - 6 所示为仿真的软件和基本流程,包括建模、应力分析、环境分析、故障点定位和可靠性评估等。

目前,美国已经建立了故障物理仿真从理论研究、商业服务到工程应用的全过程链条式组织结构。马里兰大学 CALCE 中心、奥本大学汽车故障机理研究中心为代表的理论研究机构,每年进行大量的实验研究和理论分析,为故障物理方法的应用提供了基础。以 DfR Solutions公司为代表的商业咨询和软件开发销售服务,是推动故障物理方法应用的中间环节。而故障物理方法应用的主体,是关键领域产品制造商和研究所,例如 NASA、波音、微软、NVIDIA、Honeywell 等,大到火星探测器,小到集成电路芯片,都在应用故障物理技术保障设计过程的可靠性。

如图 1 - 7 所示的小型无人地面车辆装置,其中搭载的电子产品在使用过程中会经受严酷的冲击振动环境条件,设计单位与 CALCE 合作,通过故障物理建模、虚拟仿真等方法,分析故障机理,定位产品在极端的振动环境下设计薄弱环节,为无人车辆电子产品的改进提供了依据。

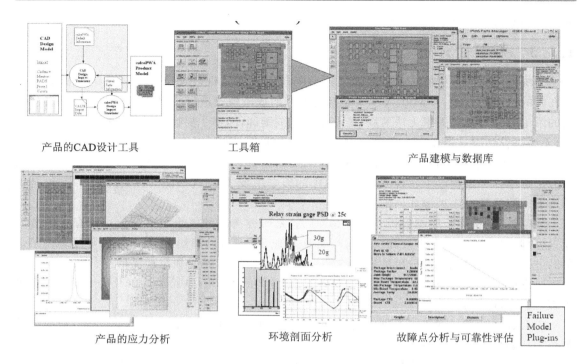

图 1 - 6   基于故障物理的可靠性虚拟仿真过程

图 1 - 7   小型无人地面车辆装置(iRobot)

又如,在 NASA 火星计划中,火星科学实验室(MSL)对火星探测器的制动器控制电路进行了故障物理分析,将薄弱环节定位在发射阶段用于保护集成电路设备和键合引线的材料上,认为这种材料在火星表面容易受到极端环境变化的影响而发生疲劳。研究人员利用 CALCE PWA 故障物理软件针对选择的材料和封装方式进行了分析和优化设计,最终消除了薄弱环节。

1.3.5   故障预测与健康管理系统(PHM)设计

故障预测与健康管理系统(PHM)是指利用尽可能少的传感器采集系统的各种数据信息,借助各种推理算法(如物理模型、神经网络、数据融合、模糊逻辑、专家系统等)来监测系统自身的健康状态,在系统故障发生前对其故障进行预测,并结合各种可利用的资源信息提供一系列的维修保障措施以实现系统的视情维修。

PHM 的显著特征是具有"故障预测"和"健康管理"的能力。故障物理方法是实现 PHM

故障预测能力的途径之一,这种方法进行 PHM 时,主要是以故障物理模型为基础,通过监测和采集待监控产品对象的工作应力、环境应力等参数信息,计算出产品在经历环境的情况下由于各种故障机理引起的损伤的累积,进而预测产品的剩余寿命。

2017 年,IEEE 通过了关于 PHM 方面标准,IEEE 1856—2017,该标准由 IEEE 可靠性学会发起,CALCE 中心也参与了该标准的制定,该标准覆盖了电子系统故障诊断和健康管理的所有方面,为工程人员选择 PHM 策略和方法提供信息,这其中也包括了基于故障物理的故障预测实现的方法。

目前,基于故障物理的故障预测在 NASA 航天飞机遥控器机器人手臂末端执行器的电子装置、航天飞机固体火箭推进器电路板、笔记本电脑、Flash 存储器、锂电池、GBT、LED 以及模拟电路等领域都取得了大量的研究成果。美国 IMPACT 公司对齿轮箱的故障进行预测。该预测模块被应用于 JSF PHM 等系统中,对由于低周疲劳断裂引起的齿轮故障进行实时的监测和剩余寿命预测,并在实验室对结果进行了验证。

习　　题

1. 什么是故障物理学?
2. 故障物理学与哪些学科有交叉?
3. 故障物理学的发展历程经历了哪些阶段? 每个阶段有什么特点?
4. 按照引发故障的外因种类分,故障机理可分为几种类型? 简述各种类型故障机理的特点。
5. 按照故障机理的动态特性,故障机理可以分为几种类型?
6. 故障物理模型的概念是什么?
7. 故障物理方法的两大任务是什么?
8. 故障物理方法与概率统计方法有什么区别和联系?
9. 故障物理方法有哪些应用领域?

第 2 章　结构的变形与疲劳

2.1　材料及其微观缺陷

2.1.1　晶体与非晶体

  自然界的固体有两种存在形式,即晶体和非晶体。晶体是由大量微观物质单位(原子、离子、分子等)按一定规则有序排列的结构。自然凝结的不受外界干扰而形成的晶体拥有规则整齐的几何外形,这叫做晶体的自范性。除此之外,单晶体还具有各向异性,晶体内部结构中的质点(原子、离子、分子、原子团)有规则地在三维空间呈周期性重复排列,组成一定形式的晶格,外形上表现为一定形状的几何多面体,这就是晶面。如果把晶体中任意一个原子沿某一方向平移一定距离,必能找到一个同样的原子。同一种材料的晶体可能有不同形式的规则排布,例如图 2-1 为金刚石晶体的不同结构。此外,晶体拥有固定的熔点,在熔化过程中温度适中保持不变。具有一定的熔点是晶体的宏观特性,也是晶体和非晶体的主要区别。

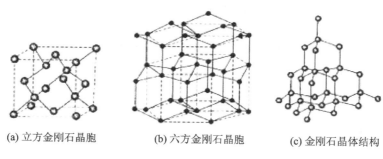

  (a) 立方金刚石晶胞　　　　(b) 六方金刚石晶胞　　　　(c) 金刚石晶体结构

图 2-1　金刚石晶体的不同结构

  非晶体是指结构无序或者近程有序而长程无序的物质,内部原子或分子的排列杂乱无章,它没有一定规则的外形,物理性质在各个方向上是相同的,叫各向同性。常见的非晶体有玻璃、沥青、松香、塑料、石蜡和橡胶等。如图 2-2 所示为晶体和非晶体内部结构的示意图。

  非晶体没有固定的熔点,随着温度升高,物质首先变软,然后由稠逐渐变稀,成为流体。晶体与非晶体之间在一定条件下可以相互转化。例如,把石英晶体熔化并迅速冷却,可以得到石英玻璃。将非晶半导体物质在一定温度下热处理,可以得到相应的晶体。可以说,晶态和非晶态是物质在不同条件下存在的两种不同的固体状态。

  非晶体包括非晶电介质、非晶半导体和非晶金属。它们有特殊的物理、化学性质。例如金属玻璃(非晶金属)比一般(晶态)金属的强度高、弹性好、硬度和韧性高、抗腐蚀性好、导磁性强、电阻率高等。

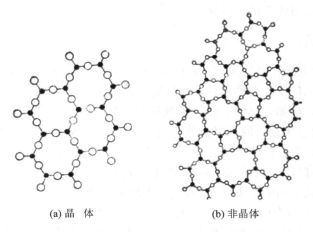

　　(a) 晶 体　　　　　　　　　(b) 非晶体

图 2 - 2　晶体和非晶体内部结构示意图

2.1.2　导体与半导体

　　物质存在的形式多种多样,通常将导电性比较好的金属如金、银、铜、铁、铝等称为导体,导电性能差的材料,如陶瓷、琥珀等称为绝缘体。而导电性能介于导体和绝缘体之间的材料称为半导体。

　　导体中存在大量可自由移动的带电粒子,电阻率很小且易于传导电流。在外电场作用下,带电粒子作定向运动,形成明显的电流。金属是最常见的一类导体,金属原子最外层的价电子很容易挣脱原子核的束缚而成为自由电子,留下的正离子形成规则的点阵。金属中自由电子的浓度很大,所以金属导体的电导率通常比其他导体材料的大。

　　不容易导电的物体称为绝缘体。绝缘体分子中的正负电荷束缚大,可以自由移动的带电粒子极少,因此电阻率很大。绝缘体和导体之间没有绝对的界限,绝缘体在某些条件下可以转化为导体。例如,在强电场的作用下,绝缘体内部的正负电荷将会挣脱束缚,称为自由电荷,绝缘性能遭到破坏,这种现象称为电介质的击穿。对于绝缘体,总存在一个击穿电压,这个电压能给予电子足够的能量,使得绝缘体变成导体。绝缘体在工程上广泛用作电气绝缘材料,例如电容器的介质、电线外包层等。

　　半导体常温下导电性能介于导体和绝缘体之间,与导体和绝缘体相比,半导体材料发现最晚,是在 20 世纪 30 年代,当材料的提纯技术改进以后,半导体才出现在人们的视野中。如今,半导体已经成为微电子行业中广泛使用的材料类型。半导体可分为元素半导体和化合物半导体两大类。硅和锗是最常用的元素半导体;化合物半导体包括砷化镓、磷化镓、硫化镉、硫化锌等。上述的半导体材料都是晶态半导体,还有非晶态的玻璃半导体、有机半导体等。利用半导体技术可以制造各种器件,如集成电路器件,分立器件、光电半导体等。按照其所处理的信号,可以分成模拟、数字、模拟数字混合集成电路。

　　以硅晶体来说,它看起来很像金属,但却不是金属。在硅晶体中,所有外层电子都形成了完美的共价键,因此这些电子不能到处运动,纯净的硅晶体几乎就是绝缘体,只能流过很小的电流。可以通过对硅晶体中进行掺杂,混入少量的杂质来改变硅的这种性质,从而使其转变成一种导体。掺杂磷或者砷的,为 N 型掺杂,而混入硼或者镓则为 P 型掺杂,此时硅晶体就变成了可导电,但性能不是很优秀的半导体。

2.1.3　微观缺陷

自然界的美妙之处在于其完美,也在于更广泛存在的不完美。无论自然界存在的天然晶体,还是实验室或者工厂中培养的晶体,总是或多或少地存在某些缺陷。缺陷对金属的许多性能有非常重要的影响,例如,晶体的凝固、扩散过程,塑性变形、强度和断裂等。美国贝尔实验室在调查海下电缆增音机故障原因时意外发现了完美的晶体,它是由电缆铜线接头部位生长出来非常细的锡结晶,其强度为普通锡的 1 000 倍。这种须状晶体的发现,使得人们对于晶体缺陷的研究进入了新阶段。目前大多数无缺陷的晶体直径只在 1 μm 左右,大于这个直径则缺陷增加,而当直径在 1 mm 以上时,其强度与无缺陷相比大大下降。

晶体缺陷按其空间分布的几何形状和大小可分为点缺陷、线缺陷、面缺陷和体缺陷。点缺陷是最简单的晶体缺陷,又称 0 维缺陷,它是在节点上或邻近的微观区域内偏离晶体结构正常排列的一种缺陷。点缺陷是晶体中物质输运过程的主要媒介,是一系列弛豫现象的物理根源。点缺陷发生在晶体中一个或几个晶格常数范围内,其特征是在三维方向上的尺寸都很小,例如空位(图 2-3（a）)、间隙原子(图 2-3（b）)、杂质原子等,都是点缺陷。晶格中的原子由于热、振动能量而脱离晶格点,移动到晶体表面的正常格点位置上,在原来的格点位置就会留下空位。

线缺陷又称为一维缺陷,以位错为主。位错是指晶体材料的一种内部微观缺陷,是原子的局部不规则排列(晶体学缺陷),可认为是晶体中已滑移部分与未滑移部分的分界线。如图 2-4所示为一种典型的位错示意图。

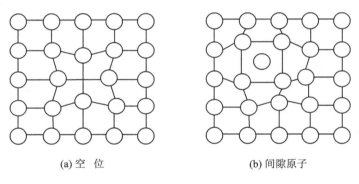

(a) 空　位　　　　　　　　　　(b) 间隙原子

图 2-3　点缺陷

晶体在结晶时受到杂质、温度变化或振动应力作用,或者由于晶体受到打击、切削、研磨等机械应力的作用,使晶体内部质点排列变形,原子行间相互滑移,而不再符合理想晶体的有序排列,由此产生了位错。位错开始是以假说的形式提出来的,用于解释金属塑性变形的,后来得到证实。位错的存在对材料的物理化学性能,尤其是力学性能,具有极大的影响,这些性能包括晶体的生长、相变、扩散、形变和断裂等。

面缺陷为二维缺陷,堆垛层错是广义层状结构晶格中常见的一种面缺陷。当晶体结构层正常的周期性重复堆垛顺序在某两层间出现了错误,沿该层间平面两侧附近原子就会发生错误排布,可能会出现缺损,也可能会出现多余的原子面,如图 2-5 所示。

体缺陷称为三维缺陷,材料的体缺陷包括在形成过程中掺杂进去的夹杂物、包裹体等,由于体积较大,体缺陷对于材料性能的影响也非常显著。大量的零件断裂事故都是由于材料的

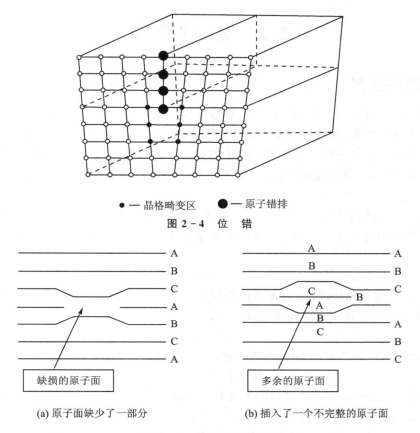

● — 晶格畸变区
● — 原子错排

图 2－4　位　错

A
B
C
A
B
C
A
缺损的原子面
(a) 原子面缺少了一部分
A
B
C
B
A
B
C
A
B
C
多余的原子面
(b) 插入了一个不完整的原子面

图 2－5　堆垛层错示意图

体缺陷引起。例如钢材中的金属夹杂物、非金属夹杂物、气孔、铸造缺陷等。这些缺陷区与晶体其他位置的晶格结构、晶格常数、材料密度和化学成分以及物理性质有所不同，好像是整个晶体中的独立王国。比如，空洞是在晶体中包含的较大空隙区，微沉淀是在晶体中出现的分离相，是由某些超浓度的杂质所形成的，包裹体则是在晶体中包裹了其他状态成分。体缺陷在区域上可以和晶体或者晶粒尺寸相比拟，属于宏观缺陷，较大的体缺陷用肉眼就可以清晰观察到，如图 2－6 所示就是金属材料内部的体缺陷。

500 μm

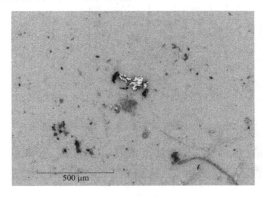

图 2－6　体缺陷示意图

2.2 金属的形变

2.2.1 弹性变形

弹性变形是材料在外力作用下产生的能够恢复的变形,当外力去除后变形完全消失。弹性变形分为线弹性变形、非线弹性变形和滞弹性变形三种。线弹性变形服从胡克定律,且应变随应力瞬时单值变化。非线弹性变形不服从胡克定律,但仍具有瞬时单值性。滞弹性变形也符合胡克定律,但并不发生在加载瞬时,而要经过一段时间后才能达到胡克定律所对应的稳定值。

线弹性变形服从的胡克定律可描述为,物体受外力作用而产生变形时,在弹性限度以内,变形与外力的大小成正比。在单向拉伸的简单条件下,真实正应力 σ 与正应变 ε 的这个关系可写为

$$\sigma = E\varepsilon \tag{2-1}$$

比例常数 E 称为弹性模量,或者杨氏模量,它反映了金属材料抵抗弹性形变的能力。相似的关系,在单向切变的简单条件下也成立,即

$$\tau = G\gamma \tag{2-2}$$

式中:τ 为切应力;γ 为切应变;G 为剪切模量,E 和 G 的关系为

$$G = E[2(1+\nu)] \tag{2-3}$$

其中:ν 为泊松比,表示纵向形变与横向形变间的比值关系。一般来说,弹性形变都比较小,特别是对刚性较大的金属材料来说,更是如此。如图 2-7 所示为金属的拉伸曲线。弹性阶段发生在 Oa 阶段,应力与试样的应变成正比,应力去除则应变消失。σ_e 为材料的弹性极限,它表示不发生永久变形的最大应力。有些产品,如枪管、炮筒及精密弹性件等在工作时不允许产生微量弹性变形,设计时应根据弹性极限来选用材料。

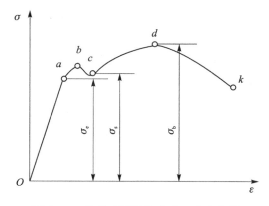

图 2-7 典型金属拉伸应力—应变曲线

若所选择的材料容易发生弹性变形,加工成零件并装配成产品后,可能会出现与其他零部件局部干涉的现象,严重的还会造成磨损,从而给产品的正常工作带来隐患。

2.2.2 塑性变形

图 2-7 中,当加载的应力超过 σ_e 后,应力与应变之间的直线关系被破坏,如果卸载,试样的变形只能部分恢复,而保留一部分残余变形,即为塑性变形。材料在断裂前发生永久变形的能力叫做塑性,塑性通过材料断裂后发生永久变形的大小来衡量。不是任何工程材料都具有塑性变形的能力。金属、塑料等都具有不同程度的塑性变形能力,故可称为塑性材料。玻璃、陶瓷、石墨等脆性材料则无塑性变形能力。

图 2-7 中,ab 段即为材料的弹塑性变形阶段,当应力超过 σ_s 之后,试样发生明显而均匀的塑性变形,若使试样的应变增大,则必须相应地增加应力值,这种随着塑性变形的增大,塑性变形抗力不断增加的现象称为加工硬化或应变硬化。当应力值达到 σ_b 时,试样的均匀变形阶段终止,这个最大的应力值称为材料的拉伸强度。工程构件设计一般不允许出现明显的塑性变形,否则构件将不能维持原先的形状甚至发生断裂。

单晶体的塑性变形主是通过滑移和孪生两种方式进行的,滑移是主要的变形方式。单晶体受拉时外力在任何晶面上都可以分解为正应力和切应力。其中正应力只能引起正面断裂,不能引起塑性变形,而只有在切应力的作用下才能发生塑性变形。在切应力的作用下,晶体的一部分沿一定晶面(滑移面)的一定晶向(滑移方向)相对于另一部分发生滑动的现象称为滑移,如图 2-8 所示。滑移主要发生在原子排列最紧密或较紧密的晶面上,并沿着这些晶面上的原子排列最紧密的方向进行,此方向原子结合力也最弱,所以在最小的切应力下便能引起它们之间的相对滑移。晶体中每个滑移面和该面上一个滑移方向组成一个滑移系。晶体中的滑移系越多,意味着其塑性越好。具有面心立方晶格的金属,如铁、铝、铜、金和银等,其塑性比具有密排六方晶格的金属,如镁和锌好得多,这是由于前者的滑移系较多,金属发生滑移的可能性较大。

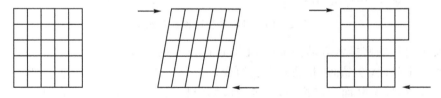

图 2-8 滑移示意图

最初人们设想滑移过程是晶体的一部分相对于另一部分作整体的刚性滑移。但是由此计算出的滑移所需最小切应力比实际测试值高几个数量级。后来通过大量的研究证明,滑移实际上是位错在切应力作用下运动的结果。图 2-9 示意了这一过程。如图 2-9(a)所示,含有位错的晶体在切应力作用下,位错线上面的两列原子向右作微量位移至虚线所示位置,位错线下面的一列原子向左作微量位移至虚线所示的位置,这样就可以使位错向右移动一个原子间距。在切应力的作用下,如位错线继续向右运动到晶体表面时,就形成了一个原子间距的滑移量,如图 2-9(b)所示。

由此可见晶体通过位错移动而产生滑移时,并不需要整个滑移面上全部的原子同时移动,而只需位错附近少数原子作微量移动,所需的切应力较整体滑移要小得多,且与实测值基本相符。因此,滑移实质上是在切应力作用下,位错沿滑移面的运动。

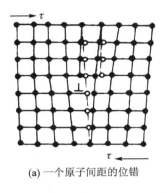
(a) 一个原子间距的位错

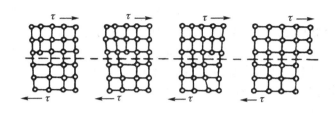
(b) 位错运动到晶体表面

图 2 - 9　位错运动造成滑移示意图

如果把试样表面抛光后进行塑性变形,用显微镜下可以观察到,在试样表面有很多互相平行的线条,称为滑移带,如图 2 - 10 (a)所示。如果再用分辨率更高的电子显微镜观察,可以看出滑移带是由很多互相平行的滑移线所构成,如图 2 - 10 (b)所示。

(a) 金相显微镜下的滑移带

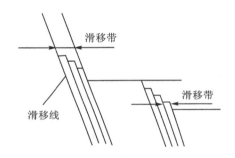
(b) 电子显微镜下的滑移带

图 2 - 10　滑移带和滑移线示意图

不易发生滑移的密排六方晶格金属,主要是以孪生的形式产生塑性变形。孪生是晶体的一部分沿着一定晶面(孪晶面)和晶向发生切变,如图 2 - 11 所示。产生孪生变形部分的晶体位向发生了改变,以孪晶面为对称面,与未变形部分相互对称,这种对称的两部分晶体称为孪晶,发生变形的那部分晶体称为孪晶带。

孪生和滑移不同,滑移变形只局限于给定的滑移面上,滑移后滑移总量是近邻原子间距的整数倍,滑移前后晶体的位向不发生改变。孪生变形时各层原子平行于孪晶面运动,在这部分晶体中,相邻原子间的相对位移只有一个原子间距的几分之一,但许多晶面累积起来的的位移便可形成比原子间距大许多倍的变形。另外,孪生变形所需的最小切应力比滑移的大得多。因此,孪生变形只在滑移很难进行的情况下才发生。孪生变形会在周围晶格中引起很大的畸变,因此产生的

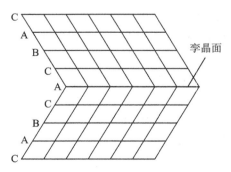
图 2 - 11　孪生示意图

塑性变形量比滑移小得多,一般不超过 10%。但孪生变形引起晶体位向改变能促进滑移的发生。

　　工程上使用的金属材料绝大多数是单晶体。多晶体的塑性变形也是通过滑移或孪生变形的方式进行的,但是在多晶体中,晶粒之间的晶界处原子排列不规则,而且往往还有杂质原子,这使得多晶体的变形更为复杂。

2.2.3　蠕　变

　　固体材料在保持应力不变的条件下,应变随时间延长而增加的现象称为蠕变。它与塑性变形不同,塑性变形通常在应力超过弹性极限之后才出现,而蠕变只要应力的作用时间足够长,它在应力小于弹性极限时也能出现。许多材料(如金属、塑料、岩石和冰)在一定条件下都表现出蠕变的性质。由于蠕变,材料在某瞬时的应力状态,一般不仅与该瞬时的变形有关,而且与该瞬时以前的变形过程有关。

　　蠕变在低温下也会发生,但只有达到一定的温度才能变得显著,该温度为蠕变温度。各种金属材料的蠕变温度约为熔化温度的 30% 左右。熔点较高的金属发生蠕变的温度也较高,例如碳素钢通常超过 300～350 ℃,合金钢在 400～450 ℃ 以上时才有蠕变行为。而对于一些低熔点金属如铅、锡等,在室温下就会发生蠕变。

　　蠕变曲线是材料的应变随着时间变化的曲线,可分为三个阶段,如图 2 - 12 所示。其中,Ⅰ 为非定常蠕变阶段,应变率随时间的增加而减小;Ⅱ 为稳定蠕变阶段,应变率保持常值;在最末阶段 Ⅲ,应变率随时间而增大,最终材料会发生断裂。通常,升高温度或增加应力会使蠕变加快,缩短达到断裂的时间。若应力较小或温度较低,则蠕变的第二阶段(Ⅱ)持续较久,甚至不出现第三阶段(Ⅲ)。

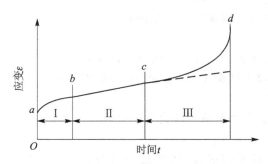

图 2 - 12　蠕变发展的三个阶段

　　在稳定的蠕变阶段,蠕变应变随着时间变化的函数为

$$\varepsilon(t)=\varepsilon_0+\frac{d\varepsilon}{dt}t \tag{2-4}$$

式中:ε_0 为初始应变;$\frac{d\varepsilon}{dt}$ 为蠕变速率。增加应力或者升高温度都会加快蠕变速率,因此可以用以下模型来表示蠕变:

$$\frac{d\varepsilon}{dt}=B_0(\sigma-\sigma_s)^n\exp\left(\frac{-E_a}{kT}\right) \tag{2-5}$$

式中:E_a 为蠕变故障激活能;k 为玻耳兹曼常数;T 为温度,单位为 K;σ 为蠕变应力;σ_s 为屈

服应力。蠕变故障时间可以通过积分得到，

$$\int_0^{\epsilon_{crit}} d\epsilon = \int_0^{\tau_{creep}} B_0(\sigma - \sigma_s)^n \exp\left(\frac{-E_a}{kT}\right) dt \tag{2-6}$$

式中：ϵ_{crit} 为导致蠕变失效的应变阈值，蠕变故障时间 τ_{creep} 为

$$\tau_{creep} = A_0(\sigma - \sigma_s)^{-n} \exp\left(\frac{E_a}{kT}\right) \tag{2-7}$$

式中：B_0 和 A_0 为与材料或者加工工艺有关的系数。故障时间与应力的关系因材料而异，对于较软的材料，如含铅焊料，$n = 1\sim3$；对于强度一般的材料，如低碳钢和金属间化合物，$n = 3\sim6$；对于强度极高的材料或者脆性材料，如硬化钢和陶瓷，$n = 6\sim9$。

蠕变的微观机制对于不同的材料是不同的。引起多晶体材料蠕变的原因有滑移和扩散两种。在外力作用下，质点穿过晶体内部空穴扩散，或者沿晶体边界扩散而产生的蠕变称为扩散蠕变。原子晶间位错引起的点阵滑移以及晶间滑移造成的蠕变称为滑移蠕变。

材料的蠕变给产品带来了潜在的危害。例如燃气轮机的叶片、发动机气缸中的曲轴连杆等关键组件，材料的高温蠕变会对其工作性能产生极大的影响。电子产品焊接点在工作温度下的蠕变，可能会导致互连部位产生裂纹。应力松弛是指在保持应变恒定的条件下，应力随时间减小的现象。无论是蠕变还是应力松弛，都会引起材料强度的下降。

2.3 疲 劳

材料在循环应力或循环应变的作用下，由于某点或某些点产生了局部的永久结构变化，从而在一定的循环次数以后形成裂纹或发生断裂的过程称为疲劳。疲劳是在交变应力远小于极限强度的情况下发生的破坏。破坏前，无论是塑性材料还是脆性材料，都没有显著的塑性变形，而是呈现脆性断裂的性质，因而事先的维护和检修不易察觉，容易引发安全事故，造成经济损失。

疲劳发生的机理是由于构件尺寸突变或内部缺陷部位的应力集中诱发了微裂纹的产生，在交变应力作用下，微裂纹不断萌生、集结、连通，形成宏观裂纹并突然断裂。

疲劳破坏具有以下特征：

① 构件在较低的交变应力水平下就会发生破坏。疲劳破坏的应力甚至远小于材料的强度极限或屈服极限。

② 疲劳是一个损伤累加的过程，经历过一段时间，甚至很长一段时间后，才产生断裂破坏。

③ 断口呈脆性断裂特征。不管是脆性材料还是塑性材料，疲劳断口在宏观上都无明显塑性变形特征，而与脆性断裂更为接近。

④ 具有局部性。疲劳破坏不牵扯到整个结构。因此改变局部设计或工艺，就能明显增加疲劳寿命。

⑤ 疲劳破坏断口在宏观微观上有特征。通过分析断口，研究疲劳破坏机理，往往能找到破坏的原因，从而提出防止破坏的措施。

2.3.1 交变应力

交变应力是产生疲劳的外在因素。交变应力是随时间作周期性变化的应力。在应力循环

中,最大应力和最小应力各自维持某一数值的,称为"稳定交变应力";最大应力和最小应力随时间改变其大小的,称为"不稳定交变应力"。图 2 - 13(a)～(c)所示的交变应力属于稳定交变应力,(d)所示的变动应力的大小和方向无规则地变化,属于不稳定交变应力。

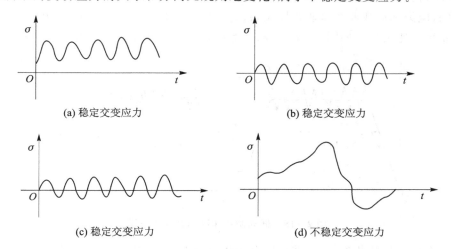

(a) 稳定交变应力　　　　　　　　　　　　(b) 稳定交变应力

(c) 稳定交变应力　　　　　　　　　　　　(d) 不稳定交变应力

图 2 - 13　变动应力示意图

　　工程上有许多构件承受交变应力的例子。例如,齿轮啮合时齿根的弯曲正应力随时间作周期性变化;火车轮轴横截面边缘上弯曲正应力随时间作周期性变化;电机转子偏心惯性力引起正应力随时间作周期性变化等。

　　循环应力是一种规则周期变动的交变应力,其载荷大小甚至方向均随时间变化。循环应力变化的波形有正弦波、矩形波、三角波等。如图 2 - 14 所示为正弦循环应力。通常用来表示循环应力的参数主要有最大应力 $\sigma_{\max}$、最小应力 $\sigma_{\min}$、平均应力 σ_{m}、应力幅值 σ_{α}、应力比 r 等。

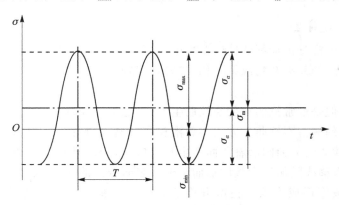

图 2 - 14　正弦循环应力

2.3.2　疲劳的分类

　　根据材料破坏前的循环次数,疲劳可分为低周期疲劳、高周期疲劳和超高周期疲劳。低周疲劳是零件、构件所受的应力水平较高,破坏循环次数一般低于 $10^4 \sim 10^5$ 的疲劳,如压力容器、燃气轮机零件等的疲劳。高周疲劳是零件、构件所受的应力水平较低,破坏循环次数一般

高于 $10^4\sim10^5$ 的疲劳，弹簧、传动轴等的疲劳属于高周疲劳。许多部件如发动机部件、汽车承力运动部件、铁路车轮和轨道、飞机、海岸结构、桥梁和特殊医疗设备等，要求承受 $10^8\sim10^{12}$ 周次的循环载荷而不发生断裂，这种疲劳载荷就是超高周疲劳。低周疲劳应力水平高于材料的弹性极限，应力和应变曲线呈非线性关系；高周疲劳加载应力相对较低，试样处于弹性范围，应力和应变呈正比关系。如图 2-15 所示为低周和高周的循环交变应力的示意图。

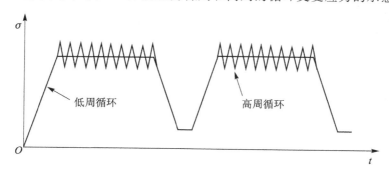

图 2-15　低周循环和高周循环示意图

　　按照引发机理的载荷类型，疲劳可以分为接触疲劳、振动疲劳、热疲劳等类型，这些类型的疲劳在后续的章节中会详细介绍。

2.4　疲劳破坏机理

　　金属的疲劳破坏通常可以分为疲劳裂纹萌生、疲劳裂纹扩展和失稳断裂三个阶段。

2.4.1　裂纹的形成与扩展机制

1. 疲劳裂纹的萌生

　　疲劳裂纹的萌生都是由局部塑性应变集中引起的。有三种常见的裂纹萌生方式：滑移带开裂、晶界和孪晶界开裂、夹杂物或第二相与基体的晶面开裂。

　　（1）滑移带开裂

　　滑移带开裂不但是最常见的疲劳裂纹萌生方式，也是三种萌生方式中最基本的一种，对于纯金属和单相金属的疲劳裂纹萌生方式多为滑移带开裂。滑移带开裂的过程为：金属在循环载荷的作用下，在薄弱的晶面间沿着晶面产生塑性应变，金属晶粒产生滑移（不可恢复），金属表面出现滑移线，滑移线随循环次数增加而汇聚成表面滑移带（塑性集中在一个地区），然后发展成驻留滑移带，最终形成裂纹。驻留滑移带形成与发展的过程就是裂纹萌生的过程。如图 2-16 所示为不均匀的局部滑移引发微裂纹的示意图。

　　（2）晶界和孪晶界开裂

　　密排六方结构的材料，如锌、镁等，其疲劳裂纹常形成于孪晶界。晶界的结合力比晶体内部弱，在低于晶体内部滑移应力的情况下，在晶界上萌生裂纹更为容易。如图 2-17 所示为在晶界上出现的裂纹的几种形式。

　　（3）夹杂物或第二相与基体的晶面开裂

　　在许多高强度合金中，粗大的夹杂物和其他第二相质点的存在，对裂纹萌生起着很重要的

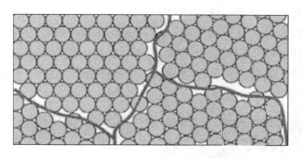

图 2 - 16　不均匀局部滑移和微裂纹

图 2 - 17　晶界上出现的裂纹

作用。这些材料的屈服强度一般很高,只有在很高的应力下,才能产生滑移带。但是由于在夹杂物和第二相质点处产生了应力集中,从而在较低的名义应力下也能出现局部的塑性变形,导致在夹杂物和基体界面上萌生裂纹,或由于夹杂物成脆性第二相质点的断裂导致裂纹萌生。

以上所总结的三种机制下产生的疲劳裂纹,经常首先在金属表面位置处萌生,这是因为在实际零件中,表面承受的应力往往比内部高。内部晶粒的四周完全为其他晶粒所包围,而表面晶粒所受的约束较少,因而比内部晶粒易于滑移。表面晶粒与大气或其他环境介质直接接触,有环境介质的腐蚀作用,且表面往往留有加工痕迹或划伤,使其疲劳强度降低。当试样表面经强化处理,表面强度比内部高时,疲劳裂纹则一般在硬化层下面萌生。

2. 疲劳裂纹的扩展

裂纹在滑移带上萌生以后,疲劳裂纹扩展可以分为两个阶段,如图 2 - 18 所示。

（1）第一阶段

裂纹首先沿着剪应力最大的活性面向内部扩展,滑移面趋向大致与主应力轴线成45°,这个阶段扩展很慢。滑移带上往往萌生有很多条微裂纹,绝大多数裂纹很早停止扩展。随着循环载荷继续施加,少数微裂纹相互连接超过几十微米的长度。由于此阶段中裂纹少且尺寸小,不易于研究其断口形貌。

（2）第二阶段

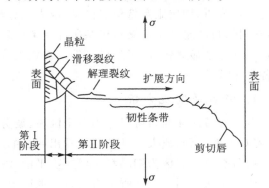

图 2 - 18　裂纹扩展的两个阶段

由于晶粒难以滑移,裂纹的扩展方向逐渐转向与拉伸应力垂直的方向。在这一阶段,只剩下一条主裂纹,其他裂纹在第一阶段结束以前已停止扩展。

第二阶段裂纹扩展速率比第一阶段快,常常留下"疲劳条带"的显微特征,在塑性特别好的材料,如铝和不锈钢中,这种特征更为明显。这种微观条带一般称为疲劳条纹。其特征是一系列互相平行、略带弯曲的波纹,它与裂纹的扩展方向垂直。用电子显微镜分析已经证实,每一条纹代表一次载荷循环。载荷大则间距大;载荷小则间距小。如图 2-19 所示为第二阶段裂纹形式,可见明显的条带特征。

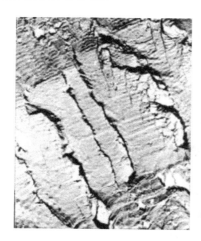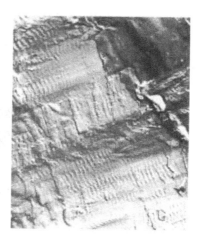

图 2-19　第二阶段的裂纹形式

3. 失稳断裂

失稳断裂是疲劳破坏的最终阶段。它和前两个阶段不同,是在一瞬间突然就发生的。但从疲劳的全过程来说,仍是渐进式的,是由损伤逐渐积累引起。失稳断裂是裂纹扩展到一定尺寸,损伤积累到临界值时的一种表现。

2.4.2　疲劳裂纹断口分析

从断口的特征可以对断裂的类型进行判断。疲劳断口分析一般包括如下两个方面:一方面是宏观分析,用肉眼和低倍显微镜、放大镜分析断口,是全局性初步分析过程。另一方面是微观分析,目的是从金属微观组织研究疲劳机理,从而了解金属疲劳破坏的本质。常见的分析工具包括光学显微镜、电子显微镜等。在宏观分析的基础上选定合适的部位,可从微观角度观察各个区域。

1. 断口的宏观分析

典型疲劳破坏断口可以分为三个区域:疲劳源、疲劳裂纹扩展区和瞬时断裂区。疲劳源很小,宏观上看不到,放大 500 倍后可看出明显的疲劳裂纹,可判断宏观缺陷性质和事故发生原因。疲劳裂纹扩展区为细晶粒,呈深色、平滑、海滩状。瞬时断裂区为粗晶粒,凹凸不平、白色、撕裂或台阶状。图 2-20 所示为断口宏观形貌。

2. 断口的微观分析

（1）疲劳裂纹的形成

疲劳裂纹一般发生在表面。在应力小于屈服极限时,构件表面出现滑移带,随着循环次数的增加,滑移线变粗变宽。当应力大于疲劳极限时,出现"驻留滑移线",最后形成微观裂纹。

(a) 断口示意图　　　　　　　　　　　　　(b) 实际断口

图 2 - 20　断口的宏观分析

如果构件存在气孔、夹渣，或第二相等缺陷，从微观上能够观察到裂纹有尖锐缺口，这是导致疲劳裂纹产生的源头。

（2）疲劳裂纹的形貌

第一阶段疲劳裂纹扩展，断口比较光滑，具有一定的结晶性质，此外没有明显特征。第二阶段疲劳裂纹扩展区具有如下四个特性：第一，疲劳区宏观上平坦光滑，微观上仍凹凸不平。每个断口由凹凸不平的小断片连接而成，小断片结合处形成台阶；第二，具有疲劳条纹，包括塑性疲劳条纹和脆性疲劳条纹；第三，存在轮胎压痕特征，这是由于断口的反复挤压、相互嵌入与脱离造成的；第四，在疲劳裂纹扩展时，还可能出现二次裂纹，往往成扫帚状。图 2 - 21 所示为疲劳源区微观形貌，图 2 - 22 所示为疲劳裂纹扩展区的形貌。

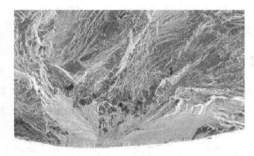

图 2 - 21　疲劳源区

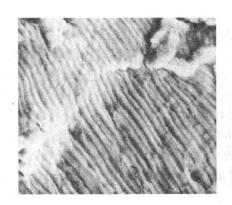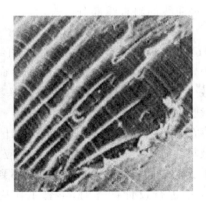

图 2 - 22　疲劳裂纹扩展区

2.5　疲劳寿命评估

疲劳寿命是疲劳失效以前所经历的应力或应变的循环次数,用 N 表示如下:

$$N = N_0 + N_p \qquad (2-8)$$

式中: N_0 为裂纹的起始寿命,是产生初始裂纹所需的循环次数; N_p 为裂纹扩展寿命,是裂纹扩展到临界长度所需要的循环次数。

疲劳寿命评估方法有很多,常用的疲劳寿命评估方法有名义应力疲劳设计法、局部应力应变分析法和损伤容限设计法。

2.5.1　材料的 S-N 曲线

材料的 $S-N$ 曲线是外加应力水平和标准试样疲劳寿命之间的关系曲线,简称 $S-N$ 曲线。$S-N$ 曲线是通过试验得到的,如图 2-23 所示。用一组标准试验件(一般 8~12 个),在一定平均应力 σ_m 下,施加不同幅值的应力,测出试件断裂时的循环次数 N。然后以外加应力水平 S 为纵坐标,N 为横坐标,画出这些点,连接这些点就得到了 $S-N$ 曲线。

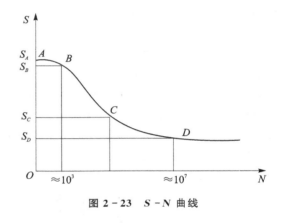

图 2-23　S-N 曲线

2.5.2　名义应力法

名义应力法从材料的 $S-N$ 曲线出发,考虑各种因素影响,得出零件的 $S-N$ 曲线,并根据零件的 $S-N$ 曲线进行疲劳设计。名义应力法又分为无限寿命设计法和有限寿命设计法两种。

若将实验数据标在 $\lg S - \lg N$ 坐标中,所得的应力寿命曲线可近似为两段折线,两直线的交点的横坐标值 N_0,称为循环基数,与循环基数所对应的应力值就是疲劳极限。双对数坐标中 $\lg S - \lg N$ 曲线的斜直线部分可表示为:

$$S^m N = C \qquad (2-9)$$

其中,m 和 C 均是与材料有关的常数。斜直线上一点的纵坐标为试样所承受的最大应力 S_i,在这一应力水平下,试样发生疲劳破坏的寿命为 N_i。S_i 称为在规定寿命 N_i 下的条件疲劳极限。双对数坐标中 $\lg S - \lg N$ 曲线上循环基数 N_0 以左部分(斜直线部分)称为有限寿命区,以右部分(直线部分)称为无限寿命区,如图 2-24 所示。

无限寿命设计方法是最早的抗疲劳设计方法,它要求结构在任何时候都不会因为疲劳问题而发生破坏。这种方法提出结构的设计应力应低于其疲劳极限,从而具有无限寿命。此时,结构所能承受的应力水平较低,其潜力得不到充分发挥,因此无限寿命设计法就很不经济。利用无限寿命法进行设计计算时,不管工作应力如何变化,只需按照最高应力进行强度校核即可。

有限寿命设计法又称为安全寿命设计法,它是无限寿命设计法的直接发展,两者的设计参数都是名义应力,其设计思想也大体相同,都是从材料的 S-N 曲线出发,再考虑各种因素的影响,得出零件的 S-N 曲线,并根据零件的 S-N 曲线进行疲劳设计。所不同的是,有限寿命设计法使用的是如图 2-24 曲线的左支。进行有限寿命设计时,设计应力一般都高于疲劳极限。这时就不能只考虑最高应力,而需按照一定的损伤累加理论计算总的疲劳损伤。有限寿命设计方法只保证机器在一定的使用期限内安全使用,允许零件的工作应力超过疲劳极限,机器可以比无限寿命设计法的重量小。像飞机、汽车等对重量要求比较高的产品,常使用这种方法进行抗疲劳设计。

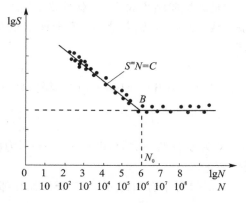

图 2 - 24 双对数坐标中的应力-寿命曲线

2.5.3 局部应力应变法

上一小节所讲到的名义应力法是以名义应力为设计参数进行疲劳设计的。名义应力是指在不考虑几何不连续性(如孔、槽等)的情况下,在试样的有效横截面上计算后者测量得到的应力。因此名义应力是一种整体的等效应力,并不是实际作用于结构的局部的力。但实际上,决定零件疲劳强度和寿命的正是应变集中处的最大局部应变和应力。因此,名义应力设计法准确程度不高。20 世纪 60 年代,工程师们开始提出并应用局部应力应变法进行抗疲劳设计。

局部应力应变法的出发点包括:①零件的疲劳破坏都是从应变集中部位的最大局部应变处首先开始的;②在裂纹萌生之前,都要产生一定的塑性变形;③局部塑性变形是疲劳裂纹萌生和扩展的前提条件;④决定零件疲劳强度和寿命的,是应变集中处的最大局部应力应变。

基于上述的出发点,这种方法的关键是要计算出局部的应力和应变。如图 2-25 所示为局部应力应变分析的典型流程。利用有限元等分析方法,可以将名义应力,也就是外界的载荷,施加到构件上,计算得到局部应力应变,之后利用构件材料的应变与循环周次的关系来计算疲劳寿命。

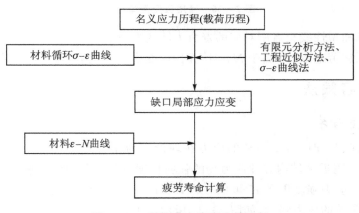

图 2 - 25 局部应力应变法的流程

大量的试验结果表明,在双对数坐标上,弹性应变、塑性应变与循环疲劳寿命 N 的关系成一条直线。总应变变化量 $\Delta\varepsilon$ 等于该点的弹性应变变化量 $\Delta\varepsilon_e$ 与塑性应变变化量 $\Delta\varepsilon_p$ 之和,即

$$\Delta\varepsilon = \Delta\varepsilon_e + \Delta\varepsilon_p \tag{2-10}$$

1961 年,Coffin – Mason 对金属材料的应变与循环次数的关系进行了研究,得出

$$\frac{\Delta\varepsilon}{2} = \frac{\Delta\varepsilon_e}{2} + \frac{\Delta\varepsilon_p}{2} = \frac{\sigma_f'}{E}(2N)^b + \varepsilon_f'(2N)^c \tag{2-11}$$

式中: N 为疲劳循环次数,即疲劳寿命; σ_f' 为疲劳强化系数; ε_f' 为疲劳延展系数; b 和 c 为常数,与材料有关。

式(2-11)中有两部分,一部分是弹性部分:

$$\frac{\Delta\varepsilon_e}{2} = \frac{\sigma_f'}{E}(2N)^b \tag{2-12}$$

另一部分是塑性部分:

$$\frac{\Delta\varepsilon_p}{2} = \varepsilon_f'(2N)^c \tag{2-13}$$

将这两部分画在同一个坐标图上,得到通用的应变寿命曲线,如图 2-26 所示。

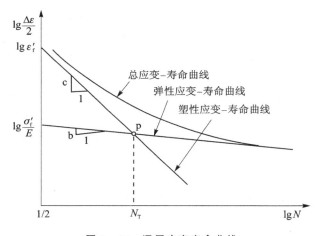

图 2-26 通用应变寿命曲线

图中,弹性线和塑性线交点所对应的寿命为转变寿命 N_T。 N 低于 N_T 时,塑性应变占主要优势,属于低周疲劳范围; N 高于 N_T 时,弹性应变占主要优势,属于高周疲劳范围。

2.5.4 损伤容限法

1. 应力强度因子

当物体内存在裂纹时,裂纹尖端的应力在理论上为无穷大,损伤力学中用应力强度因子 K 来反映裂纹尖端附近区域内弹性应力场的强弱程度,可以用来作为判断裂纹尖端是否发生失稳扩展的指标。应力强度因子 K 可以分为 K_1、K_2、K_3,它们分别代表 Ⅰ 型、Ⅱ 型和 Ⅲ 型变形情况下的裂纹尖端的应力强度,如图 2-27 所示。Ⅰ 型称为张开型,Ⅱ 型称为滑开型或平面内剪切型,Ⅲ 型称为撕开型或出平面剪切型,其中应用最多的是 Ⅰ 型,代表了无限大平板中有

一贯穿裂纹,承受垂直于裂纹方向的均匀拉伸,是最简单的情况,其强度因子表达式为

$$K_1 = \sigma\sqrt{\pi a} \qquad\qquad (2-14)$$

式中:σ 为外加均匀拉伸应力;a 为裂纹尺寸,对内部裂纹和贯穿裂纹而言为裂纹长度的一半,对表面裂纹而言为裂纹深度。

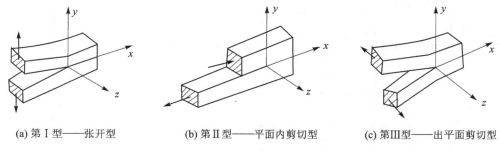

(a) 第 I 型——张开型　　　　(b) 第 II 型——平面内剪切型　　　　(c) 第III型——出平面剪切型

图 2 - 27　三种变形情况下的裂纹尖端

对于一般情况,应力强度因子表达式的普遍形式为

$$K_1 = F\sigma\sqrt{\pi a} \qquad\qquad (2-15)$$

式中:F 为系数,与裂纹形状、裂纹位置和加载方式有关,它可能是常数,也可能是 a 的函数。

2. 疲劳裂纹扩展速率

在疲劳载荷作用下,裂纹长度随循环周次 N 的变化率为疲劳裂纹扩展速率 da/dN,反映裂纹扩展的快慢。da/dN 是应力强度因子范围 ΔK 的函数,在双对数坐标上,da/dN 与 ΔK 的关系是一条 S 形的曲线,如图 2 - 28 所示。这条 $da/dN - \Delta K$ 曲线可以划分为三个区域,I 区、II 区和III区。

I 区是低速扩展区。该区域内,随着应力强度因子幅度 ΔK 的降低,裂纹扩展速率迅速下降。到某一下限值 ΔK_{th} 时,裂纹扩展速率趋近于零。若 $\Delta K < \Delta K_{th}$,则可以认为裂纹不发生扩展。ΔK_{th} 是反映疲劳裂纹是否扩展的一个重要的材料参数。

II 区是中速率裂纹扩展区,是决定疲劳裂纹扩展的主要区域。大量的实验研究表明,在此区域,da/dN 与 ΔK 在双对数坐标上呈线性关系。此区的裂纹扩展速率可以用 Paris 公式表示:

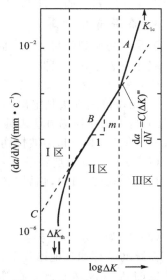

图 2 - 28　$da/dN - \Delta K$ 曲线

$$\frac{da}{dN} = C(\Delta K)^m \qquad\qquad (2-16)$$

式中:ΔK 为应力强度因子范围;C 为材料常数,需要通过试验确定;m 为曲线的斜率。表 2 - 1 提供了常见材料的参考值,这些数据都是中值,需要乘以 3 倍,得到最大值。表格适用于 ΔK 的单位是 N·mm$^{-3/2}$,da/dN 单位为 mm/c。

表 2-1　常见材料的 C 和 m 取值

材　料	消除应力处理	强度极限/MPa	m	C
碳钢	在 650 ℃下 1 h	430	3.3	2.72×10^4
低合金钢	在 570℃下 1 h	835	3.3	2.72×10^{14}
	在 680℃下 1 h	680	3.3	5.19×10^{-14}
马氏体时效钢	在 820℃下 1 h 并在 480℃下 3 h 空冷	2 010	3.0	7.38×10^{-14}
奥氏体不锈钢	在 600℃下 1 h	685	3.1	7.45×10^{-14}
	在 600℃下 4 h	665		
铝	在 320℃下 1 h	77	2.9	3.98×10^{-14}
铜	在 600℃下 1 h	225	3.9	4.78×10^{-14}
	在 700℃下 1 h	215		
钛	在 700℃下 1 h	540	4.4	8.96×10^{-14}

　　Ⅲ区为快速扩展区,由于扩展速率很高,该区的裂纹扩展寿命很短,在计算疲劳裂纹扩展寿命时可以忽略。

　　$da/dN - \Delta K$ 曲线与 $S-N$ 曲线一样,都表示了材料的疲劳性能。只不过 $S-N$ 曲线所描述的是疲劳裂纹萌生性能,$da/dN - \Delta K$ 曲线描述的是疲劳裂纹扩展性能。

3. 疲劳寿命估算

　　测量了初始裂纹尺寸 a_0、临界裂纹尺寸 a_c、相应的应力强度因子表达式和材料的疲劳裂纹扩展速率表达式后,即可进行剩余寿命的估算。

　　(1) 初始裂纹 a_0 尺寸的确定

　　1) 无损检测方法测定出的最大缺陷尺寸。

　　2) 当用无损检测方法未检测出缺陷时,则取初始缺陷尺寸等于该测量方法常用的初始裂纹尺寸。例如,对于超声波探伤,一般取 $a_0 = 2$ mm。

　　(2) 通过应力强度因子公式计算求得临界尺寸 a_c

　　根据公式(2-15),临界裂纹尺寸为

$$a_c = \frac{1}{\pi} \left(\frac{K_1}{F\sigma} \right)^2 \tag{2-17}$$

　　(3) 等幅应力下疲劳裂纹扩展寿命估算

　　在脉动循环和其他循环下,都可使用 Paris 公式进行寿命估算。但对每种循环,都要使用其相应的 da/dN 表达式。在等幅应力下进行寿命计算时,将 Paris 公式积分,可得疲劳裂纹扩展寿命为

$$N = \int_{N_0}^{N_f} dN = \int_{a_0}^{a_c} \frac{da}{C(\Delta K)^m} \tag{2-18}$$

　　若应力强度表达式(2-15)中系数 F 与 a 无关,则将(2-15)带入到式(2-18)中,积分后得到疲劳裂纹扩展寿命的表达式为

　　当 $m \neq 2$ 时

$$N = \frac{a_c^{(1-m/2)} - a_0^{(1-m/2)}}{(1-m/2)C(\Delta\sigma)^m \pi^{m/2} F^m} \tag{2-19}$$

当 $m=2$ 时

$$N = \frac{1}{C} \frac{1}{\pi F^2 (\Delta\sigma)^2} \ln\left(\frac{a_c}{a_0}\right) \tag{2-20}$$

式中：$\Delta\sigma$ 为应力变化范围。计算出疲劳裂纹扩展寿命除以寿命安全系数即为剩余寿命，寿命安全系数可取 $2\sim4$。

【例 2-1】　如图 2-29 所示，轴的材料为 40Cr，$K_{1c}=1\,960\ \text{N}\cdot\text{mm}^{-3/2}$，轴身有一条径向表面裂纹，裂纹长度 $c=10\ \text{mm}$，深度 $a=3\ \text{mm}$，裂纹外的弯曲应力为 $\sigma=\pm100\ \text{MPa}$，试估算其疲劳寿命。

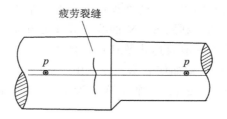

图 2-29　例题中的轴

解：

① 确定 ΔK 表达式

因裂纹深度比长度和轴径小得多，因此设想用两个相临的径向截面从轴上切下一个平板。这个平板可以看作是处于平面应变条件下的受弯平板，由于裂纹深度较板宽远小得多，所以可以按半无限大受拉平板的 K_1 表达式来近似

$$K_1 = 1.12\sigma\sqrt{\pi a_c}$$

② 确定裂纹扩展速率表达式

轴的材料为低合金钢 40Cr，根据表 2-1 中低合金钢的数据：

$$m=3.3,\quad C=2.72\times10^{-14}$$

由于表 2-1 的数据为中值，为得到上限值，C 需乘以 3，因此：

$$C = 3\times2.72\times10^{-14} = 8.16\times10^{-14}$$

③ 初始裂纹尺寸为 $a_0=3\ \text{mm}$（题目已知）

④ 确定临界尺寸 a_c

题目中给出了 $K_{1c}=1\,960\ \text{N}\cdot\text{mm}^{-3/2}$，由 a_c 的计算公式，可以得到，

$$a_c = \frac{1}{\pi}\left(\frac{1\,960}{1.12\times100}\right)^2 = 98\ \text{mm}$$

⑤ 裂纹扩展寿命估算

对于 $R=-1$ 的对称循环，$\Delta\sigma$ 只取正值，即 $\Delta\sigma=100\ \text{MPa}$。

$$
\begin{aligned}
N &= \frac{a_c^{(1-m/2)} - a_0^{(1-m/2)}}{(1-m/2)\cdot C\cdot(\Delta\sigma)^m\cdot\pi^{m/2}\cdot F^m} \\
&= \frac{98^{(1-3.3/2)} - 3^{(1-3.3/2)}}{(1-3.3/2)\cdot 8.16\cdot10^{-14}\cdot100^{3.3}\cdot\pi^{3.3/2}\cdot1.12^{3.3}} \\
&= 2.16\times10^5\ (\text{次})
\end{aligned}
$$

若取寿命安全系数取 3，则零件的剩余寿命为 7.2×10^4 次循环。

习 题

1. 材料的微观缺陷包括哪些种类？

2. 塑性变形的形成机理包括哪些？

3. 什么是蠕变现象？蠕变分为哪三个阶段？每个阶段有什么特点？

4. 疲劳破坏有哪些特性？疲劳破坏的机理是什么？

5. 疲劳断口由哪几个部分组成？

6. 常见的裂纹萌生方式有哪些？疲劳裂纹扩展由哪两个阶段构成？

7. 什么是 $S-N$ 曲线？如何利用 $S-N$ 曲线计算疲劳寿命？

8. 什么是应力强度因子？一般表达式及其意义是什么？

9. 裂纹扩展速率的 Paris 公式如何表示？公式中参数的含义是什么？

10. 45 号钢的密度为 $7.85\ \text{g/cm}^3$，弹性模量为 210 GPa，泊松比为 0.31，试求其剪切模量。

11. 金属箱体材料 HT200，剪切模量为 325 GPa，泊松比为 0.29，试求其弹性模量。

12. 某工件长度为 30 mm，在交变应力下工作一段时间后，利用应变片在线测量得到线应变为 0.2 mm，卸去外力的作用后，工件长度为 30.011 mm，试计算工件工作过程中的弹性应变量。

13. 如图 2-30 所示，以 2 500 r/min 转速旋转的转子，与长为 10 cm，横截面积为 1 cm² 的铝合金连杆相连，连杆另一端是固定质量为 0.5 kg 的质量块，连杆和质量块一起在一个缸体内旋转。设质量块与缸体内壁的初始间隙为 Δx，且铝连杆的质量忽略不计。设计人员担心在拉伸应力作用下，铝连杆会发生蠕变，使得质量块与缸体内壁接触而发生制动失效。为此，采用加速试验的方法进行验证，让转子在 8 000 r/min 转速下运行，发现经过 18 h 后，由于连杆蠕变，质量块开始与缸体内壁发生摩擦，即连杆的变形量 $\Delta r = \Delta x$。设铝合金连杆的材料抗拉强度为 0.6 GPa，弹性模量为 75 GPa，$n=4$，屈服应力忽略不计。

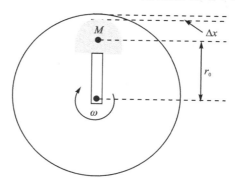

图 2-30 以角速度 ω 旋转的转子

(1) 计算加速情况下，即转速为 8 000 r/min 时铝连杆的拉伸应力。

(2) 计算转速为 2 500 r/min 情况下，铝连杆的拉伸应力。

(3) 铝连杆在 8 000 r/min 下服役 18 h，则在 5 000 r/min 下能服役多久？

14. 某金属工件,承受交变应力,频率为 200 Hz,使用后第 1 年采用超声无损探伤,测得起始裂纹长度为 1.5 mm,2 年后再次探伤,裂纹扩展到了 5 mm(断裂临界裂纹尺寸),请问该工件的疲劳寿命是多少循环次数?

15. 某铝合金金属工件,受到外界不同周期性拉应力作用,产生疲劳的循环次数不同,数据如表 2-2 所列。

(1) 试拟合有限寿命区最大应力与疲劳循环次数的关系模型。

(2) 计算当最大拉应力为 150 MPa 时,疲劳循环次数为多少?

表 2-2　习题 15 数据

最大拉应力/MPa	疲劳循环次数
300	10
260	10^2
200	10^3
120	10^4
80	10^7

16. 某金属构件在交变应力下会发生疲劳失效,其失效循环次数可以用 Coffin-Mason 公式描述。试验测得改金属构件的失效循环数为 26 000 次,弹性模量 $E=2\times10^5$ MPa,σ'_f 疲劳强化系数为 2 773.22 MPa,ε'_f 疲劳延展系数为 1.207 1。b 和 c 分别为 -0.102 6 和 -0.781 6,试求疲劳破坏时的弹性应变变化量、塑性应变变化量以及全应变变化量。

17. 某金属构件在交变应力下会发生疲劳失效,其全应变变化量为 0.01,弹性模量 $E=2\times10^5$ MPa,σ'_f 疲劳强化系数为 3 000 MPa,ε'_f 疲劳延展系数为 1.5。b 和 c 分别为 -0.1 和 -0.8,试求该金属构件的疲劳循环次数。

18. 某金属构件,经过一段时间后,通过无损探伤,测量得到其内部有一条非贯穿裂纹,该金属构件承受垂直于裂纹方向的均匀拉伸应力,最大量值为 300 MPa,长度为 5 mm,试计算应力强度因子 K_1。

19. 某低合金钢金属构件,在 680 ℃ 退火 1 h 后,投入使用一段时间后无损探伤测量得到表面有一条裂纹,长度为 2 mm,又过了一段时间后,再次无损探伤测量,裂纹扩展到了 3.5 mm,该金属构件承受垂直于裂纹方向的均匀拉伸应力,最大量值为 500 MPa,试求其裂纹扩展速率。

20. 奥氏体不锈钢,材料高温退火 1 h,$F=1.12$,承受外加均匀拉伸应力 $\sigma=\pm200$ MPa,$K_1=1\,540$ N·mm$^{-3/2}$,试求临界裂纹尺寸。

21. 某铜铝合金材料,承受外界均匀拉伸应力 $C=3.98\times10^{-14}$,$m=2.9$,$K_1=1\,960$ N·mm$^{-3/2}$,轴身有一条径向表面裂纹,裂纹长度 $c=5$ mm,深度 $a=2$ mm,裂纹外的弯曲应力为 $\sigma=\pm150$ MPa,试估算其疲劳寿命。

22. 某飞机翼梁,材料为铝合金,裂纹尖端应力强度因子为 1 350 N·mm$^{-3/2}$,梁上有一条径向表面裂纹,初始裂纹长度为 $c=2.5$ mm,深度 $a=0.3$ mm,裂纹处的名义应力为 ±150 MPa,试估算其疲劳寿命(提示,利用具有半无限大受拉平板 K_1 表达式近似计算,查表时候材料选为铝,寿命安全系数可取 3)。

23. 某结构体,材料为低碳钢,裂纹尖端应力强度因子为 1 500 N·mm$^{-3/2}$,梁上有一条径向表面裂纹,初始裂纹长度为 $c=3.5$ mm,深度 $a=0.4$ mm,裂纹处的名义应力为 ±210 MPa,应力循环一周期为 12 分钟,试估算其疲劳寿命(提示,利用具有半无限大受拉平板 K_1 表达式近似计算,铝合金材料的 Paris 参数 $m=3.1$,$C=6.26\times10^{-14}$(中值),寿命安全系数可取 3,寿命单位:"年")。

第3章 电子产品的热疲劳与振动疲劳

3.1 电子产品焊点热疲劳

3.1.1 问题的提出

随着微电子、半导体技术的飞速发展,现代航空航天、武器装备中大量采用复杂的电子产品,特别是各种微型集成电路的应用,使电子设备的可靠性直接影响设备的完好性及安全使用,引起了各行业的关注。在民用方面,新一代电脑产品及电子元器件日益向更小的封装尺寸和更多的封装引脚数方向发展。随着封装尺寸的减小,表面组装技术(SMT, Surface Mount Technology)及新型的球栅阵列封装(BGA, Ball Grid Array)、芯片尺寸封装(CSP, Chip Scale Package)开始被广泛采用。

在这些电子产品的封装结构中,焊点起着电气连接的通道、芯片与基板间的刚性机械连接及散热的作用。BGA 封装由于具有阵列球的引线方式,有着引脚多、引线电感和电容小、组装成品率高、引脚牢固等优点,非常适合于高密度、高性能的封装,在民用和航空航天电子产品封装中得到了广泛应用,如图 3-1 所示为 BGA 封装内部结构与外部形状示意图。但这些高密度的封装形式也存在一些缺点,例如焊点不外露,很难进行质量检测。只要有一个焊点有缺陷,往往造成整个器件的失效。

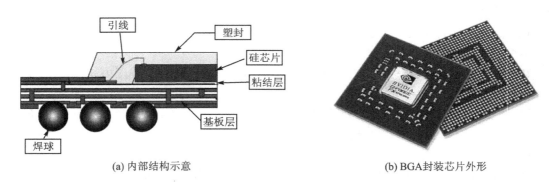

(a) 内部结构示意   (b) BGA封装芯片外形

图 3-1　BGA 封装示意图

出于对环境、健康和安全等方面的考虑,含铅的焊料正在逐步被无铅焊料所取代。焊点在从有铅向无铅化的转变过程中,新的可靠性问题又出现了。研究表明常见的热疲劳失效与富铅相有关,这是由于铅在锡基体中固溶度有限以及锡的析出,富铅相不能用锡的溶质原子进行有效强化,使它无法改善塑性形变滑移。在温度循环下,富铅相易于粗化并最终导致焊点开裂。因此,锡基无铅焊料中不含铅相会使力学性能提高,强化焊料。但无铅焊料熔点较高,一般在 217 ℃,而传统的 SnPb 共晶焊料熔点为 183 ℃,这就带来焊料易氧化及金属间化合物生长迅速等问题。另外由于焊料不含铅,浸润性较差,容易导致焊点的拉伸强度、剪切强度等不能满足要求等。

3.1.2　焊点热疲劳的故障机理

　　由于温度造成的焊点失效,是表面封装电子器件的主要失效原因。电子器件在使用过程中,环境温度会发生变化,芯片的功率循环也会使得周围温度发生变化,而芯片与基板之间的热膨胀系数存在差异,因此在焊点内产生热应力而造成疲劳损伤,如图 3-2 所示。

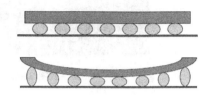

　　相对于环境温度,焊料自身熔点较低,随着时间的推移,焊点会产生明显的粘性行为而导致蠕变损伤,造成焊点断裂。蠕变是材料在长时间恒温、恒压下,即使应力没有达到屈服强度,也会慢慢产生塑性变形的现象,由蠕变引起的断裂叫做蠕变断裂。

　　在一定的条件下,疲劳损伤和蠕变损伤会产生交互的作用,蠕变加速裂纹的形成和扩展,而循环开

图 3-2　热膨胀系数差异引起的热应力

裂造成的损伤又促进了蠕变的进展,这种交互作用会加剧损伤,使循环寿命大大减少。而航空航天领域内的电子产品通常处于更恶劣的温度循环条件下,焊点的疲劳蠕变损伤成为电子产品失效的内在隐患。在蠕变和低周疲劳交互作用的同时,焊点内出现热激活、动态回复、应变硬化和动态再结晶等物理现象,这些物理现象很难进行精确的描述。目前对应变速率和温度敏感性、动态硬化效应、应变软化等物理现象,人们已经开始用各种本构方程进行描述,如 Anand 模型。图 3-3 给出了由于温度的变化,焊点内部产生剪切应力后,焊点变形、恢复、断裂的过程。图 3-4 所示为焊点在温度循环下,断裂以及断裂处的放大图。焊点失效的故障模式表现为电信号传输失真、时断时续,甚至导致断路。

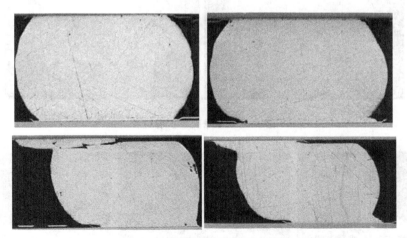

图 3-3　BGA 封装焊点的热疲劳过程

　　BGA 焊球的热疲劳包括裂纹萌生和扩展两个阶段,并且在热疲劳后期,裂纹贯穿整个焊点从而造成最终的失效,如图 3-5 所示。

　　表贴焊点的热疲劳也包括裂纹萌生和扩展两个阶段,但是在失效过程中存在着两种不同的裂纹扩展模式:①裂纹沿着焊料与焊盘的界面扩展,如图 3-6 所示;②裂纹沿着器件与焊料的界面扩展,并最终贯穿整个焊点,如图 3-7 所示。

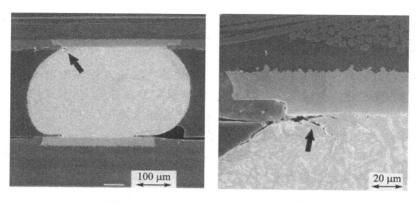

图 3-4　BGA 封装焊点断裂处示意图

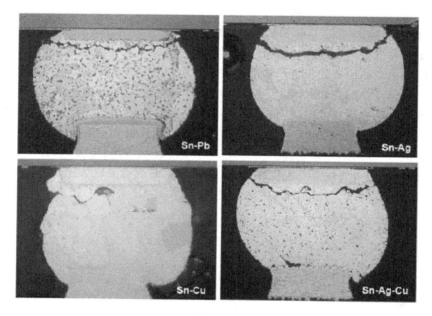

图 3-5　焊球裂纹扩展过程

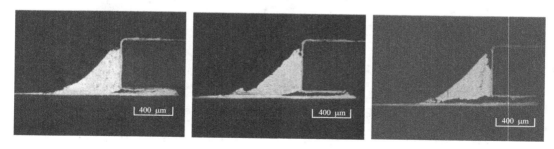

图 3-6　裂纹沿焊料与焊盘界面扩展过程

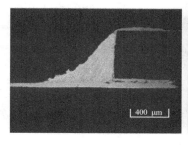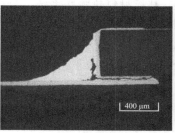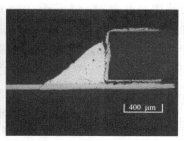

图 3 - 7　裂纹沿器件与焊料界面扩展过程

3.1.3　表贴焊点热疲劳的 Engelmaire 模型

Coffin - Mason 模型是最广为使用的一种低周疲劳寿命模型,它给出了疲劳寿命与应变范围的关系,根据公式(2-13),对于塑性部分:

$$\frac{\Delta\varepsilon_p}{2} = \varepsilon_f'(2N)^c \qquad (3-1)$$

式中:N 是结构发生破坏时其所经历的热循环次数;$\Delta\varepsilon_p$ 塑性应变幅值;ε_f' 是疲劳延展系数;c 是疲劳延展指数,实际使用中常常将其近似等于材料的真实断裂韧性。

由于 Coffin - Mason 模型最初是应用在结构的低周疲劳寿命预测中,对电子产品的焊点,缺乏一定的适用性,Engelmaire 在 1981 年提出了一个考虑了热循环加载频率与加载温度的效应,以及弹塑性应变的影响的模型,称为 Engelmaire 模型(或者修正的 Coffin - Manson 模型),即为

$$N_f = \frac{1}{2}\left(\frac{\Delta\gamma}{2\varepsilon_f'}\right)^{\frac{1}{c}} \qquad (3-2)$$

式中:N_f 是焊点热疲劳失效循环次数;$\Delta\gamma$ 是焊点所受剪切应变范围,对于 SnPb 低熔点焊料,ε_f' 可以取 0.325。参数 $\Delta\gamma$ 和 c 可以通过下列公式获得:

$$\Delta\gamma = F_1\frac{L_D}{h}(\alpha_C\Delta T_C - \alpha_S\Delta T_S) \qquad (3-3)$$

$$c = c_0 + c_1 T_{SJ} + c_2\ln(1 + 360/t_d) \qquad (3-4)$$

$$T_{SJ} = 0.25(T_C + T_s + 2T_0) \qquad (3-5)$$

$$\Delta T_C = T_C - T_0 \qquad (3-6)$$

$$\Delta T_S = T_S - T_0 \qquad (3-7)$$

其中,F_1 为应力范围因子,对于 PBGA 封装取 0.54,对于 CBGA 封装取 1;L_D 为器件有效长度;h 为焊点高度;α_C 为器件外壳热膨胀系数;α_S 为基板材料热膨胀系数;T_C、T_s 为器件外壳和基板温度值;ΔT_C、ΔT_S 为器件外壳和基板温度变化值;T_{SJ} 为循环平均温度;t_d 为循环中高温持续时间;c_0、c_1、c_2 为拟合的常数。这种模型相比于原始的 Coffin - Manson 模型的改进之处,在于它考虑了循环加载频率、加载温度及弹、塑性应变的影响。下面利用一个实例来说明 Engelmaire 模型求解焊点平均失效前循环数的计算过程。

【例 3 - 1】　现有一 PC107APCI 桥/集成存储器控制器,其封装类型为 PBGA。经查阅其器件手册,得知外围焊球跨度为 30.48 mm,焊点高度为 $h=0.7$ mm。查阅材料手册,器件外

壳热膨胀系数 $\alpha_c = 2.5 \times 10^{-6}/℃$,基板材料热膨胀系数 $\alpha_s = 2.3 \times 10^{-8}/℃$。该器件工作时所经历的温度循环情况如下:非工作状态时的温度 $T_0 = 25℃$,工作状态下元器件稳态温度 $T_c = 100℃$,工作状态下电路板稳态温度 $T_s = 90 ℃$,温度循环中高温持续时间 $t_d = 60$ min,$c = -0.442 - (6 \times 10^{-4})T_{SJ} + 1.74 \times 10^{-2}\ln(1 + 360/t_d)$,求焊点平均失效前循环数 N_f。

解:

由于此器件为 PBGA 封装,则应力范围因子 F_1 取值为 0.54。对于 Engelmaire 模型,器件有效长度 L_D 取值为外围焊球跨度的 0.707 倍,则

$$L_D = 30.48 \text{ mm} \times 0.707 = 21.55 \text{ mm}$$

器件外壳温度变化值

$$\Delta T_C = T_C - T_0 = (100 + 273 - 25 - 273)\text{K} = 75 \text{ K},$$

基板温度变化值

$$\Delta T_S = T_S - T_0 = (90 + 273 - 25 - 273) \text{ K} = 65 \text{ K}。$$

由公式可得,焊点所受剪切应力范围为

$$\Delta\gamma = F_1 \frac{L_D}{h}(\alpha_c \Delta T_C - \alpha_s \Delta T_S)$$

$$= 0.54 \times \frac{21.55}{0.7} \times (2.5 \times 10^{-6} \times 75 - 2.3 \times 10^{-8} \times 65)$$

$$= 0.0031$$

循环平均温度 T_{SJ} 与 T_0、T_s、T_c 呈如下线性关系:

$$T_{SJ} = 0.25 \times (T_c + T_s + 2T_0)$$

$$= 0.25 \times (373.15 + 363.15 + 2 \times 298.15) \text{ K}$$

$$= 333.15 \text{ K}$$

由公式(3-4)可得模型参数

$$c = -0.442 - 6 \times 10^{-4} T_{SJ} + 1.74 \times 10^{-2}\ln(1 + 360/t_d)$$

$$= -0.442 - 6 \times 10^{-4} \times 333.15 + 1.74 \times 10^{-2} \times \ln(1 + 360/60)$$

$$= -0.608$$

将上述所得参数,代入 Engelmaire 模型得

$$N_f = \frac{1}{2}\left(\frac{\Delta\gamma}{2\varepsilon_f'}\right)^{\frac{1}{c}} = \frac{1}{2}\left(\frac{0.0031}{2 \times 0.325}\right)^{-\frac{1}{0.608}} = 3\ 291$$

即焊点的寿命为 3 291 次循环。如果已知一个循环的持续时间,可以计算出焊点的故障时间。

3.1.4 焊点热疲劳设计因素分析

由 Engelmaire 模型可知,芯片长度、焊点高度、循环平均温度和高温持续时间是影响焊点寿命的主要因素。利用上一小节中的例3-1,研究焊点热疲劳的影响因素及其敏感性。

(1)芯片长度

器件有效长度取决于外围焊球跨度,因此我们保持例3-1中其他参数不变,仅改变器件外围焊球跨度,从而改变器件有效长度,研究此因素对于焊点热疲劳的影响。

表 3-1 选择了从 25 mm 到 35 mm 共 11 个有效长度进行对比,图 3-8 给出了器件有效长度对焊点寿命的影响。可以看出,器件有效长度变大,焊点热疲劳寿命变短。因此,对于表贴器件,器件尺寸越大,其热疲劳寿命也就越短。

表 3-1　器件有效长度对焊点寿命的影响

器件有效长度/mm	N_f/循环数	器件有效长度/mm	N_f/循环数
25	4 424	31	3 107
26	4 148	32	2 949
27	3 898	33	2 803
28	3 672	34	2 669
29	3 466	35	2 545
30	3 279		

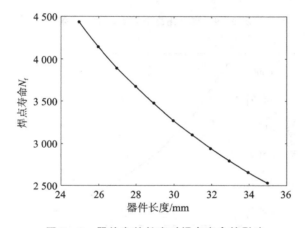

图 3-8　器件有效长度对焊点寿命的影响

(2) 焊点高度

焊点高度作为 Engelmaire 模型中的重要参数,其变化范围一般较小,为分析其对焊点寿命的影响,同样利用例 3-1 中参数,仅改变焊点高度,取常用值 0.5~1 mm。由图 3-9 可知,焊点热寿命与焊点高度成正相关关系。

(3) 循环平均温度

由 Engelmaire 模型可知,循环平均温度由非工作状态下的温度、工作状态下元器件稳态温度和工作状态下基板稳态温度共同决定,是综合体现器件所处温度环境的参数。无论是何种状态下温度的改变,最终都会以改变循环平均温度的方式影响焊点热疲劳寿命。

由于环境温度仅通过循环平均温度影响模型结果,故利用例 3-1 中参数,仅通过改变 T_0、T_s 或 T_c 的方式改变循环平均温度取值,分析其对焊点热疲劳寿命的影响。如图 3-10 所示趋势,随着循环平均温度的提高,焊点寿命缩短。

(4) 高温持续时间

高温持续时间的长短会影响焊点的热疲劳寿命,为直观地了解这种变化趋势,以例 3-1 为基础,保持其他参数不变,仅改变高温持续时间以观察其对焊点热疲劳寿命的影响程度,结果如图 3-11 所示。可见,高温持续时间越长,对焊点造成的损伤越严重。

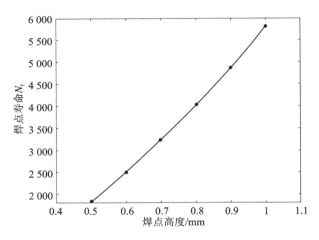

图 3-9　焊点高度对焊点寿命的影响

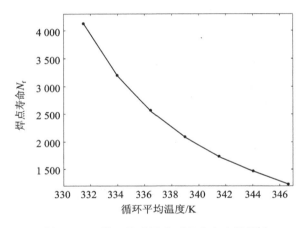

图 3-10　循环平均温度对焊点寿命的影响

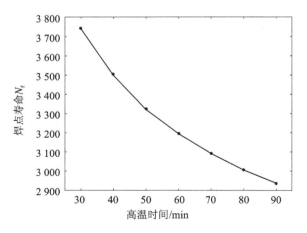

图 3-11　高温持续时间对焊点寿命的影响

3.2　镀通孔热疲劳

3.2.1　问题的提出

印刷电路板 PWB 上有着许多大大小小的孔洞,每个孔洞都是有其目的而被设计出来的。这些孔洞大体上可以分成电镀通孔(PTH,Plating Through Hole)及非电镀通孔(NPTH,Non Plating Through Hole)两种,如图 3 - 12 所示。

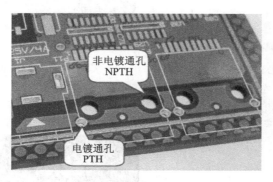

图 3 - 12　电镀通孔与非电镀通孔

镀通孔(PTH,Plated Through Hole)是指多层 PWB 中贯穿的孔,用导电材料如铜、镍或焊料等进行电镀,用于为不同板层的导电金属提供电连接,是 PWB 重要的结构组成部分,如图 3 - 13 所示。

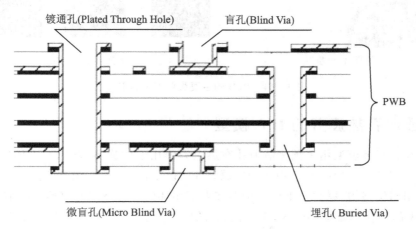

图 3 - 13　镀通孔的截面及其结构参数

3.2.2　故障机理

PTH 的故障主要是由于镀层材料和基板材料的热膨胀系数(CTE)不匹配而引起的。PTH 的故障模式主要有孔壁中心镀层断裂、孔壁镀层与内部焊盘脱开、外部焊盘转角断裂等,如图 3 - 14 所示。这些部位的断裂将导致 PTH 的电气性能和机械性能不好,如果 PTH 失效,将导致电阻增加,甚至使电路完全开路,最终导致周向断裂而使电路丧失规定功能。

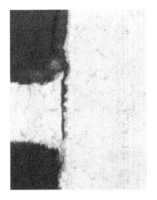
(a) 孔壁中心镀层断裂

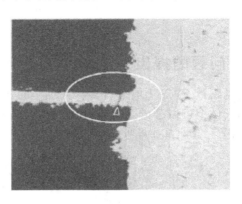
(b) 镀层局部断裂

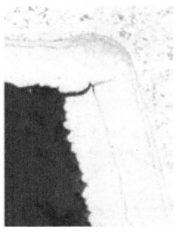
(c) 镀层转角断裂

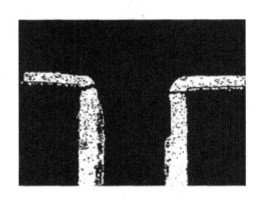
(d) 外部焊盘脚断裂

图 3-14　PTH 的主要失效部位和形式

3.2.3　镀通孔热疲劳的 IPC 模型

目前已经有很多模型用来预测镀通孔在热应力作用下的疲劳寿命,其中国际电子工业联接协会(IPC)提出了一个模型,应用较为广泛。IPC 模型在建立过程中假设镀层和基板为两个在端面具有相同位移约束的"一维杆结构",在温度循环的条件下同时拉伸和收缩。

IPC 模型的简化示意图如图 3-15 所示。图中:δ_p 为温度变化引起镀层的变形;$\Delta\delta_p$ 为基板对镀层作用引起的变形;δ_s 为温度变化引起基板的变形;$\Delta\delta_s$ 为镀层对基板作用引起的变形;H 为通孔的高度。镀层中的拉应力沿轴向均匀分布,IPC 模型同时考虑了弹性变形和塑性变形的情况。

镀层中拉应力在弹性情况下的表达式为

$$\sigma = \frac{(\alpha_E - \alpha_{Cu})\Delta T \cdot A_E E_E E_{Cu}}{A_E E_E + A_{Cu} E_{Cu}} \quad \sigma \leqslant S_\gamma \quad\quad (3-8)$$

塑性情况下的表达式为

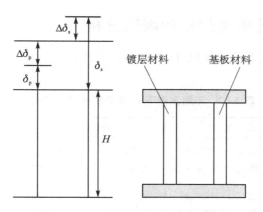

图 3-15　IPC 模型简化假设示意图

$$\sigma = \frac{\left[(\alpha_E - \alpha_{Cu})\Delta T + S_\gamma \dfrac{E_{Cu} - E'_{Cu}}{E_{Cu}E'_{Cu}}\right] A_E E_E E'_{Cu}}{A_E E_E + A_{Cu} E'_{Cu}} \quad \sigma > S_\gamma \qquad (3-9)$$

式中: A_E 为受影响的电路板面积, A_{Cu} 为镀铜层的横截面积, 计算公式为

$$A_E = \frac{\pi}{4}\left[(h_E + d)^2 - d^2\right]$$

$$A_{Cu} = \frac{\pi}{4}\left[d^2 - (d - 2h_{Cu})^2\right]$$

根据对铜箔进行的一系列试验, 得出了 IPC 疲劳寿命模型:

$$N_f^{-0.6} D_f^{0.75} + 0.9 \times \frac{S_u}{E_{Cu}}\left[\frac{e^{D_f}}{0.36}\right]^{0.178\,5\lg\frac{10^5}{N_f}} - \Delta\varepsilon = 0 \qquad (3-10)$$

$\Delta\varepsilon$ 为总应变, 计算公式为

$$\Delta\varepsilon = \frac{\sigma}{E_{Cu}} \quad \sigma \leqslant S_\gamma \qquad (3-11)$$

$$\Delta\varepsilon = \frac{S_\gamma}{E_{Cu}} + \frac{\sigma - S_\gamma}{E'_{Cu}} \quad \sigma > S_\gamma \qquad (3-12)$$

以上公式中各参数的含义如表 3-2 所列。

表 3-2　IPC 模型中参数含义

参数符号	参数含义	单　位	参数符号	参数含义	单　位
D_f	镀层材料疲劳耐久性系数	无	α_{Cu}	镀铜的热膨胀系数	1/K
E_{Cu}	镀铜的弹性模量	GPa	h_E	电路板厚度	mm
E'_{Cu}	屈服后镀铜的弹性模量	GPa	d_E	镀通孔直径	mm
S_γ	镀铜的屈服强度	MPa	h_{Cu}	镀层厚度	mm
S_u	镀铜最大拉伸强度	MPa	A_E	受影响的电路板面积	mm^2
E_E	电路板的弹性模量	GPa	A_{Cu}	镀铜层的横截面积	mm^2
α_E	电路板的热膨胀系数	1/K	ΔT	元器件温度变化幅值	K

3.2.4　影响镀通孔疲劳的设计因素分析

温度是影响镀通孔疲劳的主要设计因素,不同温度循环下 PTH 的热机械故障模式的对比如表 3 - 3 所列。

表 3 - 3　不同温度下 PTH 热机械故障模式对比

热环境条件	应力/应变	故障模式	表征力学参数
高温	镀层被拉伸,焊盘在最外层方向弯曲,失效可能发生在热冲击的上升沿	孔壁周向断裂,焊盘转角失效	镀层中最大拉应力,焊盘中最大径向拉应力
低温	镀层被压缩,焊盘在最内层方向弯曲,失效可能发生在热冲击的下降沿	翘曲的镀层中周向断裂,外部焊盘脱层	翘曲的镀层中最大压应力,最外层焊盘/基板结合处的最大剥离应力
温度循环	镀层被循环拉伸和压缩	在镀层的中心处、焊盘与镀层的结合处疲劳断裂	每循环最大的塑性应变,每循环最大总应变

3.3　振动疲劳

3.3.1　工程中的振动类型

振动是指结构在其平衡位置附近的往复运动。如果这种运动自身不断重复,且在每次重复时具有其自身全部的单项特性,则经过一定的时间周期后该运动可称为周期性运动。该运动可能很复杂,但只要其在一定的时间周期内自身能不断重复出现,则仍可称为周期性运动。如果运动过程从来没有重复出现过,则其称为随机运动。

在工程实际中设备经历的振动载荷一般可分为正弦振动和随机振动两类。正弦振动主要指运载工具发动机的振动。如汽车、舰船、飞机、导弹等发动机工作时产生的强烈振动,设备内部的电动机、风机、泵产生的振动等。随机振动是外力随机引起的,如路面的凹凸不平使汽车产生随机振动,大气湍流使机翼产生随机振动,海浪使船舶产生随机振动以及火箭点火时由于燃烧不均匀引起部件的随机振动等。随机振动的典型时间曲线如图 3 - 16 所示,通过对该图的分析可以得到一个随机运动可以分解成一系列正弦运动曲线,而每条曲线均以自身的频率和位移幅值不断进行周期性循环,如图 3 - 17 所示。

随机振动在频率域内的统计特性可以用功率谱密度函数来描述,如图 3 - 18 所示。功率谱密度的定义是单位频带内的"功率"(均方值),表征了各个频率点上振动能量的分布状况。

冲击也是一种特殊的振动。在工程中,冲击主要分为两种:①设备在运输和使用过程中经常受到的冲击力。如车辆在坑洼不平道路上的行驶、飞机的降落和船舶的抛锚等;②设备在运输和使用过程中遇到的非经常的、非重复性的冲击力,如撞车或紧急刹车、船舶触礁、炸弹爆炸和设备跌落等。冲击的表征参数有波形、峰值加速度、冲击的持续时间以及冲击次数等。

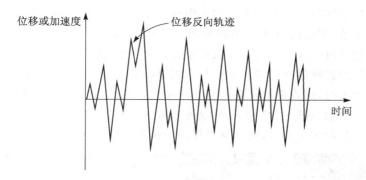

图 3 - 16　随机振动曲线

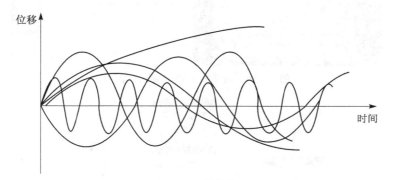

图 3 - 17　随机振动曲线可分解为多个正弦曲线叠加

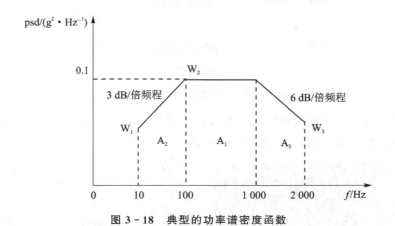

图 3 - 18　典型的功率谱密度函数

3.3.2　振动疲劳机理及分类

振动引发的结构故障机理主要有两个方面:①过应力失效,即结构在某一激振频率下产生幅值很大的响应,最终因振动加速度超过结构所能承受的极限加速度而破坏,或者由于冲击所产生的应力超过结构的强度极限而使结构破坏;②疲劳损伤,振动引起的应力虽然远低于材料在静载荷下的强度,但由于长时间振动或多次冲击,材料内部存在应力循环,经过一定的应力循环次数后形成裂纹,裂纹扩展后,结构断裂,从而导致结构的失效。

　　电子产品的焊接部位容易受到振动的作用而发生故障。例如,手机或便携电子产品在使用过程中经常会跌落,军用的电子产品在发射过程遭受炮弹冲击时会受到高加速度的载荷。这些瞬间的动作会导致内部电子元件焊点由于受到冲击而松脱或者断裂,这种断裂通常发生在铜垫与焊结部位的脆性界面处以及铜垫与基板界面处(见图 3-19 和图 3-20)。这是因为,当受到快速外力冲击时,焊点需要很高的应变速率来适应外力,由于焊点合金的变形抗力会随着应变速率增加而增加,在这些情况下,界面处就成为结构连接中最薄弱的环节而产生断裂。而由于随机振动引起的振动疲劳,则会使得焊接部位发生延展之后断裂,如图 3-20 所示。

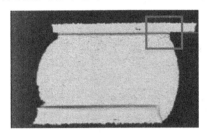
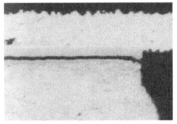

图 3-19　由于坠落造成焊点的断裂

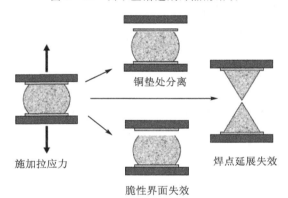

图 3-20　拉应力下,焊点故障模式

　　图 3-21(a)为焊点材料延展后断裂失效的扫描电镜(SEM)图,可见焊球有明显的拉伸,图 3-21(b)为脆性界面处断裂,焊点变形很小,断面非常平坦。

(a) 焊点延展后断裂　　　　　　　　　　(b) 脆性界面处断裂

图 3-21　焊点失效 SEM 图

按激励类型不同,振动疲劳可分为拉压振动疲劳、扭转振动疲劳和弯曲振动疲劳。若激励频率与结构共振频率重合或接近使结构产生共振而导致疲劳称为共振疲劳。按照激励频率与结构基频的比值大小,振动疲劳分为高频振动疲劳和低频振动疲劳。

目前,结构振动疲劳寿命估算的方法主要分为时域法和频域法。时域法首先对响应随机过程进行时域模拟,得到响应应力时间历程,然后进行循环计数处理得到应力幅值信息,再根据材料的疲劳寿命曲线和疲劳累积损伤理论进行疲劳寿命估算。由于时域法计算量很大,目前对时域法的研究很少。频域法是在频域内利用功率谱密度(PSD,Power Spectral Density)函数描述响应应力信息,然后根据材料的疲劳性能曲线和累积损伤理论估算结构疲劳寿命。频域法具有思路简单,计算量小等特点,因此振动疲劳寿命估算方法中,对频域法的研究较多。

3.3.3　振动疲劳的 Steinberg 模型

振动疲劳的 Steinberg 模型是在振动疲劳特性曲线的基础上,结合单自由度系统的动力学响应特性和试验分析经验公式,在一些假设和简化思想的基础上,提出的一种估算 PCB 振动疲劳寿命的经验公式。它定量反映了振动疲劳寿命与材料、结构、振动应力之间的函数关系。

Steinberg 模型可以分别描述正弦和随机振动两种情况下电子产品的疲劳寿命 N_2:

$$N_2 = N_1 \left(\frac{Z_1}{Z_2} \right)^b \qquad (3-13)$$

此公式由 Basquin 在 1910 年给出,早期主要应用于金属构件的高周疲劳寿命预测。1973年,美国的 Setinberg 将其扩展到了电子互连部位的振动疲劳上。其中,Z_1 和 N_1 为参考情况下的振动位移及其对应的疲劳寿命;Z_2 为疲劳寿命 N_2 情况下对应的电路板各点振动位移;b 为疲劳指数,对于镁、铝、镀铜铁镍合金等金属,取值为 6.4,而对于 SnPb 焊点,因为焊点的弹塑性不同,需要通过 $S-N$ 曲线拟合得到。对于正弦振动,当 $N_1 = 1 \times 10^7$ 循环次数,以及对于随机振动,当 $N_1 = 2 \times 10^7$ 循环次数时:

$$Z_1 = \frac{0.000\,22B}{C_1 h_E R_{xy} \sqrt{L}} \qquad (3-14)$$

式中:B 为平行于元器件的 PCB 边缘长度;L 为电子元器件的长度;h_E 为 PCB 的高度或厚度;C_1 为不同封装电子元器件的常数,如表 3-4 所列。R_{xy} 为元器件在 PCB 上的相对位置因子。

对于正弦振动:

$$Z_2 = \frac{9.8G_{in}}{f_n^{1.5}} \qquad (3-15)$$

式中:G_{in} 为输入的正弦加速度最大值;f_n 为电子产品的一阶谐振频率。

对于随机振动:

$$Z_2 = \frac{36.85 \sqrt{P_{in}}}{f_n^{1.25}} \qquad (3-16)$$

式中:P_{in} 为谐振频率点上输入的 PSD 值。

注:1 in=25.4 mm

表 3 - 4　不同元器件封装类型的常数 C_1 取值

元器件封装类型	取　值
标准双列直插式封装(DIP)	1.0
表面安装有引线陶瓷芯片载体(J 型或者鸥翅型)	1.26
底面伸出的两排平行引线器件,如 VLSI、ASIC、MCM	1.26
底面引出有周边导线的针栅阵列(PGA)封装	1.0
表面安装无引线陶瓷芯片载体(LCCC)	2.25
球栅阵列(BGA)封装	1.75
轴向引线通孔安装或表面安装的器件,如电阻器、电容器和二极管	0.75
器件四周小针距表面安装引线的器件	0.75

下面利用一个实例来说明 Steinberg 模型求解器件寿命的计算过程。

【例 3 - 2】　现有一 PCB 板尺寸为 320 mm×180 mm×2 mm,其上装有一标准双列直插式封装(DIP)的元器件,尺寸为 40 mm×20 mm,其长边与 PCB 板长边平行,元件 R_{xy} 为 0.707。PCB 一阶固有频率为 280 Hz,当在 PCB 板上加载一输入加速度水平为 0.115g 的正弦振动源时,求元器件上焊点(设 SnPb 合金 $b=3$)的正弦振动疲劳寿命(单位:h)。

解:

由题目可知

$$B = 320 \text{ mm} = 12.6 \text{ in}$$
$$L = 40 \text{ mm} = 1.57 \text{ in}$$
$$h = 2 \text{ mm} = 0.08 \text{ in}$$

元器件封装类型为标准双列直插式封装(DIP),查表可以得到:

$$C_1 = 1.0$$

可以求得理想位移为

$$Z_1 = \frac{0.000\,22 \times 12.6}{1.0 \times 0.08 \times 0.707 \times \sqrt{1.57}} = 0.039\,1 \text{ in}$$

实际位移为

$$Z_2 = \frac{9.8 \times 0.115}{280^{1.5}} = 2.405 \times 10^{-4} \text{ in}$$

由于输入为正弦振动,因而

$$N_1 = 1 \times 10^7$$
$$b = 3$$

可求得失效循环数为

$$N_2 = 10^7 \times \left(\frac{0.039\,1}{2.405 \times 10^{-4}} \right)^3 = 4.30 \times 10^{13}(次)$$

进而求得元器件寿命为

$$\tau_v = \frac{4.30 \times 10^{13}}{280 \times 3\,600} = 4.27 \times 10^7 \text{ h}$$

该元器件的焊点的振动疲劳寿命为 4.27×10^7 h。

3.3.4 影响振动疲劳的设计因素分析

在典型的复杂电子系统中,系统往往由多块插入式 PCB 板构成,器件则焊接在 PCB 板上,通过箱体支架来放置 PCB 板并以此结构形成一个电子系统。如此,当系统中某一 PCB 板发生故障后,只需将故障定位至板级并更换便可使系统继续工作,这样可以减少故障排查和维修的时间。

图 3-22 为电子设备的两种常见组装形式,在图 3-22(a)的安装形式下,外界振动首先影响与振源相连接的设备机壳,随后机壳的振动再传导至 PCB 板,也就是说此形式下,PCB 板所受到的振动应力与外界所施加的振动会有所不同。而在图 3-22(b)的安装形式下,正弦振动时机箱和 PCB 板可能会发生共振现象,这是因为机箱与 PCB 是耦合在一起的,当机箱的谐振频率接近任何一块 PCB 板的谐振频率且 PCB 板具有高传导率时,机箱将会增大 PCB 的响应。这种共振现象将在 PCB 中产生非常大的响应加速度值,导致其快速疲劳失效。因此在设计中,往往要采用倍频程规则,使机箱与 PCB 的谐振频率相差至少二倍频程,以避免共振效应的发生。

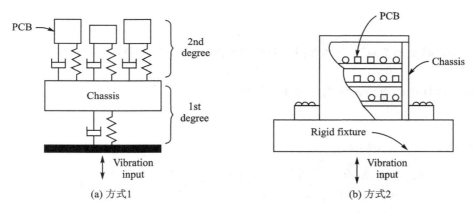

图 3-22　电子设备常见的组装形式

根据振动试验与相关有限元研究可知,许多不同类型电子元件的疲劳寿命与 PCB 在振动过程中产生的动态位移有关。研究表明在正弦振动条件下,四边简单支撑的 PCB 的峰值单振幅位移如式(3-14)所示,电子元器件与电路板的结构参数如图 3-23 所示。

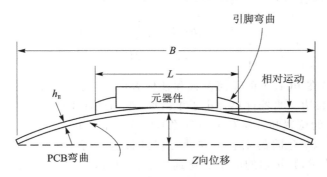

图 3-23　电子元器件与电路板的结构参数

在正弦振动下,元器件的疲劳寿命可以达到大约 1×10^7 次应力循环。

在进行电子系统设计时应当利用倍频程规则以避免共振效应的发生,为此,需要得到各 PCB 的一阶固有频率(或称最小谐振频率)为:

$$f_d = \left(\frac{9.8 G_{in} C_1 h_E R_{xy} \sqrt{L}}{0.000\,22B} \right)^{\frac{2}{3}} \tag{3-17}$$

同时,当外界施加的振动频率为 PCB 板的谐振频率时,PCB 板上所求器件的峰值单振幅位移如式(3-14),此时其上元器件的疲劳寿命可以达到大约 1×10^7 次应力循环。由此便可得到器件在此频率下的振动疲劳寿命。

【例 3-3】　现有一 PCB 板尺寸为 6 in×8 in×0.1 in,其中心位置装有一只 40 针标准双列直插式封装(DIP)的元器件(40 针 DIP 器件标准长为 2 in),其长边与 PCB 板长边平行,当在 PCB 板上加载一输入加速度水平为 $7g$ 的正弦振动源时,求 PCB 板的一阶谐振频率,并预计在此频率下器件的振动疲劳寿命。

解:由题目可知:

$$B = 8 \text{ in}$$
$$L = 2 \text{ in}$$
$$h_E = 0.1 \text{ in}$$

元器件封装类型为标准双列直插式封装(DIP),查表可以得到:

$$C_1 = 1.0$$

根据元器件中心点位置可以求出相对位置因子为

$$R_{xy} = \sin \frac{\pi}{2} \sin \frac{\pi}{2} = 1$$

可以求得 PCB 一阶谐振频率为

$$f_n = \left(\frac{9.8 G_{in} C_1 h_E R_{xy} \sqrt{L}}{0.000\,22B} \right)^{\frac{2}{3}} = \left(\frac{9.8 \times 7 \times 1 \times 0.1 \times 1 \times \sqrt{2}}{0.000\,22 \times 8} \right)^{\frac{2}{3}} = 310 \text{ Hz}$$

进一步可得 DIP 器件的预计寿命:

$$\frac{1 \times 10^7}{310 \times 3\,600} = 8.96 \text{ h}$$

对于随机振动,为元器件引线和焊点提供 2×10^7 个应力循环的疲劳寿命所希望的 PCB 最低固有频率可以写成:

$$f_d = \left[\frac{29.4 C_1 h_E R_{xy} \sqrt{\frac{\pi}{2}} \cdot \sqrt{P_{in} L}}{0.000\,22B} \right]^{0.8} \tag{3-18}$$

电子元件可以装在 PCB 上的任何位置和任何方向,但是考虑振动疲劳,长方形元件应尽量平行于 PCB 板的长边。当器件尺寸小于 1 in 时,振动往往难以造成失效问题。当器件的尺寸大于 1 in 时,器件的位置和方向对于寿命的影响就开始突显。

对于长器件而言,最危险的安装方向就是将其长边平行于 PCB 的短边。如图 3-24 所示,当 PCB 受振弯曲时,其短边的曲率变化远快于长边,这导致 PCB 与器件间的相对运动更大,从而增加了引线与焊点的载荷。

而当器件的方向固定时,器件在 PCB 板上的位置同样会影响其寿命。如图 3-25 所示,

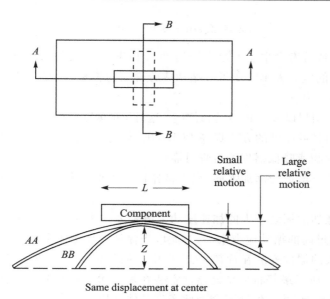

图 3 - 24　L 对元器件振动疲劳寿命的影响

四边固支的 PCB 板弯曲时,其中心位置的曲率变化最快,而此处器件的引线与焊点所受拉伸应力也就最大,相应的疲劳寿命也就越短。

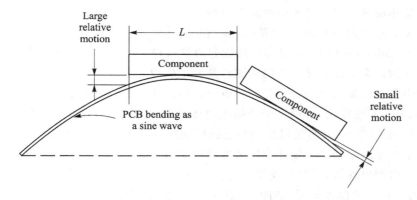

图 3 - 25　元器件在电路板上的不同位置

事实上,当 PCB 板边缘简单支撑(或铰接)时,可根据以下关系确定 PCB 板任意位置的位移:

$$Z = Z_0 \sin\frac{\pi X}{l} \sin\frac{\pi Y}{w}$$

式中:l 和 w 分别代表 PCB 的长和宽的坐标值;Z_0 为电路板中心位置最大位移。当元件位于 PCB 中心时,$X = l/2, Y = w/2$。此处 PCB 位移:

$$Z = Z_0 \sin\frac{\pi}{2} \sin\frac{\pi}{2} = Z_0$$

当元件并不位于 PCB 中心时,如 $X = l/2, Y = w/4$。此处的 PCB 位移:

$$Z = Z_0 \sin\frac{\pi}{2} \sin\frac{\pi}{4} = 0.707 Z_0$$

当元件位于 PCB 对角线四分之一处时,$X = l/4, Y = w/4$。此处的 PCB 位移:

$$Z = Z_0 \sin\frac{\pi}{4} \sin\frac{\pi}{4} = 0.5 Z_0$$

元器件的振动疲劳寿命本质上取决于器件与 PCB 板间的相对运动。正是相对运动在引线和焊点上所产生的应力大小改变了其振动疲劳寿命的长短,因此在设计中,应当考虑如何降低引线与焊点上的应力:

① 增加 PCB 板阻尼以减少 PCB 动态位移。这对于谐振频率在 50 Hz 以下的 PCB 板很有效;

② 通过增加肋材或厚度的方式提高 PCB 的刚度进而提高其谐振频率。但此方法可能会减少 PCB 板可用面积或降低器件的流焊可靠性。

③ 在敏感器件下增加局部加强筋,在大型器件下可粘接金属垫片以减少相对运动。但会提高装配成本。

④ 降低外界施加的振动应力的加速度功率谱密度。实际上,在设计时需求方往往会出于可靠性的考虑给出过高的振动应力水平,对此应当保证设计上的余度在合理范围。

⑤ 将尺寸较大的器件安装在远离 PCB 板中心的位置。如前所述,PCB 上的最大曲率变化通常发生在中心,所以最好将大型元器件安装在靠近边缘的位置。但此方法首先应保证系统的功能要求不受影响,并且保证不会因此产生其他结构上的失效问题。

习　题

1. 什么是热疲劳? 焊点热疲劳的故障机理是什么?

2. 低周疲劳寿命模型 Coffin－Mason 模型的表达式是什么? 公式中各参数含义是什么?

3. 根据 Engelmaire 模型,影响焊点热疲劳的结构和材料因素有哪些? 分别有什么影响?

4. 镀通孔为什么也存在热疲劳的问题? 其发生机理是什么?

5. 工程中常见的振动类型有哪几种? 电子产品振动疲劳的机理是什么?

6. 根据 Steinberg 模型,影响电子产品振动疲劳寿命的因素有哪些? 分别有什么影响?

7. Steinberg 模型中,针对随机振动和正弦振动的表达式,有哪些不同?

8. 在电子产品的振动疲劳设计中应考虑哪些方面?

9. PC755 微型处理器,其封装类型为陶瓷 CBGA 封装。器件手册可从网上查得,已知该器件的工作时所经历的温度循环,如图 3-26 所示。求其热疲劳寿命(单位:h)。(CBGA 封装的应力范围的因子取值为 1)。附:外围焊球跨度焊点高度需要查阅器件手册。器件外壳热膨胀系数 $1.5 \times 10^{-6}/℃$,基板材料热膨胀系数 $2.3 \times 10^{-8}/℃$。

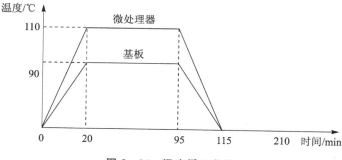

图 3-26　温度循环曲线

10. 某集成电路芯片,其封装类型为 CBGA。已知该器件的工作时,基板所经历的温度循环如图 3-27 所示,一个周期为 110 min。由于微处理器表面最高工作温度为 120 ℃。经查阅器件手册,焊球外围跨度为 26 mm,焊点高度 0.8 mm。器件外壳热膨胀系数 $1.7×10^{-6}/℃$,基板材料热膨胀系数 $2.5×10^{-8}/℃$。求其热疲劳寿命(单位:h)。

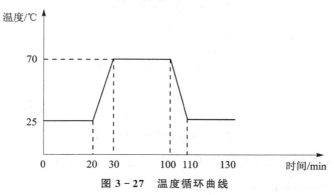

图 3-27　温度循环曲线

11. PC107APCI 桥/集成存储器控制器,其封装类型为 PBGA。经查阅其器件手册,得知外围焊球跨度为 30.48 mm,焊点高度为 $h=0.7$ mm,查阅材料手册,器件外壳热膨胀系数 $α_C=2.5×10^{-6}/℃$,基板材料热膨胀系数 $α_S=2.3×10^{-8}/℃$。已知该器件的工作时所经历的温度循环情况如下:非工作状态时的温度 $T_0=25$ ℃,工作状态下元器件稳态温度 $T_c=125$ ℃,工作状态下电路板稳态温度 $T_s=70$ ℃,温度循环中高温持续时间 $t_d=60$ min。若焊接部位的材料分别为 SnPb,SAC,其模型参数如表 3-5 所列,试利用 Engelmaire 模型,分别求两种焊点平均失效前循环数 N_f。

表 3-5　两种焊点材料的模型参数

模型参数	SnPb	SAC
C_0	-0.502	-0.347
C_1	$-7.34×10^{-4}$	$-1.74×10^{-3}$
C_2	$1.45×10^{-2}$	$7.83×10^{-3}$
$ε_f$	2.25	3.47

12. 根据表 3-6 给定的参数,利用 IPC 镀通孔热疲劳模型,求该镀通孔故障前经历的循环数。

表 3-6　IPC 模型参数及其取值

参数符号	取　值	单　位	参数符号	取　值	单　位
D_f	0.3	无	$α_E$	$9×10^{-5}$	1/K
E_{Cu}	121	GPa	$α_{Cu}$	$1.7×10^{-5}$	1/K
E'_{Cu}	11	GPa	h_E	0.5	mm
$S_γ$	172.4	MPa	d_E	0.15	mm
S_u	275.8	MPa	h_{cu}	0.03	mm
E_E	25.7	GPa	$ΔT$	50	K

13. 给定参数 $W_1 = W_2 = W_3 = 0.2g^2/Hz$，依据图 3-18，求其加速度总均方根值。

14. 根据图 3-28 的功率谱密度曲线下的面积求均方根输入加速度总均方根值。

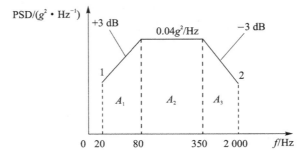

图 3-28　功率谱密度曲线

15. 根据随机振动的功率谱密度曲线（见图 3-29），求其加速度总均方根值。

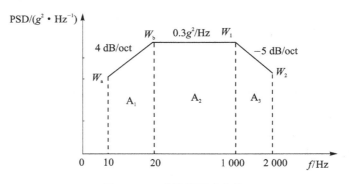

图 3-29　功率谱密度曲线

16. 某电子元器件引脚（柯伐合金 $b = 6.4$）直接安装在电路板上，原始的输入正弦振动加速度值为 $2g$，寿命为 8.83 h，求解将疲劳寿命提高到 10 000 h 的输入正弦振动加速度值。

17. 一个电子机箱（铜铝合金），刚刚完成了 $3g$ 峰值的正弦谐振鉴定试验，时间是 4 h，若新的要求是该机箱需要通过 $4.5g$ 的峰值正弦谐振试验，时间是 0.75 h，请问机箱能够通过要求吗？

18. 尺寸为 $2\,in \times 1\,in$，且具有 J 形引线的表面安装有引线陶瓷芯片载体，被安装与尺寸为 $8\,in \times 7\,in \times 0.062\,in$ 的插入式 FR4 PCB 中心，平行于 PCB 的短边，该 PCB 必须能够在 $6.0g$ 的峰值正弦振动环境中工作，求：

① 所希望的 PCB 的最低固有频率；

② 考虑谐振条件下的预计疲劳寿命；

③ 该器件移动到电路板 1/4 点安装时，所希望的 PCB 最低固有频率；

④ 考虑在新位置受到正弦谐振条件下预计的疲劳寿命。

19. 一个有两排插针的长度为 $2.0\,in$ 的混合器件，表面安装到一个尺寸为 $7\,in \times 9\,in \times 0.090\,in$ 的 FR4 PCB 上。预计有固定频率区域内的 PSD 输入值为 $0.09g^2/Hz$ 的平直谱，且该器件平行于短边的边缘。对于两个安装位置分别为 PCB 的中心和 1/4 点的器件来说。求取所希望的 PCB 的最低固有频率，以及该元器件的振动疲劳寿命近似值。

20. 现有一 PCB 板尺寸为 320 mm×180 mm×2 mm,其上装有一球栅阵列式封装 (BGA)的元器件,尺寸为 40 mm×20 mm,其长边与 PCB 板长边平行,器件中心点坐标为 (160,45)。已知 PCB 的一阶固有频率为 280 Hz,当在 PCB 板上加载一随机振动源,且固有频率点上的输入 PSD 为 0.2 g^2/Hz,求该元器件的振动疲劳寿命。

21. 现有一 PCB 板尺寸为 300 mm×180 mm×2 mm,其上装有一标准双列直插封装 (DIP)的元器件,尺寸为 30 mm×15 mm,其长边与 PCB 板长边平行,器件中心点坐标为 (150,50)。已知 PCB 的一阶固有频率为 210 Hz,当在 PCB 板上加载一输入加速度水平为 0.35g 的正弦振动源时,求元器件的振动疲劳寿命。

第 4 章　机械结构的磨损

4.1　磨损失效问题

机械零件的断裂、腐蚀和磨损是其三种主要的故障机理。任何机器运转时,相互接触的零件之间都会因相对运动而产生摩擦,而磨损是摩擦产生的结果。磨损实际上是随着载荷作用和时间的推移而产生的接触表面故障时间过程,它将造成表层材料的损耗,零件尺寸发生变化,直接影响零件的使用寿命。据不完全统计,世界能源的 1/3～1/2 消耗于摩擦,而机械零件 80% 故障原因是磨损。可以说,磨损无处不在。机械零件的耐磨损性能差,会导致设备的精度下降,造成产品质量不稳定。例如,自动车床刀具的过快磨损,不仅直接影响生产效率,而且增加了废品率;耐磨性较差的人造关节会直接影响人体健康。

由于制造工艺不合理或选材不当,而使机械装备发生磨损失效,造成严重的经济损失,甚至人员伤亡的事故也是屡见不鲜。2015 年 7 月 30 日,杭州市下城区某小区发生一起电梯突然下坠导致人员伤亡的事故。这是一起由于电梯的制动闸瓦过度磨损而造成的事故。该电梯投入使用超过 15 年,门锁和制动器电气回路正常,无短接情况,但制动器闸瓦明显磨损,厚度仅为正常厚度的一半,且有明显过热痕迹。调查后发现,闸瓦产生过度磨损的原因是制动器铁芯间隙的增大。

任何减少磨损的措施都能延长零件的使用寿命,关于磨损机理及提高耐磨性的研究受到了工业部门和学术界的广泛重视,而要达到控制和减少磨损的目的,对磨损机理的研究至关重要。但实际上,磨损的研究工作开展得较迟,20 世纪 50 年代初期,人们开始研究"粘着磨损"理论,探讨磨损机理。1953 年美国的 J. F. Archard 提出了简单的磨损计算公式,1957 年苏联的克拉盖尔斯基提出了固体疲劳理论和计算方法,1973 年美国的 N. P. Suh 提出了磨损剥层理论。20 世纪 60 年代后,由于电子显微镜、光谱仪、能谱仪、俄歇谱仪以及电子衍射仪等测试仪器和放射性同位素示踪技术、铁谱技术等大量的综合应用,使得磨损研究在磨损力学、机理、失效分析、监测及维修等方面有了较快的发展。但由于摩擦学的系统特征所表现的强烈的系统依赖性和过程的时变特性,导致摩擦学研究具有不同于一般研究的复杂性和艰巨性,因此,对磨损机理的研究仍没有完善,仍是一个有待更进一步研究的课题。

4.1.1　磨损机理

要探究磨损的机理,首先要搞清磨损与摩擦之间的区别。所谓摩擦,即指两个相互接触的物体发生相对运动(或具有相对运动趋势)时,在接触面间产生切向运动阻力的现象,该阻力即为摩擦力;磨损是由于机械作用和(或)化学反应(包括热化学、电化学和力化学等反应),在固体的摩擦表面上产生的一种材料逐渐损耗的现象,这种损耗主要表现为固体表面尺寸和(或)形状的改变。磨损是发生在物体摩擦表面上的一种现象,其接触表面必须有相对运动,必然产生物质损耗(包括材料转移,即材料从一个表面转移到另一个表面上去)或破坏,破坏包括产生残余变形,失去表面精度和光泽等。就因果关系而言,摩擦是两个互相接触的物体相对运动时必然会出现的现象,而磨损是摩擦现象的结果。

磨损并不局限于机械作用,例如,存在由于伴随化学作用而产生的腐蚀磨损,由于界面放电作用而引起物质转移的电火花磨损,以及由于伴同热效应而造成的热磨损等现象,这些也都在磨损的范围之内。

磨损所造成的危害主要包括 3 个方面:

① 降低设备的使用寿命:如齿轮齿面的磨损,破坏了渐开线齿形,传动中可能导致冲击振动。机床主轴轴承磨损,影响零件的加工精度;

② 消耗能量,影响机器效率:如柴油机缸套的磨损,导致功率不能充分发挥;

③ 造成不安全的因素:如断齿、钢轨磨损。

4.1.2　磨损的分类

对磨损进行分类的目的是为了将实际存在的各式各样的磨损现象归纳为几个基本类型。合理的分类能够使研究工作简化,更好地分析磨损的实质。磨损分类方法表达了人们对磨损机理的认识,不同的学者提出了不同的分类观点,至今还没有普遍公认的统一的磨损分类方法。

根据不同的分类原则,目前对于磨损的分类方式主要有以下 3 种:

① 按表面接触性质分类:金属—金属磨损、金属—磨料磨损、金属—流体磨损。

② 按环境和介质分类:干磨损、湿磨损、流体磨损。

③ 按机理分类:粘着磨损、磨粒磨损(磨料磨损)、疲劳磨损、微动磨损、腐蚀磨损等。而其中粘着磨损又可根据摩擦表面损坏程度由重到轻依次区分为咬死、胶合、擦伤、涂抹等,最为常见的磨损形式——磨料磨损。同时也可由不同的区分原则进一步进行细分,具体见图 4-1。

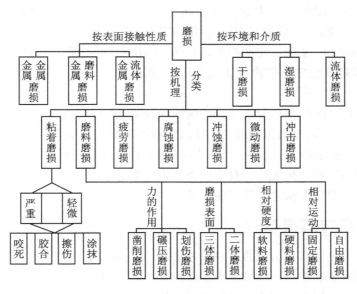

图 4-1　磨损分类

近些年来,很多摩擦学的权威人士把各种磨损形式归纳为四种:粘着磨损、磨粒磨损、疲劳磨损以及腐蚀(摩擦化学)磨损,并认为各种复杂的磨损现象不外乎是四种基本磨损的单独或综合的表现。事实上在一个磨损过程中,往往是由几种机理共同起作用,只是某一种机理占主导作用。因此,磨损类型的判断也并非易事,磨损分类的多样性足以反映出磨损故障研究的难度与重要性。

4.1.3　磨损的过程规律

　　磨损过程的规律曲线大致可分为3个阶段,依次是跑合阶段、稳定磨损阶段和剧烈磨损阶段。磨损量与时间的一般关系曲线如图4-2所示。

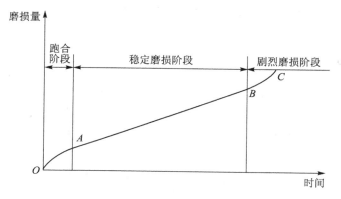

图 4-2　磨损过程规律曲线

　　① 跑合阶段(OA 段):又称磨合阶段。出现在摩擦副的初始运动阶段,最初由于表面存在粗糙度,微凸体接触面积小,接触应力大,磨损速度快。随后在一定载荷作用下,摩擦表面逐渐磨平,磨损速度逐渐减慢,实际接触面积不断增大,表面应变硬化,形成氧化膜,磨损率减小。

　　② 稳定磨损阶段(AB 段):出现在摩擦副的正常运行阶段。经过跑合,摩擦表面加工硬化,微观几何形状改变,实际接触面积增大,压强降低,从而建立了弹性接触的条件,这时磨损已经稳定下来。如图4-2中稳定磨损阶段(AB 段)所示,此时曲线的斜率就是磨损率,为一稳定值,大多数零件在稳定磨损阶段服役。同时,磨损性能也是根据零件在此阶段的表现来评价。

　　③ 剧烈磨损阶段(BC 段):由于运行时间的延长或摩擦条件发生较大的变化(如接触面间隙增大、温度的急剧增高、金属组织的变化等),摩擦副材料的性能发生变化,磨损速度急剧增加,在此阶段中,摩擦副在运行过程中极易失稳,这时机械效率下降,精度降低,出现异常的噪音及振动,最后导致零件完全失效。对于摩擦磨损研究的目的之一就是要让摩擦副尽早进入稳定磨损阶段,并让稳定磨损阶段尽可能延长。

4.1.4　磨损量与磨损率

　　所谓磨损量,即由于磨损引起的材料损失量,可通过测量长度、体积或质量的变化而得到,并相应被称为线磨损量、体积磨损量和质量磨损量。评定材料磨损的三个基本磨损量是长度磨损量 W_l、体积磨损量 W_v 和质量磨损量 W_w。其中,长度磨损量是指磨损过程中零件表面尺寸的改变量,这在实际设备的磨损监测中经常使用。体积磨损量和质量磨损量是指磨损过程中零件或试样的体积或质量的改变量。在所有的情况下,磨损都是时间的函数,因此,用磨损率来表示磨损的时间特性。

根据 3 种磨损量,可分别得到对应的磨损率:

① 线磨损率:$R_1 = t_c / L_s$;

② 体积磨损率:$R_v = \Delta V / (L_s \cdot A_n)$;

③ 质量磨损率:$R_w = \Delta w / (L_s \cdot A_n) = \rho \cdot R_v$。

其中,t_c 为磨损厚度;ΔV 为磨损体积;Δw 为磨损质量;L_s 为滑动距离;ρ 为被磨损的材料的密度;A_n 为滑槽宽度。

在针对不同的磨损机理时,往往要考虑更多不同的因素,如材料的塑性变形、材料的屈服极限和磨屑体积相关参数等。在工程实际中,磨损形式以粘着磨损、磨粒磨损和疲劳磨损比较常见,因此本章仅着重介绍这 3 种磨损类型。

4.2　粘着磨损

粘着磨损是相对运动的物体接触表面发生了固体粘着,使材料从一个表面转移到另一表面的现象。其典型特征是,接触点局部的高温使摩擦副材料发生相对转移,因此对整个摩擦副来说,它在一定程度上能够保持摩擦副材料的质量总和不变。

影响粘着磨损的因素有很多,除润滑条件和摩擦副材料性能这样显而易见的因素外,影响粘着磨损的主要因素是载荷和表面温度。然而,关于载荷和温度谁是决定性的因素迄今尚未取得统一认识。

在航空航天领域,粘着磨损常常出现于飞行器发动机的磨损失效问题中。例如,发动机的连杆颈与连杆瓦是一对摩擦副。在曲轴正常运转的情况下,连杆颈与连杆瓦之间有一层润滑油薄膜起润滑作用,并将两个摩擦表面隔开。在润滑失效的情况下,两个摩擦表面的金属直接接触,便产生粘着磨损。粘着磨损过程如图 4 - 3 所示。

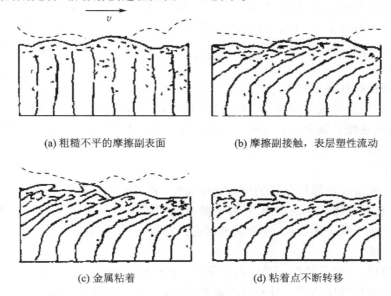

(a) 粗糙不平的摩擦副表面　　　　　　(b) 摩擦副接触,表层塑性流动

(c) 金属粘着　　　　　　(d) 粘着点不断转移

图 4 - 3　粘着磨损过程

一般摩擦副的原始状态如图4-3(a)所示,表面粗糙不平,存在由于加工形成的各种缺陷。当摩擦副接触时,即使施加较小载荷,在真实接触面上的局部应力作用下,由于摩擦力的作用,在表层产生塑性流动(如图4-3(b)的实线),表层的缺陷不断扩展,表面接触部位发生金属间的粘着。倘若接触面洁净而未受到腐蚀,则局部塑性变形会使两个接触面上的原子彼此十分接近而产生原子间的键合作用,即所谓粘着现象,表面层内的裂缝扩展到表面,金属从表面撕裂下来,形成磨粒。一些金属粘着在另一个金属表面,如图4-3(c)所示。一个粘着点剪断了,又在新的地方产生粘着,随后也被剪断、转移,如此循环不已,就构成粘着磨损过程,结果如图4-3(d)所示。

4.2.1 粘着磨损机制

当摩擦副接触时,接触首先发生在少数几个独立的微凸体上,而通常其实际接触面积只有表观面积的0.01%~0.1%。对于重载高速摩擦副,接触峰点的表面压力有时可达5 000 MPa,因此,在一定的法向载荷作用下,微凸体的局部压力就可能超过材料的屈服压力而发生塑性变形,同时这一过程中会产生1 000 ℃以上的瞬态温度。在这种环境下,摩擦表面的润滑油膜、吸附膜或其他表面膜将发生破裂,使接触峰点产生粘着。

当微凸体相对运动时,相互粘着的微凸体发生剪切、断裂。脱落的材料或成为磨屑,或发生转移。如此,粘着—剪断—转移—再粘着循环不断进行,构成粘着磨损过程,如图4-4所示。

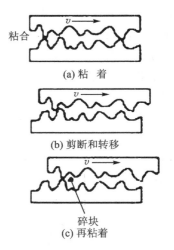

图 4-4 磨损过程规律

根据粘着点的强度和破坏位置不同,粘着磨损具有以下5种不同的形式:

(1)轻微磨损

粘着结合强度比摩擦副的两基体金属抗剪切强度都低,剪切破坏发生在粘着结合面上,表面转移的材料较轻微。此时虽然摩擦系数增大,但是磨损却很小,材料迁移也不显著。通常在金属表面具有氧化膜、硫化膜或其他涂层时发生轻微粘着摩损。

(2)涂抹磨损

出现此种磨损时往往是粘着结合强度大于较软金属抗剪切强度,小于较硬金属抗剪切强度。此时剪切破坏发生在离粘着结合面不远的较软金属浅层内,软金属涂抹在硬金属表面。这种模式的摩擦系数与轻微磨损差不多,但磨损程度加剧,如图4-5(a)所示。

(3)擦伤磨损

当粘着结合强度比两摩擦金属的抗剪强度高时,剪切破坏主要发生在较软金属的亚表层内,有时也发生在硬金属的亚表层内,转移到硬金属上的粘着物又使软表面出现细而浅划痕,所以擦伤主要发生于软金属表面,硬金属表面也偶有划伤,如图4-5(b)所示。

(4)胶合磨损

胶合分为两种,一种是塑性变形引起的粘焊,分子吸引力起主要作用,即当粘结点强度比摩擦副两金属的剪切强度高得多且粘结点面积较大时,在一个或两个金属表层深的地方会发生剪切破坏。此时,两表面均出现严重磨损,甚至使摩擦副之间咬死而不能相对滑动,如

图 4-5(c)所示。另一种是摩擦热导致的胶合磨损,接触峰点的塑性变形大和表面温度升高为主要原因,这些原因导致粘着结点的强度和面积增大,通常产生胶合磨损。相同金属材料组成的摩擦副中,因为粘着结点附近的材料塑性变形和冷作硬化程度相同,剪切破坏发生在很深的表层,故而胶合磨损更为剧烈。胶合磨损是机器零件最危险的磨损形式之一,航空发动机的零件中,30%是由这种形式的磨损破坏的。

（5）咬死磨损

粘着结合强度比两基体金属的抗剪强度都高,粘着区域大,切应力低于粘着结合强度。摩擦副之间发生严重粘着而不能相对运动,如图 4-5(d)所示。

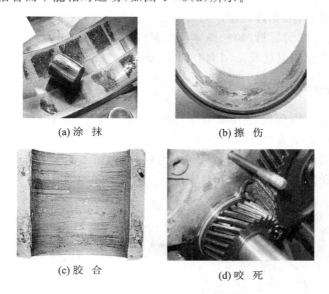

(a)涂抹　　　　　　　　　　　(b)擦伤

(c)胶合　　　　　　　　　　　(d)咬死

图 4-5　粘着磨损的几种形式

4.2.2　粘着磨损影响因素

材料特性是影响粘着磨损的主要因素之一。一般来说,相同金属或互溶性强的材料组成的摩擦副的粘着倾向大,易于发生粘着磨损。不同的金属、金属与非金属或互溶性小的材料组成的摩擦副的粘着倾向小,不易发生粘着磨损。多相金属由于金相结构的多元化,比单相金属的粘着倾向小,如铸铁、碳钢比单相奥氏体和不锈钢的抗粘着能力强。脆性材料的抗粘着性能比塑性材料好,这是因为脆性材料的粘着破坏主要是剥落,破坏深度浅,磨屑多呈粉状,而塑性材料粘着破坏多以塑性流动为主,比如铸铁组成的摩擦副的抗粘着磨损能力比退火钢组成的摩擦副要好。

材料微观结构对粘着磨损也有一定的影响。载荷及滑动速度也是两个影响因素。研究表明,对于各种材料,都存在一个临界压力值。当摩擦副的表面压力达到此临界值时,粘着磨损会急剧增大,直至咬死。滑动速度对粘着磨损的影响主要通过温升来体现,当滑动速度较低时,轻微的温升有助于氧化膜的形成与保持,磨损率也就低。当达到一定临界速度之后,轻微磨损就会转化成严重磨损,磨损率突然上升。

摩擦副表面的温度对粘着磨损过程会造成影响。摩擦过程产生的热量,使表面温度升高,并在接触表层内沿深度方向产生很大的温度梯度。温度的升高会影响摩擦副材料性质、表面膜的性质和润滑剂的性质,温度梯度使接触表层产生热应力,这些都会影响粘着磨损。金属表面的硬度随温度升高而下降。因此温度愈高粘着磨损愈大。温度梯度产生的热应力使得金属表层更易于出现塑性变形,因而温度梯度愈大,磨损也愈大。此外,温升还会降低润滑油黏度,甚至使润滑油变质,导致润滑膜失效,产生严重的粘着磨损。

润滑是减少磨损的重要方式之一。边界膜的强度与润滑剂类型密切相关。当润滑剂是纯矿物油时,在摩擦副表面上形成的是吸附膜。吸附膜强度较低,在一定的温度下会解吸。当润滑油含有油性或存在抗磨添加剂时,在高温高压条件下会生成高强度的化学反应膜,在很高的温度和压力下才会破裂,因此具有很好的抗粘着磨损效果。

综上,合理的选择配对材料(如选择异种金属),采用表面处理(如表面热处理、喷镀、化学处理等),限制摩擦表面的温度及采用润滑剂等,都可减轻粘着磨损的影响。

4.2.3　Archard 粘着磨损模型

为定量计算粘着磨损程度,Archard 于 1953 年提出了粘着磨损计算模型,如图 4-6 所示。选取摩擦副之间的粘着结点面积以 R_r 为半径的圆,每一个粘着结点的接触面积为 πR_r^2。假设摩擦副的一方为较硬材料,摩擦副另一方为较软材料;若表面处于塑性接触状态,则法向载荷 W_n 由 n 个半径为 R_r 的相同微凸体承受。

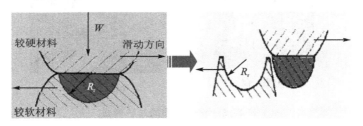

图 4-6　Archard 粘着磨损模型计算示意图

当材料产生塑性变形时,法向载荷 W_n 与较软材料的受压屈服极限 σ_s 之间的关系:

$$W_n = \sigma_s \pi R_r^2 n \tag{4-1}$$

当摩擦副产生相对滑动时,假设粘结点沿球面破坏,即滑动时每个微凸体上产生的磨屑为半球形。当滑动位移为 $2R_r$ 时,其体积为 $(2/3)\pi R_r^3$,则单位滑动距离的总磨损量为

$$Q = \frac{(2/3)\pi R_r^3}{2R_r} n = \frac{\pi R_r^2}{3} n \tag{4-2}$$

由式(4-1)和式(4-2),可得:

$$Q = \frac{W_n}{3\sigma_s} \tag{4-3}$$

式(4-3)是假设了各个微凸体在接触时均产生一个磨粒而导出。如果考虑到微凸体中产生磨粒的系数 K_s 和滑动距离 L_s,则接触表面的粘着磨损量表达式为

$$Q = K_s \frac{W_n L_s}{3\sigma_s} \tag{4-4}$$

对于弹性材料 $\sigma_s \approx H/3$,H 为布氏硬度值,则式(4-4)可改写为

$$Q = K_s \frac{W_n L_s}{H} \qquad (4-5)$$

式中：K_s 为粘着磨损系数。

由式（4-5）可得粘着磨损的 3 个定律：

① 材料磨损量与滑动距离成正比；

② 材料磨损量与法向载荷成正比；

③ 材料磨损量与较软材料的屈服极限 σ_s（或硬度 H）成反比。

粘着磨损系数 K_s 的确定与磨擦副的材质、彼此间接触应力的大小和润滑工况等均有关系。表 4-1 给出了不同工况和摩擦副组合的磨损系数 K 值。

表 4-1　常用金属的滑动磨损系数

摩擦副组合	润滑工况	磨损系数	数据来源
钢-钢	—	126	Holm(1946)
铁-铁	干燥空气	90	Holm(1946)
铁-铁	200 ℃空气	270	Holm(1946)
铁-铁	潮湿空气	0.6	Holm(1946)
白合金（轴承合金）	干燥空气	1.2	Holm(1946)
白合金（轴承合金）	潮湿空气	1.2	Holm(1946)
钢-铸铁	润滑	1.2	Holm(1946)
铁-铁	润滑	1.2	Holm(1946)
镉-镉	无润滑	57	Archard(1953)
锌-锌	无润滑	530	Archard(1953)
银-银	无润滑	40	Archard(1953)
紫铜-紫铜	无润滑	110	Archard(1953)
白金-白金	无润滑	130	Archard(1953)
软钢-软钢	无润滑	150	Archard(1953)
不锈钢-不锈钢	无润滑	70	Archard(1953)
镉-软钢	无润滑	0.3	Archard(1953)
紫铜-软钢	无润滑	5	Archard(1953)
白金-软钢	无润滑	5	Archard(1953)
镉-银	无润滑	0.3	Archard(1953)
低碳钢-低碳钢	无润滑	70	Archard(1953)

此模型假设接触发生在微凸体直径相同的半球体上，粘着脱离下来的磨屑也为相同的半球。模型建立过程是存在一定的假设的。例如，模型忽略了金属变形的物理特征及材料的变化，对不同条件下的金属磨损过程没能确切说明等。

4.3　磨粒磨损

磨粒磨损是外界硬颗粒或者对磨表面上的硬突起物或粗糙峰在摩擦过程中引起表面材料

脱落的现象。磨粒磨损是最普遍的机械磨损形式,也是磨损的一个基本类型。例如:掘土机铲齿、犁耙、球磨机衬板等的磨损,机床导轨面由于切屑的存在所引起磨粒磨损。此外,水轮机叶片和船舶螺旋桨等与含泥沙的水之间的侵蚀磨损也属于磨粒磨损。一般来说,磨粒磨损的机理是磨粒的犁沟作用,即微观切削过程。载荷、磨损材料相对于磨粒的硬度以及滑动速度等因素在磨粒磨损中起着重要的作用。

4.3.1 磨粒磨损过程与分类

磨粒磨损的过程主要分为 3 个阶段:首先随着摩擦副的相对摩擦,在金属表面发生了局部的塑性变形,接下来磨料(外界硬颗粒、对磨表面上的硬突起物以及粗糙峰)等嵌入金属的变形表面并切割金属表面,最终导致金属表面被划伤,如图 4-7 所示。

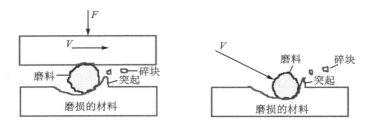

图 4-7 磨粒磨损示意图

与磨损的分类类似,根据不同的分类原则,针对磨粒磨损的分类也有很多种。根据硬颗粒对摩擦副的一个表面还是两个对磨表面作用,可分为两体磨粒磨损和三体磨粒磨损。所谓两体磨粒磨损即由于物体表面硬的微突体使对磨表面产生的磨粒磨损。三体磨粒磨损即由于摩擦表面上存在自由硬颗粒而产生的磨粒磨损,三体磨粒磨损的磨粒与金属表面产生极高的接触应力,往往超过磨粒的压溃强度。这种压应力使韧性金属的摩擦表面产生塑性变形或疲劳,而脆性金属表面则发生脆裂或剥落。

根据磨损程度的不同,磨粒磨损又可分为以下 3 种类型:

① 擦伤 磨粒作用在表面上的应力较低,使摩擦表面沿滑动方向形成微细的擦痕,被尘土、灰砂等污染的零件的摩擦表面上常出现这种磨损。

② 刮伤 磨粒作用在表面上的应力较高,使脆性材料表面碎裂;而对韧性材料,则往往表现为摩擦表面产生塑性变形或疲劳破坏。

③ 犁沟 在磨粒作用下,较软金属表面因塑性变形而出现较深的沟槽。

此外,按摩擦表面所受的应力和冲击的大小分为凿削式磨粒磨损、高应力碾碎式磨粒磨损和低应力擦伤式磨粒磨损。

凿削式磨粒磨损的特征是冲击力大,磨粒以很大的冲击力切入金属表面,因此工件受到很高的应力,造成表面宏观变形,并可以从摩擦表面凿削下金属大颗粒,在被磨损表面有较深的沟槽和压痕。如挖掘机的斗齿、矿石破碎机锤头等零件表面的磨损,如图 4-8(a)所示。

高应力碾碎式磨粒磨损的特点是应力高,当磨粒夹在两摩擦表面之间时,局部产生很高的接触应力,这种压应力使韧性金属的摩擦表面产生塑性变形或疲劳,而脆性金属表面则发生脆裂或剥落。如矿石粉碎机的颚板、轧碎机滚筒等表面的破坏,如图 4-8(b)所示。

低应力擦伤式磨粒磨损的特征是应力低,磨粒作用于摩擦表面的应力不超过它本身的压溃强度。材料表面有擦伤并有微小的切削痕迹。如泥沙泵叶轮表面的磨损,如图 4 - 8(c)所示。

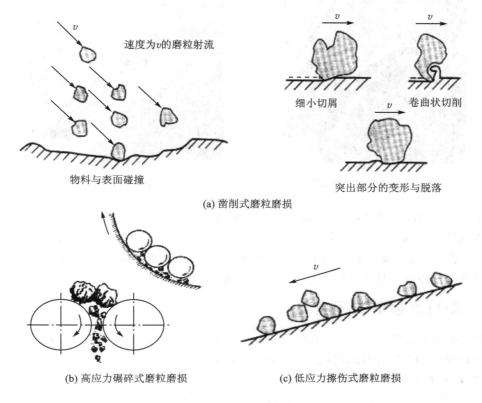

(a) 凿削式磨粒磨损

(b) 高应力碾碎式磨粒磨损　　　(c) 低应力擦伤式磨粒磨损

图 4 - 8　磨粒磨损

4.3.2　磨粒磨损机理

目前关于磨粒磨损的机理假说主要有如下 3 种:

① 微观切削假说　法向力将磨粒压入摩擦表面,切向力使磨粒向前推进,对表面产生切削作用,材料脱离表面形成磨屑。微观切削是材料磨粒磨损的主要机理。在三体磨粒磨损中也会发生微观切削作用,磨粒作用在零件材料表面上的力,可分为法向力和切向力。法向力将磨粒压入摩擦表面,如硬度试验一样,在表面上形成压痕。切向力使磨粒向前推进,当磨粒的形状与位向适当时,磨粒就象刀具一样,对表面进行剪切、犁沟和切削,产生槽状磨痕,这种切削的宽度和深度都很小,产生的切屑也很小。在显微镜下观察,这些微观切屑仍具有机床上切屑的特点,即一面较光滑,另一面则有滑动的台阶,有些还发生卷曲现象,如图 4-9 所示。

② 压痕破坏假说　磨粒在载荷作用下压入摩擦表面而产生压痕,滑动时使表面产生严重的塑性变形,压痕两侧材料受到损伤,因而易从表面挤出或剥落。磨损时由于磨粒的压入大多数材料都会发生塑性变形。但脆性材料,断裂机理可能占支配的地位。当断裂发生时,压痕四周外围的材料都要被磨损剥落,比塑性材料的磨损量大。图 4-10 所示为压痕显微图。

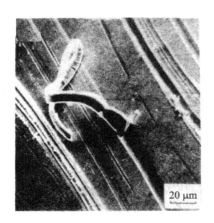

图 4-9　微观切屑显微图

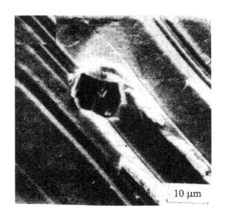

图 4-10　压痕显微图

③ 疲劳破坏假说　摩擦表面在磨粒产生的循环接触应力作用下,表面材料开始出现疲劳裂纹并逐渐扩大,最后从表面剥离。克拉盖尔斯基提出"疲劳磨损机理在一般磨粒磨损中起主导作用"。疲劳一词是指由重复应力循环引起的一种特殊破坏形式,这种应力循环的应力幅不超过材料的弹性极限。疲劳磨损系由于表层微观组织受周期载荷作用而产生的。

4.3.3　磨粒磨损影响因素

影响磨粒磨损的因素很多,其中相对硬度的影响最大。如图 4-11 所示为磨粒硬度 H_0 与试件材料硬度 H 之间的相对值影响磨粒磨损特性。

当磨粒硬度在材料硬度的 0.7~1.0 之间时,即 $H_0 < (0.7 \sim 1)H$,不产生磨粒磨损或只产生轻微磨粒磨损。当磨粒硬度超过材料硬度后,磨损量随磨粒硬度而增加。若磨粒硬度更高将产生严重磨损,但磨损量不再随磨粒硬度变化。由此可见,为防止磨粒磨损,材料硬度应高于磨粒硬度,通常认为当 $H \geqslant 1.3H_0$ 时只发生轻微的磨粒磨损。

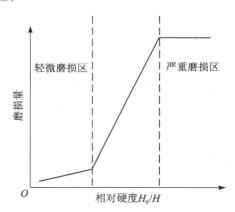

图 4-11　相对硬度对磨粒磨损量的影响

磨粒磨损与磨粒的形状、尖锐程度和颗粒大小等有关,磨损量与材料的颗粒大小成正比,但颗粒大到一定值以后,磨粒磨损量不再与颗粒大小有关。载荷显著地影响各种材料的磨粒磨损,线磨损度与表面压力成正比。当压力达到转折值时,线磨损度随压力的增加变得平缓,这是由于磨粒磨损形式转变的结果。各种材料的转折压力值不同。重复摩擦次数也与磨粒磨损量有关。在磨损开始时期,由于磨合作用使线磨损度随摩擦次数而下降,同时表面粗糙度得到改善,随后磨损趋于平缓。最后一个影响磨损量的是滑动速度,如果滑动速度不大,不至于使金属发生退火回火效应时,线磨损度将与滑动速度无关。

4.3.4　Rabinowicz 模型

Rabinowicz 模型,即拉比诺维奇模型,是描述磨粒磨损的一个较为简单的模型。如图 4 - 12 所示,假定单颗磨粒形状为圆锥体,半角为 θ,载荷为 W_n,压入深度为 h_d,滑动距离为 L_s,材料屈服极限 σ_S,磨粒硬度为 H,B_d 为圆锥体与压入面相交位置处的圆的直径。

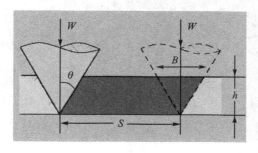

图 4 - 12　磨粒形状示意图

那么,每个磨粒所承受的法向载荷 W_n 为

$$W_n = H \times \frac{\pi}{4} B_d^2 \tag{4-6}$$

此时压入部分的投影面积 A_s 为

$$A_s = \frac{1}{2} B_d h_d = \frac{1}{4} B_d^2 \cot\theta = \frac{W_n \times \cot\theta}{\pi H} \tag{4-7}$$

磨损体积 ΔV 为

$$\Delta V = A_s \times L_s = \frac{W_n \times L_s \times \cot\theta}{\pi H} \tag{4-8}$$

单位滑动距离的磨损体积(磨损量)Q:

$$Q = \frac{\Delta V}{L_s} = \frac{W_n \times \cot\theta}{\pi H} = k_A \frac{W_n}{H} = A_s \tag{4-9}$$

由于 $A_s = \frac{1}{2} B_d h_d = \frac{1}{4} B_d^2 \cot\theta = k_{A1} B_d^2$,所以

$$A_s = \frac{1}{4} h_d^2 \tan\theta = k_{A2} h_d^2 \tag{4-10}$$

式中:k_A、k_{A1}、k_{A2} 为磨粒的形状系数。

结合式(4 - 7)可知,磨损量与载荷及滑动距离成正比,与磨损材料的硬度成反比,与磨沟的宽度的平方成正比,与磨沟的深度的平方成正比。Rabinowicz 模型忽略了金属变形的物理特征及材料的变化,只能简单计算理想状况的磨损量,因而适用性受到一定的限制。

4.4　疲劳磨损

4.4.1　疲劳磨损现象

疲劳磨损是指摩擦接触表面在交变接触压应力的作用下,材料表面因疲劳损伤而引起表面脱落的现象,又称为接触疲劳。如滚动轴承的滚动体表面、齿轮轮齿节圆附近、钢轨与轮箍接触表面等,常常出现小麻点或痘斑状凹坑,就是疲劳磨损造成的。如图 4 - 13 所示为一个滚动轴承在磨损疲劳前后的对比,疲劳磨损是由滚动面产生应力集中和应变集中及塑性变形所造成的,滚动面的麻点和剥离是其疲劳磨损的表现形式。

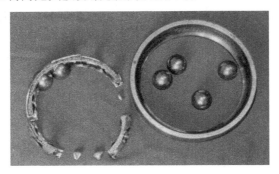

图 4 - 13　疲劳磨损轴承实例

机械零件出现疲劳斑点之后,虽然设备可以运行,但是机械的振动和噪声会急剧增加,精度大幅度下降,设备寿命也要迅速缩短。

4.4.2　疲劳磨损与疲劳的区别

疲劳磨损和单纯的疲劳破坏都是疲劳过程,疲劳磨损也要经历裂纹的萌生、扩展、断裂3 个过程,二者的区别主要表现在:

① 单纯疲劳的裂纹通常是从零件表面开始的,而疲劳磨损的裂纹,除去表面萌生外,还可能从亚表层内产生。

② 在单纯疲劳中,一般都存在明显的疲劳极限,即对某种材料都有一个应力极限,低于这个极限,疲劳寿命可以认为是无限的。而疲劳磨损则不存在这样的极限,且疲劳磨损的寿命要比整体疲劳寿命低很多。

③ 在疲劳磨损中,除去循环应力作用外,材料还经受了复杂的摩擦过程,引起表层一系列物理化学变化;而疲劳只是简单的承受循环应力的作用。

④ 疲劳磨损的应力计算要复杂得多,它受材料的均匀性、表面特征、载荷分布、油膜情况和切向力大小等多方面的影响。

4.4.3　疲劳磨损影响因素

(1) 材料性能的影响

钢材中的非金属夹杂物破坏了基体的连续性,在循环应力作用下与基体材料脱离形成空穴,构成应力集中源,从而导致疲劳裂纹的早期出现。通常增加材料硬度可以提高抗疲劳磨损能力,但硬度过高,材料脆性增加,反而会降低接触疲劳寿命。

(2) 表面粗糙度的影响

粗糙度越大,疲劳磨损寿命越短。因为实际加工表面的微凸体接触,使椭圆分布的应力场变成了很多分散的微观应力场,从而引发了很多微观点蚀。微观点蚀的出现往往构成了宏观点蚀裂纹的起源,因此,提高表面光洁度有利于延长疲劳磨损寿命。

（3）润滑与润滑剂的影响

增加润滑油的粘度将提高抗接触疲劳能力。在疲劳磨损的初期阶段是微裂纹的形成阶段，无论有无润滑油存在，循环应力起着主要作用。裂纹萌生在表面或表层，但很快扩展到表面，此后，润滑油的粘度对于裂纹扩展起重要影响。

4.4.4　滚动轴承疲劳磨损模型

滚动轴承是重要的旋转机械部件，承受着强烈的载荷和运转压力。滚动轴承的故障不仅影响到机械设备的性能，更可能导致严重的事故。由于材料的疲劳是滚动轴承主要的故障机理，研究者提出了很多经验性模型和解析模型来预测滚动疲劳磨损寿命。

滚动轴承出现疲劳磨损的主要原因是在两摩擦面接触的地方产生了接触应力，表层发生弹性变形。在表层内部产生了较大的切应力（这个薄弱区域最易产生裂纹）。由于接触应力的反复作用，在达到一定次数后，其表层内部的薄弱区开始产生裂纹。在表层外部也因接触应力的反复作用而产生塑性变形，材料表面硬化，最后产生裂纹。1983 年，由 Keer 和 Bryant 提出了分析滚动轴承疲劳磨损的一个模型，该模型是在 Paris 模型基础上，利用二维断裂力学方法估算滚动疲劳磨损，即

$$N_f = \frac{b_w^{1-c_1/2}}{\beta_0 P_{max}^{c_1}} \tag{4-11}$$

式中：N_f 为疲劳循环次数；P_{max} 为最大接触应力；b_w 为接触宽度的一半；β_0 和 c_1 为决定控制裂纹扩展速率的参数。该模型考虑了材料在接触载荷的作用下完整的应力-应变行为，基于微观层面的机理分析，得到轴承寿命。但是该模型是在忽略了裂纹萌生时间的假设条件下得出的。后来，人们又发展了基于裂纹萌生和裂纹扩展的模型。

由式（4-11）可见，接触应力是导致轴承疲劳磨损的主要原因。降低接触应力，就能增加抵抗疲劳磨损的强度。当然改变材质也可以提高疲劳强度。此外，润滑剂对降低接触应力有重要作用，高粘度的油不易从摩擦面挤掉，有助于接触区域压力的均匀分布，从而降低了最高接触应力值。当摩擦面有充分的油量时，油膜可以吸收一部分冲击能量，从而降低了冲击载荷产生的接触应力值。

习　　题

1. 机械装备的故障有哪些主要的方式？
2. 磨损的机理是什么？
3. 按照环境和介质分类，磨损有哪些类型？
4. 按照机理分类，磨损有哪些类型？
5. 磨损过程可以分为哪 3 个阶段？各自有什么特点？
6. 表征磨损程度的指标有哪些？
7. 什么是粘着磨损？
8. 粘着磨损的发生机制是什么？
9. 粘着磨损有哪几种不同的形式？每种形式有什么特点？
10. Archard 粘着磨损模型的假设条件有哪些？

11. 根据 Archard 模型可以得到的粘着磨损的 3 个定律是什么?

12. 什么是磨粒磨损? 哪些部位容易出现磨粒磨损?

13. 根据磨损程度的不同,磨粒磨损分为哪些类型?

14. 请根据宏观图片(见图 4 - 14),通过课本内容及相关资料,辨别磨粒磨损的种类,并说明理由:

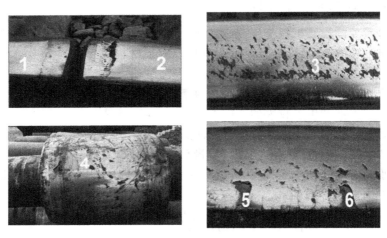

图 4 - 14　识别磨损类型

15. 关于磨粒磨损的机理,目前存在哪几种假说?

16. 从磨粒磨损的 Rabinowicz 模型中,可以得到磨粒磨损与哪些因素有关?

17. 疲劳磨损通常在什么条件下发生?

18. 已知某齿轮摩擦副结构中存在 24 个粘着结点,两齿轮均为软钢,粘着结点面积以 a 为半径的圆,软钢的受压屈服极限为 σ_s,试用公式表达此结构的粘着磨损量。

19. 某构件由 30Cr 钢材制成,布氏硬度 368,与另外一个构件组成摩擦副,产生相对滑动,速度为 0.06 m/s,最大载荷 12 N。工作时候没有动载荷,转动均匀,请利用 Archard 模型,计算 10 min 的粘着磨损量。

20. 由低碳钢制成的一对滑动摩擦副,低碳钢布氏硬度 354,无润滑,速度为 0.07 m/s,最大载荷 14 N。工作时候没有动载荷,转动均匀,请利用 Archard 模型,计算 15 min 的粘着磨损量。(磨损量单位为立方米)

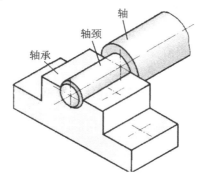

图 4 - 15　飞机起落架的轴颈和轴承磨损

21. 假设某摩擦副中存在 6 颗磨粒,其形状皆近似为圆锥体,半角 θ 为 30°,压入深度 2 μm,滑动距离为 5 mm,屈服极限 σ_s,磨粒硬度为 98.59 GPa,求单位滑动距离的磨损体积(磨损量)Q。

22. 一对摩擦副之间发生磨粒磨损,单颗磨粒形状为圆锥体,半角 θ 为 45°,压入载荷 W_n 为 300 MPa,布氏硬度为 200,试利用 Rabinowicz 模型求单位滑动距离的磨损体积,若该摩擦副的滑动速度为 5 mm/s,试求 10 min 的磨损量。

23. 某滚动轴承发生疲劳磨损现象,通过加速试验测量到当接触应力为 320 MPa 时,疲劳循环次数为 1×10^6 次,其中 c_1 为 3.6,试计算当最大接触应力为 100 MPa 时,其疲劳次数将会是多少次?

第5章　腐蚀、迁移与扩散

5.1　腐蚀原理和类别

5.1.1　腐蚀的分类方式

1. 腐蚀的定义

腐蚀是材料受环境介质的化学、电化学和物理作用产生的损坏或变质现象,这种现象常常是化学、电化学与机械或生物因素的共同作用,是材料表面和周围介质发生反应引起的表面损伤现象。理解这个定义时要特别注意,由于物理原因造成的破坏不是腐蚀,而是属于磨损的范畴。

实际上,除了金属或合金同液态金属接触而引起的腐蚀是属于物理溶解过程外,其他的腐蚀都是由化学作用引起的。故通常对于腐蚀的狭义理解是指由于金属同介质的化学作用而引起的腐蚀过程。

2. 腐蚀的特点

腐蚀环境对于腐蚀影响很大,不同的材料在不同的环境中,腐蚀的速度也不相同,甚至一些材料在某些环境下发生腐蚀的速度非常慢,就像不发生一样。例如在无氧的盐酸中,铁会发生腐蚀,而铜不发生腐蚀。在含氧的盐酸中,铁和铜都会发生腐蚀,但是铁的腐蚀速度大于铜的腐蚀速度。高温、高压、交流电场、低温、粉尘、酸、碱、盐等环境存在的情况腐蚀环境较为苛刻。腐蚀程度和速度与腐蚀环境、作用时间、材质、结构、化学组成、形状、表面状况、受力情况等密切相关。综合起来,腐蚀具有以下的特点:

① 普遍性和广泛性　腐蚀无处不在。有材料存在的地方就会有腐蚀问题悄悄进行的破坏。不管是天上地下还是陆上水下,也不论是金属、非金属。即使航天器也会产生生物腐蚀、大气腐蚀,而轮船、航空母舰的海水腐蚀已经是被人们所熟知的。

② 持续性　腐蚀的发生是一个持续、累积的过程。破坏有可能在无任何征兆条件下突然发生。

③ 非线性　腐蚀的速度并非总是线性过程,会随外界条件的变化而变化。

④ 自发性　腐蚀的发生完全是一个自发过程,就像水向低处流一样。从化学的角度来说就是从不稳定态向稳定态转化的过程。而防止腐蚀的发生就像逆水行舟一样,难度较大。

⑤ 复杂性　腐蚀过程是一个非常复杂的物理、化学过程,涉及化学、电化学、物理学、材料学、表面科学、工程力学、冶金学和生物学等多个学科。现在尽管取得了长足的进步,但还未能全面认识这种故障机理,出现新的现象也需要具体问题具体分析。

3. 腐蚀的分类

（1）按照腐蚀环境分类

严格讲，所有环境都有一定的腐蚀性，所以周围介质就称之为腐蚀环境。不同的环境中发生的腐蚀类型也是有区别的。按照腐蚀环境可将腐蚀划分为几类。

① 大气腐蚀　金属在大气及任何潮湿性气体中发生的腐蚀。这种类型的腐蚀最为普遍。

② 电解质溶液腐蚀　存在酸、碱、盐的情况下发生的腐蚀。例如：污水处理系统中的腐蚀。在电介质溶液腐蚀中，有一大类是海水腐蚀。这种腐蚀形式在海洋工程中受到广泛关注，海上石油钻采平台、设备、舰船、潜艇和航空母舰都会海水腐蚀的影响。

③ 非电解质溶液腐蚀　金属在不导电的溶液中的腐蚀，如金属在有机液体（如酒精、石油）中的腐蚀，铝在乙醇中的腐蚀以及镁在甲醇中的腐蚀。

④ 土壤腐蚀　供水、供气、供油和供热的管网、设备的埋在地下的部分要考虑土壤腐蚀的作用。

⑤ 生物腐蚀　例如细菌等对油气管道存在生物腐蚀。

⑥ 其他环境下的腐蚀　如高温（＞100 ℃）、高压和熔融电解质溶液环境中的腐蚀、高温气体腐蚀、发动机和火箭高温废气腐蚀等。

（2）按照腐蚀机理分类

不同腐蚀环境下，材料产生的腐蚀机制很可能是不同的，例如在土壤腐蚀中，可能有电解质溶液腐蚀，也可能存在生物腐蚀。因此按照腐蚀环境进行类型划分不能很好的帮助我们认识腐蚀的深层机制。还需要按发生的机理对腐蚀进行分类。从故障机理上，腐蚀分为化学腐蚀和电化学腐蚀两种类型。

① 化学腐蚀　这种类型的腐蚀的特点是发生化学反应，但无腐蚀电流。如金属和周围介质（如酸、碱、盐、氧气、二氧化硫、二氧化碳、水蒸汽）直接接触而引起的腐蚀等。

② 电化学腐蚀　实际腐蚀过程绝大多数为电化学腐蚀。这种类型的腐蚀伴随电化学反应，且有腐蚀电流的存在。电化学腐蚀和化学腐蚀极易混淆，表 5−1 对两者的相同点和不同点进行了对比。

表 5−1　化学腐蚀与电化学腐蚀的比较

相同点	不同点	
金属失去电子，发生氧化反应	化学腐蚀	电化学腐蚀
	金属发生化学反应，直接得失电子	金属发生电化学反应，利用原电池原理得失电子
	反应中无电流的产生	反应中伴随有电流的产生
	金属被氧化	活泼金属被氧化

如果腐蚀介质是非导电体，如高温气体或非水溶液，腐蚀反应按"化学反应"的方式进行。其主要特点是金属原子的氧化与腐蚀介质中某些物质的还原，必须在反应粒子互相直接"碰撞"时发生，而所生成的反应产物，即腐蚀产物，则在反应粒子碰撞处就地生成。

如果腐蚀介质是离子导体，如电解质的水溶液或熔融盐，腐蚀反应就按"电化学反应"的方式进行。其主要特点是金属的氧化反应和介质中某些物质的还原反应虽然必须同时进行，但在空间上可以分开。

（3）按照腐蚀的部位和破坏形式分类

按照腐蚀的破坏形式,可以分为全面腐蚀和局部腐蚀两大类。表5-2为全面腐蚀和局部腐蚀的比较。图5-1为按照腐蚀破坏形式划分类型的示意图。

① 全面腐蚀　腐蚀在金属表面全面展开,腐蚀发生时,阳极和阴极不分离,腐蚀的产物可能会对内部的金属具有保护作用。全面腐蚀的危害性较局部腐蚀小,且易于观察,有利于事先预测。如卫星接收天线锅、暴露在大气中的金属管线等。全面腐蚀可以是均匀腐蚀,也可以是不均匀的。

② 局部腐蚀　相对全面腐蚀而言,其特点是腐蚀仅局限或集中于金属某一特定部位,常以点、坑、裂纹、沟漕状等形式出现,这是由于在该局部范围内,阳极的溶解速度和腐蚀深度明显大于其余表面的腐蚀速度。局部腐蚀发生时,阴极和阳极相互分离,且腐蚀集中在局部区域,在腐蚀周围区域由于电子流入而使阴极极化,形成阴极保护。

表5-2　全面腐蚀与局部腐蚀的比较

全面腐蚀	局部腐蚀
阴极和阳极不分离	阴极和阳极互相分离
腐蚀发生在整个金属表面	腐蚀集中在局部区域,在腐蚀周围区域由于电子流入而使阴极极化,形成阴极保护
腐蚀产物可能会有保护作用	腐蚀产物无保护作用

局部腐蚀的类型很多,如电偶腐蚀、点腐蚀、缝隙腐蚀、应力腐蚀、晶间腐蚀和腐蚀疲劳等,如图5-1所示为按照腐蚀破坏形式划分的各种类型。

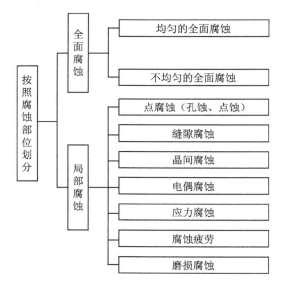

图5-1　腐蚀的分类

5.1.2　腐蚀电池

1800年,Volta发现用一对锌盘和银盘固定在含有盐水的硬纸板上,当用双手接触锌盘和银盘时,感觉有微电流通过。自此,人们发现了原电池。1836年,英国化学家Daniel发明以其名字命名的丹尼尔电池。原电池形成条件是:有电解质溶液与金属相接触;金属的不同部位或两种金属间存在电极电位差；两极之间互相连通。如果将原电池的阴阳两极短路，就形成了腐蚀电池。电化学腐蚀的机理就是腐蚀电池产生的工作过程。如图 5-2 所示为原电池和腐蚀电池的形成示意图。

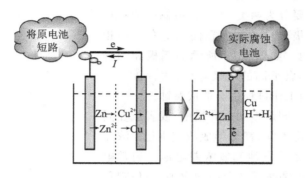

图 5-2　原电池与腐蚀电池

　　腐蚀电池与原电池比较，两者的相同点在于都有阴（正）极，阳（负）极，且都有电子通道和离子通道。不同点是原电池的阴阳之间不短路，电化学能做有用功，而腐蚀电池阴阳两极之间短路，不做有用功，电能均转换为热能。因此我们给腐蚀电池的定义是：只能导致金属材料破坏而不能对外做功的短路原电池。

　　从腐蚀电池的形成可以看出，一个腐蚀电池必须包括阴极、阳极、电解质溶液和连接阴极与阳极的电子导体等几个组成部分，缺一不可。这几个组成部分构成了腐蚀电池工作历程的 3 个基本过程：

　　① 阳极过程　金属以离子形式溶解而进入溶液，等电量的电子则留在金属表面并通过电子导体向阴极区迁移，即阳极发生氧化反应；

　　② 阴极过程　电解质溶液中能够接受电子的物质从金属阴极表面捕获电子而生成新的物质，即阴极发生还原反应；

　　③ 电荷的传递　电荷的传递在金属中是依靠电子从阳极流向阴极；在溶液中则是依靠离子的电迁移。

　　这样，通过阴、阳极反应和电荷的流动使整个电池体系形成一个回路，阳极过程就可以连续地进行下去，使金属遭到腐蚀。腐蚀电池工作时所包含的上述 3 个基本过程既相互独立，又彼此紧密联系。只要其中一个过程受到阻碍不能进行，则其他两个过程也将受到阻碍而停止，从而导致整个腐蚀过程的终止，腐蚀电池工作过程如图 5-3 所示。

　　根据组成腐蚀电池的电极大小、形成腐蚀电池的主要影响因素和腐蚀破坏的特征，一般将腐蚀电池分为 3 大类：宏观腐蚀电池、微观腐蚀电池和超微观腐蚀电池。

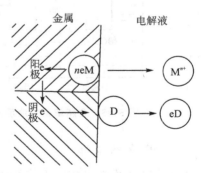

图 5-3　腐蚀电池工作示意图

1. 宏观腐蚀电池

这类腐蚀电池通常是由肉眼可见的电极所构成。它的阴极区和阳极区保持长时间稳定，并常常产生明显的局部腐蚀的特征。常见情况包括不同的金属与同一电解质溶液相接触；同一种金属接触不同的电解质溶液，或电解质溶液的浓度、温度、气体压力、流速等条件不同；不同的金属接触不同的电解质溶液。

宏观腐蚀电池主要分为两类：一类是电偶电池；另一类是浓差电池。

两种具有不同电极电位的金属在同一电介质中相接触，即构成电偶电池。如图 5-4 所示的铝板和铜铆钉，铝和铜两种金属具有不同的电极电位，两者接触后即形成电偶电池，长期工作过程中会造成腐蚀。

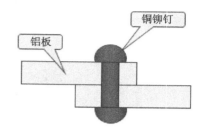

图 5-4　电偶电池实例

同一种金属浸入不同浓度的电介质中，或者虽在同一电介质中但局部浓度不同，都可形成浓差电池。浓差电池又分为金属离子浓差电池和氧浓差电池。通常电位较正的金属易发生金属离子浓差电池腐蚀，电位较负的金属易受氧浓差电池腐蚀。

溶液中金属离子浓度越稀，电极电位越低；浓度越大，电极电位越高。电子由金属离子的低浓度区（阳极）流向高浓度区（阴极）。如图 5-5 所示为 Cu 浓差电池示意图。图中 Cu 在稀溶液中易失电子。

氧浓差电池是由于金属与含氧量不同的溶液相接触而引起的电位差所构成的腐蚀电池。这种电池是造成缝隙腐蚀的主要因素，危害性极大。介质中溶解氧浓度越大，氧电极电位越高，成为腐蚀电池的阴极；而氧浓度较小处电极电位较低，成为腐蚀电池的阳极。图 5-6 的氧浓差电池图中，在水线位置处的金属容易产生氧浓差电池，水面以上为富氧区为阴极，水面以下贫氧区成为阳极，造成金属的腐蚀。

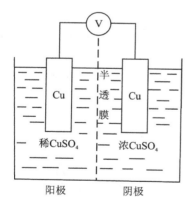

图 5-5　金属浓差电池示意图

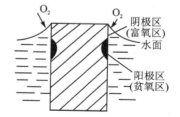

图 5-6　氧浓差电池示意图

2. 微观腐蚀电池

由于金属表面的电化学不均匀性，在金属表面上微小区域或局部区域存在电位差，产生许多微小的电极，由此而构成各种各样的微观腐蚀电池，简称为微电池。如图 5-7 所示为钢管在受到冷弯后，不同部位由于微观腐蚀电池作用而被腐蚀。其中，位置 1 处为阴极区，位置 2 处为阳极区。

微观腐蚀电池产生的原因有以下几种情况，如图 5-8 所示。

图 5 - 7 钢管在受冷弯的部位被腐蚀

① 金属化学成分不均匀 例如：工业纯锌中的铁杂质 $FeZn_7$，碳钢中的渗碳体 Fe_3C、铸铁中的石墨等，在腐蚀介质中，金属表面就形成了许多微阴极和微阳极，因此导致腐蚀。

② 金属组织结构不均匀 例如：晶粒-晶界腐蚀微电池，晶界作为腐蚀电池的阳极而优先发生腐蚀。

③ 金属表面的物理状态不均匀 各部分应力分布不均匀或形变不均匀会导致腐蚀微电池。变形大或应力集中的部位可能成为阳极而腐蚀。钢板弯曲处、铆钉头部区域容易优先腐蚀。

④ 金属表面膜的不完整 无论是金属表面形成的钝化膜，还是镀覆的阴极金属镀层，由于存在孔隙或发生破损，使得该处裸露的金属基体的电位较负，构成腐蚀微电池，孔隙或破损处作为阳极而受到腐蚀。

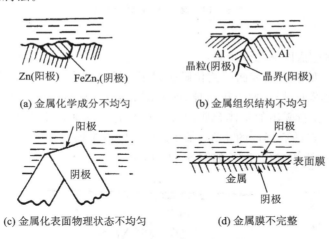

图 5 - 8 微电池产生的不同原因

5.1.3 点腐蚀

若金属的大部分表面不发生腐蚀（或腐蚀很轻微），而只在局部地方出现腐蚀小孔并向深处发展，这种腐蚀叫点腐蚀，简称孔蚀或点蚀。如图 5 - 9 所示为各种点腐蚀形貌。

点蚀损失的质量不大，但由于阳极面积小，腐蚀速度很快。严重时造成管壁穿孔。一般金属表面都可能产生点蚀。如图 5 - 10 所示为螺杆表面和马氏体不锈钢空气压缩机叶轮轮盘背面 R 处点蚀形貌。

点蚀产生的原因有很多种，例如镀有阴极保护层的钢铁制件，镀层不致密或有缺陷，则钢铁表面可能产生点蚀；容易钝化的金属，由于钝态的局部破坏，也会产生孔蚀，且这时孔蚀现象

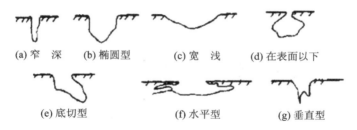

図 5 - 9　各种点蚀形貌示意图

(a) 螺杆表面

(b) 马氏体不锈钢空气压缩机叶轮轮盘背面R处

图 5 - 10　金属表面点蚀外观

特别显著。

点蚀的形成机制包括以下几个步骤：

① 形成点蚀核　如果金属表面的钝化膜吸附了溶液中的活性阴离子(如氯离子)，氯离子能优先地吸附在钝化膜上，把氧原子排挤掉，即所谓的竞争吸附，结果与钝化膜中的阳离子结合成可溶性氯化物。在新露出的基体金属的特定点上生成小蚀坑，这些小蚀坑便称作点蚀核。

② 小孔的生长　点蚀后形成的小孔不断的生长，以不锈钢在充气的含氯离子的介质中的腐蚀过程为例，说明小孔的成长过程，如图 5 - 11 所示。

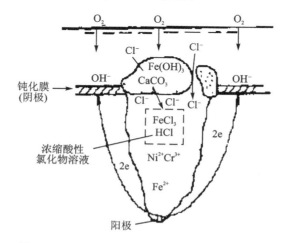

图 5 - 11　不锈钢在充气氯化钠中的点蚀示意图

在孔蚀源成长的最初阶段，孔内发生金属溶解：

$$Fe \longrightarrow Fe^{2+} + 2e$$

金属离子浓度升高并发生水解：

$$Fe^{2+} + 2H_2O \longrightarrow Fe(OH)_2 + 2H^+$$

生成的氢离子使同小蚀孔接触的溶液层的 PH 值下降，形成一个强酸性的溶液区，加速了金属的溶解，使蚀坑扩大、加深。同时，在孔邻近处则发生氧还原反应：

$$1/2O_2 + H_2O + 2e \longrightarrow 2OH^-$$

这个过程是自身促进发展的，金属在蚀孔内的迅速溶解会引起蚀孔内产生过多的阳离子，结果为保持电中性，蚀孔外阴离子（Cl^-）向孔内迁移，造成氯离子浓度升高。这样就使孔内形成金属氯化物（如 $FeCl_2$）的浓溶液。这种浓溶液可使孔内金属表面继续保持活性。随着点蚀的加深和腐蚀产物覆盖坑口，氧难以扩散到蚀孔内，结果孔口腐蚀产物沉积形成一个闭塞电池。

这种由闭塞电池引起孔内酸化并加速腐蚀的作用，称为"自催化酸化作用"。孔内的这种强酸环境使蚀孔内壁处于活性态，为阳极；而孔外大片金属表面仍处于钝态，为阴极，从而构成由小阳极—大阴极组成的活化—钝化电池，使蚀孔加速长大。

5.1.4　缝隙腐蚀

金属的表面上由于异物或结构上的原因而形成缝隙，其宽度足以使介质进入缝隙，而又使腐蚀有关的物质迁移困难，由此引起缝内金属腐蚀加速的现象即为缝隙腐蚀。

许多设备或构件或由于设计不合理或由于安装、加工过程等关系不可避免会造成缝隙。诸如法兰连接面、螺母压紧面、铆接头等，它们与金属的接触面上无形中形成了缝隙。缝隙的宽度要足够窄小，才可以使缝内外之间的物质迁移发生困难，但必须宽到能使得腐蚀介质进入。

缝隙腐蚀的机理主要是氧浓差电池和闭塞电池自催化效应。如图 5-12 所示为碳钢在充气海水中发生缝隙腐蚀过程。在腐蚀初期，钢整个表面都与含氧溶液接触，所以反应均匀地发生在缝隙内部及外部钢表面上。总的反应为碳钢的溶解以及氧的还原。在阳极金属溶解：

$$Fe \longrightarrow Fe^{2+} + 2e$$

在阴极还原：

$$Fe^{2+} + 2H_2O \longrightarrow Fe(OH)_2 + 2H^+$$

缝隙内溶液中的氧只能以扩散进入，补充十分困难，随着腐蚀过程的进行，很快就耗尽了氧，从而中止了缝内氧还原反应。缝外的氧随时可以得到补充，所以氧还原反应继续进行，使缝隙内外组成了氧浓差电池。氧贫乏的区域（缝隙内）为阳极区，氧易达到的区域（缝隙外）为阴极区。

结果缝内金属溶解，Fe^{2+} 在缝内不断积累、过剩，从而吸引缝外溶液中负离子（如 Cl^-）迁入缝内，以保持电荷平衡，造成 Cl^- 在缝隙内富集。缝隙内 Fe^{2+} 的浓缩和富集，生成金属氯化物，金属氯化物可进行水解：

$$FeCl_2 + H_2O \longrightarrow Fe(OH)_2 \downarrow + 2H^+ + 2Cl^-$$

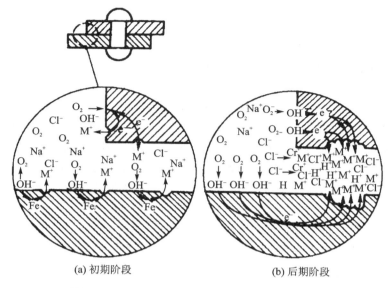

(a) 初期阶段　　　　　　　　　　(b) 后期阶段

图 5 - 12　碳钢在充气海水中发生缝隙腐蚀过程

　　如此循环往复,形成了一个闭塞电池自催化过程,使缝内金属的溶解不断加剧。当缝隙内腐蚀增加时,使邻近表面的阴极过程(氧的还原)速度增加,故外部表面得到阴极保护。

　　在飞机上,缝隙腐蚀最容易在蒙皮与骨架构件(包括桁条、隔框等)连接处发生,如图 5 - 13 所示为飞机蒙皮处的缝隙腐蚀痕迹。

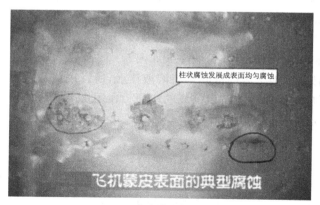

(a) 蒙皮附近腐蚀

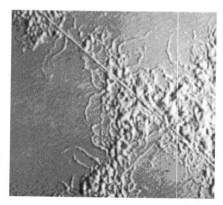

(b) 放大图

图 5 - 13　飞机蒙皮处的缝隙腐蚀

　　1995 年,中国北方航空公司首次在某型飞机机腹蒙皮上发现了严重的缝隙腐蚀。该架飞机停场 20 多天完成腐蚀的修理工作。该飞机机腹蒙皮的严重腐蚀已达到二级以上的严重程度。自发现严重的腐蚀后,航空公司对飞机进行了普查,发现并修理了机腹蒙皮腐蚀近 20 架次。之后该航空公司在进行飞机大修时,又发现了飞机货舱底部蒙皮发生了严重的缝隙腐蚀,因此更换了四张蒙皮。缝隙腐蚀增加了飞机的维修费用,也对适航性产生了一定影响。

5.1.5 电偶腐蚀

1. 电偶腐蚀现象

异种金属在同一介质中接触时,两金属之间存在着电位差。由该电位差使电偶电流在它们之间流动,使电位较负的金属腐蚀加剧,造成接触处的局部腐蚀,而电位较正的金属则受到保护。这种现象称为电偶腐蚀、异金属腐蚀或接触腐蚀。如图 5-14 为电偶腐蚀的示意图。

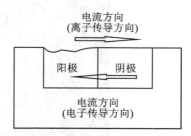

图 5-14 电偶腐蚀示意图

2. 电偶腐蚀的原理

电偶腐蚀与互相接触的金属在溶液中的实际电位有关,因此构成了宏观腐蚀电池。产生电偶腐蚀的推动力来自两种不同金属接触的实际电位差。一般来说,两种金属的电极电位差愈大,电偶腐蚀愈严重。因此,金属的电位差可看做电偶腐蚀的推动力。电偶腐蚀速度越大,电偶电流就越大。

金属或者合金在一定条件下测得的稳定电位是有差异的,根据电位的大小排列的次序称为电偶序。可以通过电偶序来判断材料在发生电偶腐蚀时是阴极还是阳极。工程上还常常利用这一原理保护某些金属。例如,将黄铜零件连接到一个镀锌的钢管上,则连接面附近的镀锌层变成阳极而被腐蚀,接着钢也会被腐蚀,黄铜在此电偶中作为阴极得到了保护。

3. 电偶腐蚀实例

工程结构经常是由不同材料的部分装配而成,因此电偶腐蚀是一种常见的局部腐蚀。例如,由于飞机不同部位对材料性能的要求不同,致使在结构中采用大量不同种类的结构材料,而不同结构材料的接触使用常常导致电偶腐蚀问题十分突出。我国的飞机结构普遍存在的电偶腐蚀问题表现在两个区域:一是飞机后货舱地板与地板梁搭接处;二是飞机的机腹下部天线与机腹的搭接处等结构件与连接件处。如图 5-15 所示为飞机零件上的电偶腐蚀现象。电偶腐蚀作为一种普遍的腐蚀现象,可诱导甚至加速点蚀、缝隙腐蚀以及应力腐蚀等过程的发生。

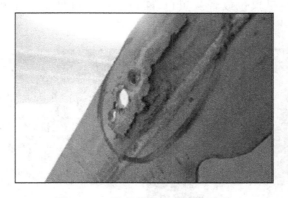

图 5-15 飞机零件上的电偶腐蚀

5.1.6 应力腐蚀

应力腐蚀是指材料在固定拉应力和腐蚀介质的共同作用下产生的破坏现象。所谓固定拉应力,是指方向一定的拉应力,但是大小可以变化。腐蚀和拉应力是相互促进的,不是简单叠加,两者缺一不可。如图 5 - 16 所示为零件表面的应力腐蚀。

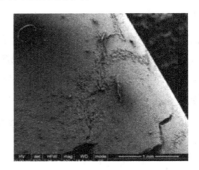

图 5 - 16 结构表面的应力腐蚀

应力腐蚀具有以下的特点:

① 产生应力腐蚀破裂必须同时具备下列 3 项条件:特定的合金成分结构,足够大的拉应力以及特定的腐蚀介质,即对于某一特定材料而言,不存在应力时,单纯的腐蚀作用不会产生这类腐蚀,单纯的应力作用也不会产生这类腐蚀。

② 特定金属及合金只有在特定的环境中产生应力腐蚀破裂。

③ 只有拉应力能引起应力腐蚀破裂,拉应力越大,断裂时间越短。压应力不发生应力腐蚀。宏观上破裂方向与拉应力垂直。

④ 发生应力腐蚀破裂的主要是合金,纯金属不发生,即使合金元素非常微量也能引起开裂。

⑤ 应力腐蚀破裂通常有一个或长或短的潜伏期,可能在很短的时期内,也可能在几年或更长时间内发生脆断,故也称为滞后断裂,破裂过程一般分 3 个阶段:第一阶段为裂纹的孕育期;第二阶段为裂纹扩展期;第三阶段为裂纹失稳的纯力学的扩展期。

⑥ 应力腐蚀破裂断口呈现脆性断裂形貌,即使塑性很高的材料也无缩颈现象。由于腐蚀介质的作用,断口表面颜色呈黑色或者灰黑色,断口上往往可见腐蚀孔及二次裂纹,如图 5 - 17 所示。

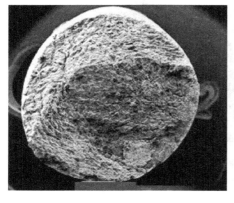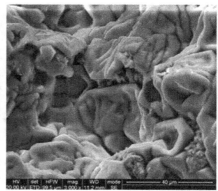

图 5 - 17 应力腐蚀断口形貌

5.2　电子产品中的腐蚀

5.2.1　金属化学与电化学腐蚀

1. 电子产品中的金属材料

电子产品中广泛的应用各类金属,如表 5-3 所列。当金属与周围介质接触时,由于发生化学作用或电化学作用而引起的金属破坏,即为金属的腐蚀。在电子元器件中,外引线及封装内部的金属发生腐蚀的故障机理,是电子产品中非常普遍的一种现象。例如 Al 是化学活泼金属,容易受到水汽的腐蚀,在 IC 器件的金属互连线、键合引线等部位都含有 Al。对于非气密性器件,水汽穿过树脂到达铝互连线处,通过带入的外部杂质或溶解的树脂中的杂质与金属铝作用,使铝互连线产生腐蚀。对于气密性器件,潮气渗入器件内部,键合部位的 Al 引线会腐蚀甚至失效。湿腐蚀在离子沾污和潮气的共同作用下发生,潮气提供了漏电路径,导致引线键合焊盘的金属化腐蚀。

表 5-3　电子产品中常用的金属

电子产品	所含有的金属
印刷线路板	Cu、Au、锡铅合金
电阻器	镍铬、锡铅合金
IC 芯片	Al、Cu、Sn、Ag、锡铅合金
继电器	Sn、Ag、Zn、Ni
连接器	Sn、Ag、黄铜

2. 金属腐蚀过程

（1）化学腐蚀

电子产品存放在高温、高湿环境中会产生铝的化学腐蚀。如果铝暴露在干燥空气中时,会在表面形成一层氧化铝薄膜,这会对铝膜形成保护从而不再发生氧化,避免化学腐蚀的产生。但是有潮气存在时,情况就不同了,当有外部物质进入,到达铝表面会产生化学反应。通常,芯片的表面有一层钝化膜,保护芯片表面上的铝,然而在键合引线的根部,金属铝是暴露于表面的,化学腐蚀经常暴露在这一部位,如图 5-18 所示。

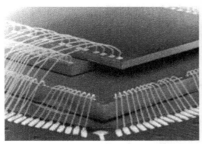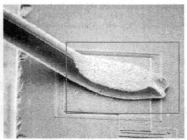

图 5-18　化学腐蚀常发生在引线根部

（2）电化学腐蚀

电子元器件的使用、贮存环境是与潮湿环境密切相关的,因此电子元器件的主要腐蚀效应为电化学效应。腐蚀对封装的影响主要是在封装的外壳与元器件的引线框架之间发生的,对芯片的腐蚀主要针对芯片上的金属化线,如图 5-19 所示。

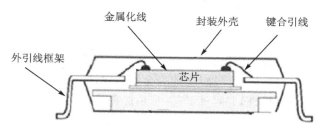

图 5-19 电化学腐蚀发生部位示意图

3. 腐蚀故障物理模型

电子产品的电化学腐蚀故障物理模型有很多种,Peck 模型是比较经典的一种,其基本的形式为

$$\tau_{cr} = A_0 (\mathrm{RH})^{-n} \exp\left(\frac{E_a}{kT}\right) \tag{5-1}$$

式中:τ_{cr} 是由于腐蚀引发的故障的平均故障前时间;A_0 和 n 为常数,与腐蚀材料有关;RH 为相对湿度;E_a 为激活能;k 为玻耳兹曼常数;T 为开氏温度。该模型适用于氯化物引起的塑封芯片的腐蚀失效。氯化物是在集成电路工艺过程中残留的,在湿气存在的情况下发生腐蚀。

【例 5-1】 某一元器件在温度 $30\,℃$,相对湿度为 80% 的环境下长期工作,试用 Peck 模型计算其平均故障前时间。其中 $A_0 = 1/3\,600$,$n = 2.66$,激活能取 0.79。

解:根据题目所给的条件,

$$\begin{aligned}
\tau_{cr} &= A_0 (\mathrm{RH})^{-n} \exp\left(\frac{E_a}{kT}\right) \\
&= \frac{1}{3\,600}(80)^{-2.66} \exp\left(\frac{0.79}{8.61 \times 10^{-5} \times 303}\right) \\
&= 33\,193\,(\mathrm{h})
\end{aligned}$$

因此,该器件的平均故障前时间为 33 193 h。

由 Peck 模型可见,腐蚀的速度与环境温度和湿度密切相关。温度越高,化学反应速度越快,腐蚀速度也就越快。另外湿度也是对腐蚀影响很大的因素。

除了幂律型湿度 Peck 模型外,电子产品电化学腐蚀故障机理的模型还可以用指数型模型描述:

$$\tau_{cr} = A_0 \exp(-\alpha_0 \mathrm{RH}) \exp\left(\frac{E_a}{kT}\right) \tag{5-2}$$

其中:α_0 为湿度加速参数,在氯化物诱发的 Al 腐蚀的激活能一般取 $0.7 \sim 0.8\,\mathrm{eV}$。

5.2.2 硫环境下的蠕变腐蚀

电子产品在潮湿的环境下会发生腐蚀,如果此时的环境中还存在腐蚀性气体、尘埃等时,腐蚀会加剧。由 Peck 模型可见,在温度 30 ℃,湿度为 80％的情况下,器件腐蚀速度较慢,故障时间较长。但是当外界环境存在二氧化硫的情况下,腐蚀速度就会变快。如图 5 - 20 所示的电路板通孔部位,黑色的部分就是发生了金属腐蚀后留下的,这种腐蚀又称为蠕变腐蚀。

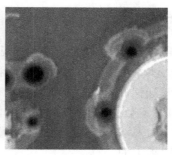

图 5 - 20　电路板上的腐蚀

蠕变腐蚀发生在裸露的 Cu 面上。Cu 面在含硫物质(单质硫、硫化氢、硫酸、有机硫化物等)的作用下会生成大量的硫化物。

Cu 的氧化物是不溶于水的。但是 Cu 的硫化物和氯化物却会溶于水,在浓度梯度的驱动下,具有很高的表面流动性。生成物会由高浓度区向低浓度区扩散。硫化物具有半导体性质,且不会造成短路的立即发生,但是随着硫化物浓度的增加,其电阻会逐渐减小并造成短路失效。据报导,蠕变腐蚀发生的速度很快,有些单板甚至运行不到一年就会发生失效。

蠕变腐蚀的本质首先是电化学反应,同时伴随着体积膨胀以及腐蚀产物的溶解、扩散与沉淀,首先是铜基材被氧化失去一个电子,生成一价铜离子并溶解在水中。由于腐蚀点附近离子浓度高,在浓度梯度的驱动下,一价铜离子会自发地向周围低浓度区域扩散。当环境中相对湿度降低、水膜变薄或消失时,部分一价铜离子会与水溶液中的硫离子等结合,生成相应的盐并沉积在材料表面,如图 5 - 21 所示。

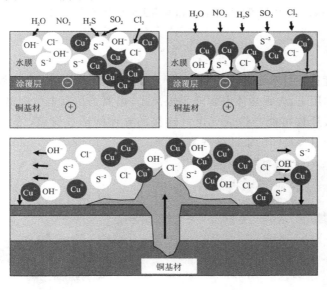

图 5 - 21　塑封 SOP、翼型引脚蠕变腐蚀的发生

5.3　化学迁移

5.3.1　迁移的原理

电子产品的故障机理中,迁移是一种很常见的现象。迁移的作用机制多样,有应力迁移、电迁移和化学迁移。本章主要讲解几种化学迁移的作用机理。

电子产品中化学迁移的本质是金属离子在有电压差存在的情况下发生的迁移。由于吸湿和偏压等作用,金属离子会在阳极形成,并向阴极迁移,析出金属或金属化合物的现象。离子的迁移一般分为 3 个过程:阳极金属溶解、金属离子移动、阴极金属或金属氧化物析出。如图 5 - 22 所示为电路板上的迁移。

金属迁移将导致桥连区的泄漏电流增加,如果桥连完全形成则造成短路。电子产品中最为常见的是 Ag 迁移,其他金属,如 Pb、Sn、Au 和 Cu 也存在迁移现象。

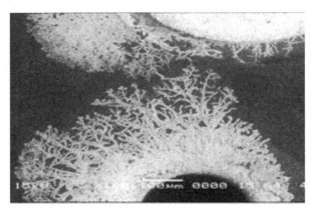

图 5 - 22　电压偏置环境条件下印制板上的梳状迁移物(85 ℃/85%RH)

5.3.2　银迁移

在直流电压梯度存在且潮湿的环境中,水分子渗入含银导体表面,并电解形成氢离子和氢氧根离子。在电场的作用下,含银导体电解产生银离子,银离子从高电位向低电位迁移,并形成絮状或枝蔓状扩展。银迁移可能会造成无电气连接的导体间形成旁路,绝缘下降乃至短路。如图 5 - 23 所示为两个引脚之间的银迁移现象。

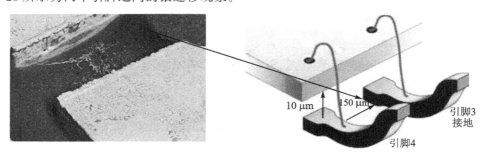

图 5 - 23　银迁移示意图

银迁移产生受到以下的因素的影响：基板吸潮、相邻近导体间存在直流电压、导体间隔愈近，电压愈高愈容易产生、偏置时间、环境湿度水平、是否存在离子或有沾污物吸附等。

5.3.3 晶 须

晶须（tin whisker），是电子产品一种常见的失效现象，又称为晶枝生长。它是一种类似头发状的晶体，能从固体表面自然的生长出来。晶须可以在很多金属上生长，最常见的是锡、镉、锌、锑、铟等金属，很少出现在铅、铁、银、金、镍等金属上面。可见，晶须容易出现在相当软和延展性好的材料上，特别是低熔点金属。电子产品中，特别是焊接材料中，锡金属材料用量很大，且该金属延展性好，熔点低，因此这种金属最容易生长晶枝。特别是在电子产品无铅化后，为了防止锡须危害产品的可靠性，大量的研究都集中在了该领域。

锡须是一种在锡镀层表面自发长出并生长延伸的锡单晶体，常见于元器件引脚表面，其直径通称为 $1\sim5\ \mu m$，长度为 $1\sim500\ \mu m$。通常认为锡须生长是一种自发的过程，不受气压、电压和湿度等条件的限制，但与温度、镀层和时间等因素相关。如图 5-24 所示为各种不同形态的锡须。

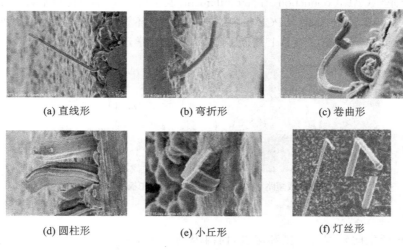

(a) 直线形   (b) 弯折形   (c) 卷曲形

(d) 圆柱形   (e) 小丘形   (f) 灯丝形

图 5-24 锡须的各种形态

Bell 实验室做过锡须生长机理的实验，直接将纯锡镀在纯铜板基底上，然后在老化条件下，采用弯曲模型对比研究了拉应力和压应力对锡须生长的影响，发现 3 个特点：第一，压应力加速锡表面锡须生长，拉应力阻止锡须生长；第二，锡须仅在锡镀层表面生长；第三，锡须的生长是从根部往外挤出的。

在研究过程中，出现了众多的锡须形成理论，目前获得认可度较高的主要有位错运动机制、再结晶机制和氧化层破裂机制 3 种。目前这 3 种机制还无法认定哪种更能解释锡须现象，但是有一些规律是可以总结出来的。包括纯锡镀层内部的压应力（螺旋位错）是产生和生长的主要驱动力，内部应力、外部机械应力、晶格结构、镀层类型和厚度、基体材料、温度和湿度是影响锡须生长的因素。镀层的内部应力可以通过锡须来得到释放，这主要是通过晶格重组和晶粒生长实现的。如图 5-25 所示为锡须生长机制示意图。

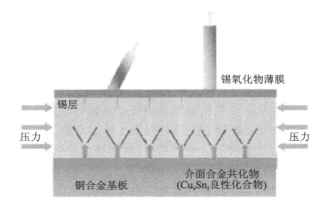

图 5 - 25　锡须生长的机制

5.3.4　导电阳极细丝

导电阳极细丝（CAF，Conduction Anodic Filament）发生在 PCB 基板材料中，细丝的材料主要是 Cu。Cu 离子从阳极散发出来，沿着 PCB 板中的玻璃纤维和环氧之间的界面朝着阴极的方向迁移，形成具有导电性能的丝状物，其本质上是金属铜离子的电化学迁移过程。如图 5 - 26 所示。

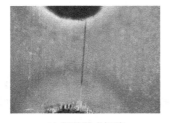

(a) 细丝造成短路

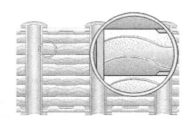

(b) PCB板纤维丝处的金属

图 5 - 26　导电阳极丝

影响 CAF 产生的外因是温度和湿度，而内因则是导体间距小、过孔和电镀通孔（PTH）直径小，因此在高密度封装的电子产品中，导电阳极细丝是难以避免的。图 5 - 27 所示为 CAF 产生的常见位置。细丝产生较大的漏电流，降低产品性能，也可能导致短路，使得产品完全失效。

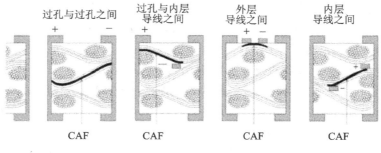

图 5 - 27　CAF 产生的位置

CAF 的产生过程一般分为两阶段。第一个阶段，在高温高湿的环境下，环氧树脂与玻纤之间的附着力出现劣化,在环氧树脂与玻纤的界面上形成沿着玻纤增强材料形成 CAF 泄露的通路;第二个阶段,铜腐蚀的水解反应,形成铜盐的沉积物,并在偏压的驱动之下形成 CAF。因此要形成 CAF 生长,必须具备下面几个条件:①线路间有电势差,提供了离子运动的动力;②有材料间隙产生,提供离子运动的通道;③有水分存在,提供离子化的环境媒介;④有金属离子物质存在。

电路板上的蠕变腐蚀,晶枝生长和导电阳极细丝有极为相似的现象,三者的比较如表 5 - 4 所列。

表 5 - 4　蠕变腐蚀与枝晶生长和导电阳极细丝的特点对比

	金属迁移	导电阳极细丝	蠕变腐蚀
基材种类	铜、银、铅	铜、银	铜
产生部位	电路板表面	电路板层间	电路板表面(环境中存在二氧化硫)
腐蚀产物	金属导体	金属导体	硫化亚铜等
迁移方向	阳极向阴极	阳极向阴极	无
故障模式	短路	短路	短路(渐变)
存在湿度	是	是	是
电压驱动	是	是	否

5.4　扩　散

5.4.1　扩散现象

扩散是热激活的原子通过自身的热振动克服束缚而迁移的过程。其本质是原子无序跃迁的统计结果。扩散不是原子的定向移动,而是一种无序的运动。如图 5 - 28 所示为固态金属的周期势场。在外界的能量的激发下,原子克服势垒,产生运动。

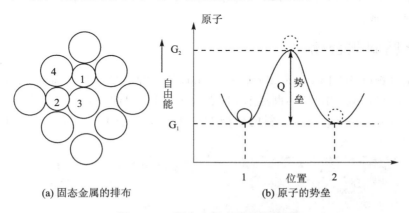

(a) 固态金属的排布　　　(b) 原子的势垒

图 5 - 28　固态金属中的周期势场

1. 扩散定律

（1）Fick 第一定律

第一定律是 Fick 于 1855 年通过实验导出的。Fick 第一定律指出,在稳态扩散过程中,扩

散流量 J 与浓度梯度 $\dfrac{\mathrm{d}\rho_c}{\mathrm{d}x}$ 成正比。

$$J = -D\,\frac{\mathrm{d}\rho_c}{\mathrm{d}x} \tag{5-3}$$

式中：ρ_c 为浓度；D 为扩散系数，是描述扩散速度的重要物理量，它表示单位浓度梯度条件下，单位时间单位截面上通过的物质流量。D 的单位是 cm^2/s。式中的负号表示物质沿着浓度降低的方向扩散。

前面已经提到，Fick 第一定律仅适用于稳态扩散，但实际上稳态扩散的情况很少的，大部分属于非稳态扩散，在扩散过程中扩散物质的浓度是随时间变化的。

（2）Fick 第二定律

Fick 第二定律是由第一定律推导出来的。在非稳态扩散过程中，若 D 是常数，则 Fick 第二定律的表达式为：

$$\frac{\partial \rho_c}{\partial t} = D\,\frac{\partial^2 \rho_c}{\partial x^2} \tag{5-4}$$

式中：t 为时间。这个方程不能直接应用，必须结合具体的初始条件和边界条件，才能求出积分解。

2. 扩散的分类

扩散有以下 3 种主要的分类方式：

① 根据有无浓度变化，扩散可以分为自扩散和互相扩散。自扩散是原子经由自己元素的晶体点阵而迁移的扩散，纯金属或固溶体的晶粒长大（无浓度变化）。互相扩散为原子通过进入对方元素晶体点阵而导致的扩散（有浓度变化）。

② 根据扩散方向可以分为上坡扩散和下坡扩散，前者为原子由低浓度处向高浓度处进行的扩散，后者为原子由高浓度向低浓度处进行的扩散。

③ 根据是否出现新相，扩散可以分为原子扩散和反应扩散。前者扩散过程中不出现新相，后者有新相形成。

5.4.2　金属间化合物

金属间化合物（IMC，Intermetallic Compound）是一种典型的扩散现象，常见于电子产品焊料与基板接触界面处。IMC 不断生长，且表现出脆性，引起焊点中微裂纹萌生乃至断裂。如图 5-29 所示为 Sn-Ag-Cu 焊料的典型 IMC 现象，界面的 Cu_6Sn_5 还会生长为不同形状的晶须，如图 5-30 所示。

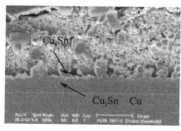 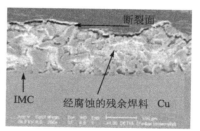

图 5-29　Sn-Ag-Cu 焊料在 Cu 基板上的典型微结构

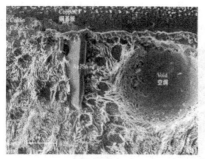

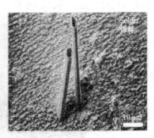

(a) 焊料晶须和空洞　　　　　　　(b) 针状晶须　　　　　　　(c) 管状晶须

图 5 - 30　金属间化合物晶须

金属间化合物的形态和长大对焊点缺陷的萌生及发展有十分重要的影响。焊料中弥撒分布的细小 IMC 会使焊料的蠕变和疲劳抗力有所提高;界面板层状分布的粗大 IMC 脆性较大,会降低界面的力学完整性,使得界面弱化并引起焊点在 IMC 与焊料的边界上损伤的萌生和最终破坏。图 5 - 31 所示为焊球部位的金属间化合物。

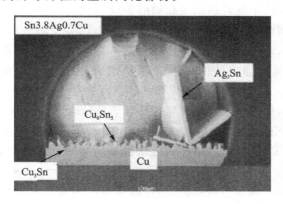

图 5 - 31　Sn - Ag - Cu 焊点金属间化合物

对于金属间化合物故障机理,Kidson 给出了一个物理模型,

$$\tau_{IMC} = \frac{L_{th}^2}{D_0 \cdot \exp(-E_a/kT)} \tag{5-5}$$

式中:τ_{IMC} 为 IMC 故障时间;L_{th} 为金属间化合物厚度的故障阈值;D_0 为金属的扩散常数。

5.4.3　柯肯达尔效应

柯肯达尔效应(kirkendall effect)是由于多元系统中各组元扩散速率不同而引起的扩散原始界面向扩散速率快的一侧移动的现象。20 世纪 40 年代,柯肯达尔发现,在二元固溶体中,扩散过程不能简单用一种扩散系数来描述,而必须考虑两种物质互扩散系数的不同。如果两种不同金属(扩散偶)相接触并发生扩散,扩散速度较快的金属一侧会形成分散的或集中的空位,较慢的金属一侧会发生膨胀。在 1942 年和 1947 年,柯肯达尔等人设计了 Cu 和 Zn 界面扩散试验,并在界面处预先放置两排 Mo 丝。对该扩散偶在 785 ℃ 扩散 56 天后,发现两排 Mo 丝间的距离减小,并且在黄铜上留有一些孔洞,这是由 Cu 和 Zn 两种原子的扩散速率不同而引起的。柯肯达尔效应形成的孔洞被称为柯肯达尔空洞。电子产品的焊点材料,多为 Sn、Cu、Pb 等的合金,也会发生柯肯达尔效应。如图 5-32 为 Sn 基焊料与 Cu 界面的柯肯达尔空洞。

(a) 宏观现象　　　　　　　　　(b) 微观结构

图 5-32　Sn 基焊料与 Cu 界面的柯肯达尔空洞

从形成机理来看,柯肯达尔空洞是在焊接后长期的使用或老化过程中逐步形成并缓慢扩大的。如果电子器件在温度较高的场合下长期工作,会使焊点与芯片或基板上金属接点间的交互作用导致界面金属间化合物的形成与生长;在热的驱动下,焊点内部合金元素的反应扩散不平衡会导致焊点中 IMC 中柯肯达尔微孔洞的形成、聚合、长大并形成微裂纹,从而破坏焊点的力学完整性,使界面弱化并引起焊点在界面的破坏。该类空洞的形成和扩大不仅会导致焊点机械强度的快速下降,还会减少金属焊点实际接触面积,增加互连电阻值。此外,柯肯达尔空洞的增加也会阻碍内部热量向外扩散,降低散热能力,使得焊点内部温度升高,进而又促使空洞增加。

对于电子器件来说,柯肯达尔空洞通常位于金属间化合物底部靠近 PCB 焊盘的焊接界面处。为了抑制柯肯达尔空洞,第一种方法是在 Cu/Sn 界面上增加镍阻挡层,第二种方法是向焊料中添加微量金属元素,如锗等。这两种方法都是从抑制金属间化合物的生长和柯肯达尔空洞产生的角度考虑的。

电子产品的其他部位,例如引线部位,也可能会发生柯肯达尔效应。研究表明,引线中的 Au-Al 接触 300 ℃以上高温下时容易发生空洞,这是高温下金向铝中扩散的结果,它在键合点四周出现环形空洞,使铝膜部分或全部脱落,形成高阻或开路。

在二元扩散系统中,内部空洞的形成速度取决于异种成分内部扩散率的差异和互扩散区的浓度梯度,其扩散速率 V_k 的物理模型可以表示为

$$V_k = -(V_B J_B + V_A J_A) = V_B (D_B - D_A) \frac{\partial \rho_{C_B}}{\partial x} \tag{5-6}$$

式中:V_A 和 V_B 表示成分 A 和 B 的摩尔体积;J_A 和 J_B 为扩散系统中成分 A 和 B 的固有流量;D_A 和 D_B 表示成分 A 和 B 的固有扩散系数;ρ_{C_B} 为成分 B 的浓度;x 表示位置参数。

另一类柯肯达尔效应物理模型为阿伦尼斯(Arrhenius)类模型,它以形成的空洞面积为目标函数。例如,Cu/Sn 焊料界面在不同温度下的柯肯达尔空洞面积,可以拟合成:

$$A_R = C \sqrt{t} \exp(-E_a / kT) \tag{5-7}$$

式中:A_R 表示空洞面积与焊点界面区域的面积比;C 为常数;t 表示以天为单位的时间;E_a 为激活能;T 为绝对温度。

习　题

1. 什么是腐蚀？腐蚀与磨损的区别在哪里？

2. 按照机理，腐蚀可以分为哪些类型？按照破坏形式，腐蚀又可以分为哪些类型？

3. 电化学腐蚀和化学腐蚀有什么相同点和不同点？

4. 电化学腐蚀的机理是什么？

5. 腐蚀电池与原电池有什么相同点和不同点？

6. 宏观腐蚀电池包括哪些种类？浓差电池分为哪些种类？

7. 点腐蚀的形成过程包括哪些步骤？其形成的机理是什么？

8. 缝隙腐蚀的特征和故障机理是什么？

9. 什么是电偶腐蚀？电偶腐蚀的机理是什么？

10. 什么是电偶序？利用金属电偶序的差别，如何对某些金属进行保护？

11. 应力腐蚀必须具备的 3 个条件是什么？

12. 列举 2～3 种典型的电子产品化学迁移机理，说说它们发生的机制。

13. 塑封集成电路在环境相对湿度为 40% 的条件下测得金属化层不发生腐蚀的最长时间为 4 h，如果相对湿度从 40% 增加到 50%，温度保持不变，那么金属化层不发生腐蚀的最小时间是多少？（利用 Peck 模型计算，$n = 2.66$）

14. 塑封硅芯片在湿度为 85% 以及温度为 85 ℃ 的测试中，在第 750 h 开始发生了腐蚀，导致铝金属化层失效，采用指数型腐蚀模型，湿度加速参数 $\alpha_0 = 0.12$，激活能为 0.75 eV。试计算湿度为 40%，温度为 50 ℃ 条件下的故障时间。

15. 某一集成电路芯片，在温度为 105 ℃ 时，300 h 发生了金属间化合物故障，激活能为 0.6 eV，采用 kidson 模型计算，当温度为 85 ℃ 条件下，多长时间发生金属间化合物故障？

16. 厚度阈值 $L_{th} = 1 \times 10^{-4}$ cm，扩散常数 D_0 为 1.68 cm^2/s，激活能 E_a 为 0.74 eV，绝对温度 $T = 303$ K，试计算金属间化合物故障机理的平均故障时间。

17. Cu/Sn 焊料界面在不同温度下会产生柯肯达尔空洞，在温度为 105 ℃ 时，100 天的空洞面积与焊点界面区域的面积比，与温度为 85 ℃，144 天的空洞面积比相等，试求柯肯达尔效应的激活能。

第6章 半导体故障物理

6.1 半导体物理基础

6.1.1 载流子

物质按其导电能力的强弱可分为 3 类,即导体、绝缘体和半导体。其中容易传导电流的材料称为导体,几乎不传导电流的材料称为绝缘体,导电能力介于导体和绝缘体之间的称为半导体。当导体处于热力学温度零 K 时,导体中没有自由电子。当温度升高或受到光的照射时,价电子能量增高,有的价电子可以挣脱原子的束缚而参与导电,成为自由电子。这一现象称为本征激发,也称热激发。自由电子产生的同时,在其原来的共价键中就出现了一个空位,原子的电中性被破坏,呈现出正电性,其正电量与电子的负电量相等,呈现正电性的空位称为空穴。因热激发而出现的自由电子和空穴是同时成对出现的,称为电子空穴对。游离的部分自由电子也可能回到空穴中去,称为复合。本征激发和复合在一定温度下会达到动态平衡。如图 6-1 所示为半导体中本征激发和复合过程示意图。电子移动时是负电荷的移动,空穴移动时是正电荷的移动,电子和空穴都能运载电荷,所以它们都称为载流子。

化学成分纯净的半导体又被称为本征半导体,而掺入杂质的本征半导体称为杂质半导体。在本征半导体中掺入五价杂质元素,例如磷,可形成 N 型半导体,也称电子型半导体。N 型半导体的特点是:自由电子是多数载流子,空穴是少数载流子,以自由电子导电为主。在本征半导体中掺入三价杂质元素,如硼、镓、铟等形成了 P 型半导体,也称为空穴型半导体。P 型半导体中的空穴为多数载流子,自由电子是少数载流子,以空穴导电为主。

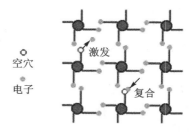

图 6-1 本征激发和复合的过程

6.1.2 势 垒

在一块完整的硅片上,用不同的掺杂工艺使一边形成 N 型半导体,另一边形成 P 型半导体,我们称两种半导体的交界面附近的区域为 PN 结。PN 结是由一个 N 型掺杂区和一个 P 型掺杂区紧密接触所构成的,其接触界面称为冶金结界面。PN 结的界面附近存在空间电荷区,该空间电荷区对于这些载流子而言就是一种能量势垒,即为 PN 结势垒。势垒是指由于电子、空穴的扩散所形成的 PN 结阻挡层两侧的电位差。在没有施加外电场情形下,PN 结的势垒处于平衡状态。

如图 6-2 所示为 PN 结的示意图。当 P 区和 N 区相接触时,由于 P 区和 N 区的载流子的浓度不均匀,造成 P 区的空穴穿过界面向 N 区扩散,而 N 区的电子穿过界面向 P 区扩散。

这种多子从浓度大向浓度小的区域运动被称为扩散运动。扩散运动造成不同类型的电荷在 N 区和 P 区的界面处产生积累,从而形成了较强的电场,称为"内电场"。该电场的存在使得 P 区相对于 N 区具有负电势。因此,P 区的电子的静电势能增加了,相对于 N 区形成一个势垒,该势垒阻止了 N 区的多数载流子(电子)以及 P 区的多数载流子(空穴)向对方进一步扩散。

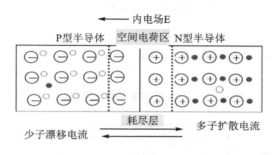

图 6 - 2　PN 结中的电场与电流

另一方面,这个"内电场"将使 N 区的少数载流子空穴向 P 区漂移,使 P 区的少数载流子电子向 N 区漂移,漂移运动的方向正好与扩散运动的方向相反。漂移运动是指少子向对方运动,产生漂移电流。从 N 区漂移到 P 区的空穴补充了原来交界面上 P 区所失去的空穴,从 P 区漂移到 N 区的电子补充了原来交界面上 N 区所失去的电子,这就使空间电荷减少,内电场减弱。因此,漂移运动的结果是使空间电荷区变窄,扩散运动加强。

最后,多子的扩散和少子的漂移达到动态平衡。动态平衡是指扩散电流等于漂移电流,PN 结内总电流为 0。在 P 型半导体和 N 型半导体的结合面两侧,留下离子薄层,这个离子薄层形成的稳定的空间电荷区称为 PN 结,又称为高阻区。PN 结的内电场方向由 N 区指向 P 区。在空间电荷区,由于缺少多子,也称耗尽层。

这种 PN 结的结构是 NPN 或 PNP 双极型晶体管的基础。以硅材料为衬底,以双极型晶体管为基础,在平面工艺基础上采用埋层工艺和隔离技术制成的集成电路,就是双极型集成电路。很多二极管、晶体管的工艺都采用了双极型工艺。

6.1.3　MOS 晶体管结构

1964 年之后,MOS 集成电路出现了,它以金属-氧化物-半导体场效应晶体管为主要元件构成的集成电路,与双极型电路相比,MOS 集成电路具有电路简单、功耗低、集成度高的优势,MOS 集成电路的基本结构如图 6 - 3 所示,它是以金属层(M)的栅极隔着氧化层(O)利用电场的效应来控制半导体(S)的场效应晶体管。

以 N 沟道增强型 MOS 场效应管为例,MOS 晶体管的工作原理是利用栅源电压 V_{GS} 来控制电荷的多少,以改变由这些电荷形成的导电沟道的状况,然后达到控制漏极电流的目的。

6.1.4　氧化层中的电荷

在图 6 - 3(a)中,在 Si - SiO₂ 界面的 SiO₂ 一侧存在着多种形式的电荷或能量状态,一般归纳为以下 4 种基本类型:可动离子电荷;固定氧化层电荷;界面陷阱电荷;氧化层陷阱电荷,如图 6 - 4 所示。

① 界面陷阱电荷(interface trapped charge)位于二氧化硅表面 0.2 nm 范围内。界面陷

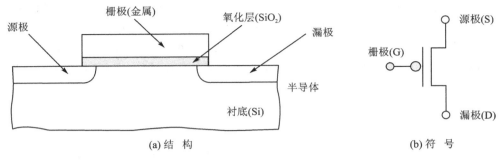

(a) 结　构　　　　　　　　　　　　(b) 符　号

图 6 - 3　MOS 晶体管的基本结构和符号

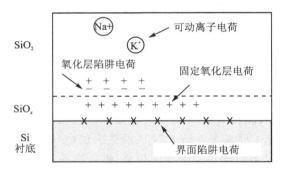

图 6 - 4　Si - SiO₂ 界面处的电荷

阱电荷由氧化物空位、金属杂质、悬挂键和电荷注入引起的断裂键产生。

②　固定氧化层电荷(fixed oxide charge)是一种正电荷,位于 Si - SiO₂ 界面 3～5 nm 处。固定和捕获的氧化物电荷通常可能发生在氧空位处。硅材料在热氧化过程中引入的缺陷,这种电荷的特点是固定不变,不受管子正常工作电压的影响。

③　氧化层陷阱电荷(oxide trapped charge)可以是正电荷,也可以是负电荷,取决于氧化层陷阱中俘获的是空穴或电子。而这些被俘获的载流子来自 X 射线、γ 射线或电子束在氧化层中引起的辐射电离,以及沟道内或衬底的热载流子注入。其来源包括氧化物生长过程、器件制造过程和高能电子。这种电荷通过低温退火可以去除。

④　可动离子电荷(mobile ionic charge)主要是 SiO₂ 中存在的 K⁺、Na⁺、Li⁺ 等正离子引起的,其中对器件可靠性构成主要威胁的是 Na⁺。钠的性质活泼,在地壳中含量很大,生产中人体玷污及所用的玻璃器皿、水、化学试剂等都含有 Na⁺。

在这 4 种电荷中,可动离子电荷最不稳定,对器件的可靠性影响很大,可以通过避免污染的方法,减少这种电荷的产生。但是,这些电荷除了会在生产工艺过程中形成之外,在随后器件工作时也会不断产生,如 Na⁺ 等离子玷污,可从外界环境中通过扩散进入氧化层中,沟道或衬底中的热载流子可越过 Si - SiO₂ 壁垒进入氧化层等。外界环境还包括了电磁环境和空间粒子环境,电磁波和高能带电粒子的入射,也会使得 Si 和 SiO₂ 的界面处的这些电荷位置或密度发生变化,从而改变硅的表面势。此时,凡是与表面势有关的电参数均受到影响,如对双极型器件,导致电流增益或 PN 结反向漏电流变化、击穿电压蠕变等;对 MOS 器件引起阈值电压、跨导及截止频率漂移等。6.2 节所讲的热载流子和栅氧化层介质击穿故障机理,都是由于 Si 和 SiO₂ 的界面的不稳定造成的。

6.2　电应力故障机理

6.2.1　热载流子

1. 热载流子效应机理

在一定温度下,半导体处于热平衡状态,半导体中的导电电子浓度和空穴浓度都保持一个稳定的数值,这种处于热平衡状态下的导电电子和空穴称为热平衡载流子。当载流子从外界获得了很大能量时,可以变成热载流子。例如在强电场作用下,载流子沿着电场方向不断漂移,不断加速,即可获得很大的动能,从而可成为热载流子。

当热载流子的能量达到或超过 Si 和 SiO_2 界面势垒时(对电子注入为 3.2 eV,对空穴注入为 4.5 eV)便会注入到氧化层中,产生界面态、氧化层陷阱或被陷阱所俘获,使氧化层中的电荷增加或波动不稳,这就是热载流子注入效应。由于电子注入时所需的能量比空穴低,所以一般如不特别说明,热载流子多指热电子,双极器件与 MOS 器件中均存在热载流子注入效应。热电子的来源一般分为雪崩热载流子和沟道热载流子两类,它对应于器件的不同工作状态。

器件中常见的热载流子注入机制包括 3 种,如图 6-5 所示。

(1) 沟道热电子(CHE,Channel Hot Electron)

CHE 注入过程如图 6-5(a)所示。当栅电压 V_G 和漏电压 V_D 相当时,会发生 CHE 注入。部分电子在漏端附近的沟通区中被"加热"形成幸运电子。幸运电子是那些从沟道中获得的足以跨越 Si-SiO_2 势垒的能量且又没有受到任何能量损失的碰撞的电子,幸运电子注入到栅氧化层中会形成栅电流 I_G。I_G 随着 V_G 的初始增大而增大,当 V_G 大致等于 V_D 时达到峰值,然后下降。导致 I_G 升高有两个原因。首先,通道中的反电荷增加,这样就有更多的电子注入到氧化物中。第二,氧化物中垂直电场的强烈影响阻止了氧化物中的电子脱离并漂移回通道中。如果 N 沟道 MOSFET 是在 $V_G=V_D$ 下工作时,CHE 注入"幸运电子"的条件是最佳的。此时的电子能获得足够的能量来克服 Si-SiO_2 势垒,而不会在沟道中发生能量消耗碰撞。在许多情况下,这种栅极电流是由于载流子俘获而导致器件退化的原因。当 $V_G<V_D$ 时,由于注入延迟,不能测量栅极电流。然而,如果 V_D 足够大,V_G 的减小会使漏极处的电场增强到由碰撞电离引起的雪崩倍增,可能大大增加热电子和热空穴的供应的程度。

(2) 漏极雪崩热载流子(DAHC,Drain Avalanche Hot Carrier)

DAHC 注入过程一般发生在 $V_D>V_G$ 时,如图 6-5(b)所示。这种机制是电子从沟道获得足够高的能量,经碰撞电离后产生电子—空穴对,电子—空穴对又会产生更多的电子—空穴对,形成雪崩过程。

(3) 衬底热电子(SHE,Substrate Hot Electron)

SHE 过程发生在 $V_D=0$、$V_G>0$ 并施加较大的背栅压 V_B 时,衬底区中由于热产生或注入电子到 SiO_2 形成的。这些电子在向 Si-SiO_2 界面漂移的过程中从表面耗尽区的高电场中获得能量,其中部分电子将获得足够高的能量并越过势垒到达 SiO_2 层。由于热产生的电子—空穴对较少,SHE 注入效应相比较来说不是主要的方式。

2. 热载流子效应对器件的影响

热载流子效应可以发生在双极器件中,也可能发生在 MOS 器件中,分别会对两种器件产

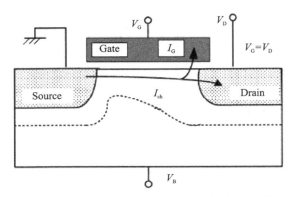

(a) 沟道热电子，当NMOSFET的(V_G)与(V_D)相差不大时发生

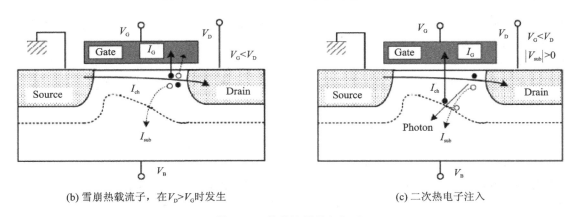

(b) 雪崩热载流子，在$V_D>V_G$时发生   (c) 二次热电子注入

图 6-5　热载流子注入机理

生不同的效应。对于双极型器件，热载流子会引起电流增益下降、PN 结击穿电压的蠕变等。界面陷阱电荷的存在使晶体管的放大倍数下降及产生低频噪声，随着界面陷阱电荷的增加，情况将进一步恶化，甚至导致器件失效。当 PN 结发生表面雪崩击穿时，载流子不断受到势垒区电场的加速，有可能注入附近的 SiO_2 中并为陷阱所俘获。注入载流子可为电子，也可为空穴，与 SiO_2 电场有关。如注入热载流子后使 PN 结表面处势垒区宽度变窄，降低击穿电压，反之则增高击穿电压，使击穿电压随时间变化，此即击穿电压的蠕变。

　　对于 MOS 器件，随着沟道电流的增加，器件的漏电流增加、阈值电压漂移，跨导减小，变化达到一定数值即引起失效。热载流子主要为热电子，所以 N 沟道 MOS 器件的热载流子注入效应比 P 沟道 MOS 器件的明显。研究表明，对纳米器件，有效沟道长度缩小到 65 nm，漏源电压(V_D)降至 1.2 V 时仍发生热载流子效应，此时 P 沟道 MOS 器件的热载流子注入效应变得明显起来。

3. 幸运电子模型

　　幸运电子模型是解释热载流子对绝缘体层传导机理的一种常用模型。沟道电子可以通过从沟道场获得足够的能量，然后垂直地改变其动量方向，到达栅氧化层，如图 6-6 所示。

　　图中，P_1 是电子从电场获得足够能量以克服势垒的概率；P_2 是发生重定向碰撞的概率，也就是说，将电子发送到 SiO_2 绝缘体界面；P_3 是电子在不损失能量的情况下向界面移动的概

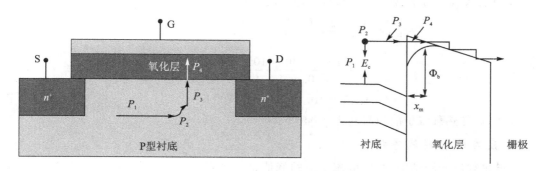

图 6 - 6　热载流子幸运电子模型

率；P_4 是电子不能很好地在势阱中散射的概率。使用以下公式计算各种概率：

$$P_1 = \sqrt{\frac{\lambda E_c}{24\Phi_b}} \exp\left[-\left(\frac{\Phi_b}{\lambda E_c} + \frac{\sqrt{2\Phi_b}}{3\lambda E_c}\right)\right] \tag{6-1}$$

$$P_2 = \frac{1}{2\lambda_r}\left(1 - \sqrt{\frac{\Phi_b}{\varepsilon}}\right) \tag{6-2}$$

$$P_3 = \exp\left(-\frac{x_m}{\lambda}\right) \tag{6-3}$$

式中：E_c 为沟道电场强度；λ 为散射平均自由程；Φ_b 为 $\text{Si} - \text{SiO}_2$ 势垒；ε 介电常数；λ_r 为改变方向后的自由程；x_m 为势垒的平均宽度。

栅电流可以写成：

$$I_G = \int I_D P_1 P_2 P_3 \frac{\mathrm{d}x}{\lambda_r} \tag{6-4}$$

衬底电流 I_{sub} 与栅电流 I_G、漏极电流 I_{ds} 之间的关系为

$$I_{sub} = C_1 I_{ds} \exp\left(\frac{-\Phi_i}{q\lambda E_c}\right) \tag{6-5}$$

$$I_G = C_2 I_{ds} \exp\left(\frac{-\Phi_b}{q\lambda E_c}\right) \tag{6-6}$$

式中：C_1 和 C_2 为常数；Φ_i 为冲击电离能；q 为电荷量。

幸运电子模型描述的 N 型 MOSFET 器件退化为

$$\tau_{HCI} = \frac{C_N W_h}{I_{ds}}\left(\frac{I_{sub}}{I_{ds}}\right)^{-m} \tag{6-7}$$

式中：$m = \Phi_b/\Phi_i$ 为比例系数；C_N 为常数；W_h 为沟道宽度；τ_{HCI} 表示热载流子机理故障时间。

在 P 型 MOSFET 中，栅电流 I_G（或总注入电荷）是模型中使用的决定参数，而不是 I_{sub}。

$$\tau_{HCI} = C_P\left(\frac{I_G}{W_h}\right)^{-m} \tag{6-8}$$

式中：C_P 为常数。

【例 6 - 1】　已知某 N 型 MOSFET 器件的常量 C_N 是 $1 \times 10^{-4} \text{A} \cdot \text{s/m}$，沟道宽度 W_h 是 $30~\mu\text{m}$，沟道电流 I_{ds} 是 $0.5~\text{A}$，衬底电流 I_{sub} 是 $2~\mu\text{A}$，比例系数 m 是 2.85，则其相应热载流子故障机理的故障时间是多少？

解:采用幸运电子模型式(6-7)计算故障时间:

$$\tau_{HCI} = \frac{C_N W_h}{I_{ds}} \left(\frac{I_{sub}}{I_{ds}} \right)^{-m}$$

$$= \frac{1 \times 10^{-4} \times 30 \times 10^{-6}}{0.5} \left(\frac{2 \times 10^{-6}}{0.5} \right)^{-2.85} \text{s}$$

$$= 1.45 \times 10^7 \text{ s} = 4.04 \times 10^3 \text{ h}$$

因此,器件热载流子故障时间为 4 040 h。

4. 反应论热载流子模型

沟道热载流子测试中,衬底电流 I_{sub} 的峰值是一个很容易测试的指标,对于 N 沟道晶体管,一般采用的故障物理模型形式为

$$\tau_{HCI} = A_0 \left(\frac{I_{sub}}{W_h} \right)^{-n} \exp\left(\frac{E_a}{kT} \right) \tag{6-9}$$

式中:I_{sub} 为测试中衬底电流峰值;W_h 为沟道宽度;n 为指数,约等于 3;激活能 E_a 在 $-0.25 \sim +0.25$ V 之间;A_0 为器件相关的系数。

【例 6-2】 一个 N 型 MOSFET 器件,将其置于 7.5 V 电压下 1 h 后,观察到驱动电流减小了 10%,已知 7.5 V 电压下的最大衬底电流为 5 V 电压下衬底电流的 30 倍,试问,5 V 电压下经历多长时间可以观察到驱动电流减小 10%?(n 取 3)

解:加速因子 AF 定义为故障机理在正常工作条件下的故障时间与加速条件下的故障时间之比,利用式(6-9),加速因子为

$$AF = \left(\frac{I_{sub@7.5V}}{I_{sub@5.0V}} \right)^3 = \left(\frac{30}{1} \right)^3 = 2.7 \times 10^4$$

因此,在 5 V 和 7.5 V 下的故障时间有以下关系:

$$\tau_{HCI@5V} = AF \cdot \tau_{HCI@7.5V} = 2.7 \times 10^4 \cdot 1 \text{ h} = 2.7 \times 10^4 \cdot 1 \text{ h} \left(\frac{1 \text{年}}{8\ 760 \text{ h}} \right) = 3.1 \text{ 年}$$

所以,5 V 电压下要经历 3.1 年可以观察到驱动电流减小了 10%。

一直以来,P 沟道热载流子注入问题很少被考虑,因为对于空洞注入来说,空洞移动性低,再加上阻挡层高度的增加,进一步限制了空洞的移动性。对于 P 沟道器件,栅电流 I_G 可用于预测器件的故障时间,模型为

$$\tau_{HCI} = A_0 \left(\frac{I_G}{W_h} \right)^{-n} \exp\left(\frac{E_a}{kT} \right) \tag{6-10}$$

式中:I_G 为加载过程中的峰值栅电流;n 一般为 2~4;激活能 E_a 一般在 $-0.25 \sim +0.25$ V 之间。

6.2.2 栅氧化层介质击穿

在 MOS 集成电路芯片中,栅极下面存在一层薄的绝缘层 SiO₂,就是通常所说的栅氧化层。在栅长为 40 nm 的 MOSFET 中 SiO₂ 绝缘层可以薄至 1.5 nm,是否形成良好的 SiO₂ 是 MOS 工艺成功的关键因素。但是 SiO₂ 层并不完美,会由于应力(如高氧化层电场)作用而退化,漏电增加到一定程度即构成击穿,导致器件失效。

栅氧化层击穿分为瞬时击穿和与时间相关的介质击穿(TDDB,Time Dependent Dielectric Breakdown)。瞬时击穿是在施加较大的电压后，立刻就发生的击穿，是一种过应力型的故障机理。TDDB 是在所施加的电场低于栅氧的击穿场强的情况下，经历一定时间后发生了的击穿现象，它是一种损耗型故障机理。

1. TDDB 的产生机制

TDDB 的确切物理机制仍然是一个悬而未决的问题。一般认为，外界的电载荷（如外加电压或由此产生的隧穿电子）会在氧化膜的体积中产生缺陷。随着时间的推移，缺陷逐渐累积，最终达到临界密度，从而引发介电性能的突然损失。电流的浪涌会产生较大的局部温度升高，导致氧化硅薄膜的永久性结构损伤。

如 6.1.4 节所述，Si - SiO$_2$ 界面附近存在多种电荷。电子和空穴可以在靠近二氧化硅界面的晶体态和表面态之间进行跃迁，从而会影响器件的电特性。在微电子技术中，当半导体的势垒或者二氧化硅薄膜的厚度，薄至与载流子的德布意波（de Broglie 波）的波长差不多时，即可发生载流子的隧穿效应，从而产生隧穿电流（tunneling current）。Fowler - Nordheim 隧穿是一种量子力学隧穿过程，在高电场的辅助下，电子穿过氧化物势垒进入氧化物的导电带。在加有较高的电压时，势垒中的电场很强，则这时电子隧穿的界面势垒可近似为三角形势垒（见图 6 - 7），并且该隧穿三角形势垒的宽度与外加电压有关（即与电场 E 有关）；这种隧穿称为Fowler - Nordheim 隧穿。图 6 - 7 所示为从硅表面到 SiO$_2$ 传导带的电子隧穿。

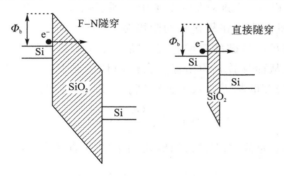

图 6 - 7　F - N 隧穿电流和直接隧穿电流的示意图

直接隧穿是 3 nm 氧化层电流传导的主要机制。隧穿电流密度与电压或电场之间不是简单的关系，没有封闭的解析表达式。对于现代氧化物中的薄氧化物层，直接隧穿电流可能非常高。F - N 隧穿和直接隧穿等都有助于氧化物电荷的产生，正是在高电场下产生的氧化层电荷最终导致了介电击穿。

TDDB 的击穿机理目前认为可分为两个阶段，第一阶段是建立阶段，在电应力作用下，氧化层内部及 Si - SiO$_2$ 界面处发生缺陷（陷阱、电荷）的积累，积累的缺陷达到一定程度以后，使局部区域的电场（或陷阱数）达到某一临界值，转入第二阶段，在热、电正反馈作用下，迅速使氧化层击穿。TDDB 的故障时间由第一阶段中的建立时间所决定。

2. 物理模型与影响因素分析

TDDB 的主要物理模型包括阳极空穴注入模型（1/E 模型）、热化学模型（E 模型）和阳极氢释放模型（AHR 模型）。1/E 模型表明击穿是由从阳极注入的空穴引起的。从阴极注入氧化层的电子经历了碰撞电离，在这个过程中产生了空穴。这些空穴被困在阴极附近的氧化物中,使得附近的电场增强,如图 6-8 所示。

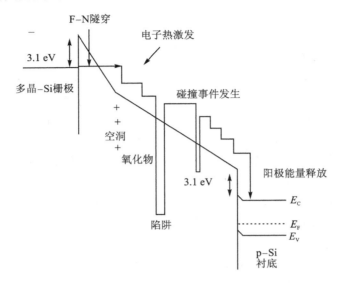

图 6-8　1/E 模型的能带图

　　根据 F-N 隧穿方程,电子隧穿在强电场中得到加强,从而产生更大的电流。当电子下降到费米能级时,另一种机制出现在氧化物的阳极侧,导致至少 3.1 eV 的能量释放到二氧化硅界面的晶格。这个能量足以打破硅氧键。键的断裂是从阳极到阴极进行的,形成了一条方便的传导路径,用于放电,从而导致介质击穿。在这两种情况下,注入的氧化物电荷积聚在氧化物内部,直到达到介电击穿的临界空穴电荷密度。1/E 的形式为

$$\tau_{1/E} = C_2 \exp\left(\frac{G_1}{E_{ox}}\right) \exp\left(\frac{E_a}{kT}\right) \tag{6-11}$$

式中:C_2 为比例常数;G_1 为常数;E_{ox} 为栅氧化层上的电场强度;$\tau_{1/E}$ 为 1/E 模型计算的 TDDB 故障时间。

　　1/E 模型认为击穿时间与氧化层电场的倒数有关,且认为栅电流通常是 F-N 电流。1/E 模型的不足之处在于,无法解释在低电压下测得的较大的衬底电流。例如,对于 PMOSFET,氧化层保持在低电压条件下,测量得到的击穿时的电流比 1/E 模型计算值大 8 个数量级,这表明存在其他来源的电流。

　　E 模型是另一个被广泛使用的 TDDB 模型,该模型认为缺陷的产生是一个场驱动过程,流过氧化物的电流起次要作用。外加电场与 SiO_2 中空位相互作用降低了热键断裂所需的活化能,加速了介电退化过程。E 模型认为击穿时间与氧化层电场成正比例关系,可表示为

$$\tau_E = C_1 \exp(-\gamma_1 E_{ox}) \exp\left(\frac{E_a}{kT}\right) \tag{6-12}$$

式中:C_1 为比例常数;γ_1 为电场加速参数;τ_E 为 E 模型计算的 TDDB 故障时间。

　　E 模型的不足之处在于,衬底热电子注入实验发现击穿电荷与电子的能量相关,而不是氧化层电场。另外,传统的 F-N 应力中,利用不同性质掺杂的阳极得到的数据也显示出该模型不准确。原因在于非晶 SiO_2 中存在氧空穴,会出现 Si-Si 弱键。于是,电场会降低断键所需的激活能,使得退化速率成指数增加。

　　研究结果表明,对于非常薄的氧化物,击穿时间不再是场的函数,因此 E 模型一般应用于薄氧化层和低氧化层电场的情况,而 1/E 模型一般应用于厚氧化层和高氧化层电场。这两种模型诞生后,学界仍有争论,有学者研究表明,TDDB 似乎是一种"最弱的环节"类型的故障机理,所以指出以"并联竞争模型"来将两个模型加以综合,作为 TDDB 的物理模型:

$$\frac{1}{\tau_{\text{TDDB}}} = \frac{1}{\tau_{\text{E}}} + \frac{1}{\tau_{1/\text{E}}} \tag{6-13}$$

【例 6 - 3】 已知某器件的比例常数 C_1 和 C_2 分别为 1×10^{-15} 和 1×10^{-11},电场加速参数 $\gamma_1 = 1.1$ cm/mV,常数 G_1 为 350 mV/cm,加在栅氧化层上的电场强度 E_{ox} 为 25 mV/cm,E 模型的激活能 E_{a1} 为 2.4 eV,1/E 模型的激活能 E_{a2} 为 0.8 eV,温度 T 为 350 K,玻耳兹曼常数为 8.62×10^{-5} eV/K,试利用竞争模型式(6-13)计算由于 TDDB 故障机理造成的故障时间是多少?

解:

$$\begin{aligned}
\tau_{\text{E}} &= C_1 \exp(-\gamma_1 E_{\text{ox}}) \exp\left(\frac{E_{\text{a1}}}{kT}\right) \\
&= 1 \times 10^{-15} \times \exp(-1.1 \times 25) \times \exp\left(\frac{2.4}{8.62 \times 10^{-5} \times 350}\right) \\
&= 4.024\,3 \times 10^7 \text{ s} = 11\,178.59 \text{ h}
\end{aligned}$$

$$\begin{aligned}
\tau_{1/\text{E}} &= C_2 \exp\left(\frac{G_1}{E_{\text{ox}}}\right) \exp\left(\frac{E_{\text{a2}}}{kT}\right) \\
&= 1 \times 10^{-11} \times \exp\left(\frac{350}{25}\right) \times \exp\left(\frac{0.8}{8.62 \times 10^{-5} \times 350}\right) \\
&= 3.954\,0 \times 10^6 \text{ s} = 1\,095.85 \text{ h}
\end{aligned}$$

$$\tau_{\text{TDDB}} = \frac{1}{\frac{1}{\tau_{\text{E}}} + \frac{1}{\tau_{1/\text{E}}}} = \frac{1}{\frac{1}{11\,178.59} + \frac{1}{1\,095.85}} = 998 \text{ h}$$

利用式(6-13)计算得到 TDDB 的故障时间为 998 h。

6.2.3　电迁移

　　当器件工作时,金属互连线的铝条内有一定的电流通过,金属离子会沿导体产生质量的运输,其结果会使导体的某些部位出现空洞或晶须(小丘),即电迁移现象。块状金属中,其电流密度较低(小于 10^4 A/cm^2),电迁移现象只在接近材料熔点的高温时才发生。薄膜材料则不然,淀积在硅衬条上的铝条,由于截面积很小和具有良好的散热条件,电流密度可高达 10^7 A/cm^2,所以在较低温度下就会发生电迁移。

1. 电迁移的机理

　　金属导体中通电时,电子会受电场力作用做定向运动,金属阳离子就带有正电荷,电场强度较大时,金属离子就会被激活。此时金属离子受到两种力的作用,一种是电场力 F_q,即施加在导体上的电场对激活的金属离子的力,方向与电子流动方向相反。另一种摩擦力 F_e,即导电电子与被激活的金属离子碰撞时的动量交换而使金属离子运动的力,方向与电子流动方向相同,如图 6-9 所示。

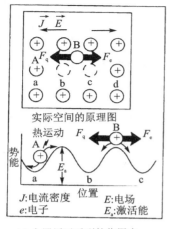

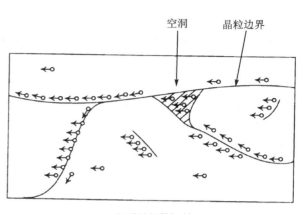

(a) 金属原子受到的作用力   (b) 铝膜的扩散机制

图 6-9   电迁移产生机理的示意图

当互连引线中通过大电流密度时,因为 F_e 和电子流动方向相同,而 F_q 和电子流动方向相反,且 $F_e \gg F_q$,所以金属原子受到电子风力的驱动,产生了从阴极向阳极(沿着电子流动的方向)受迫的定向扩散,即发生了金属原子的电迁移,向空位则沿着相反的方向移动。空位凝聚形成空洞,而金属离子在某些不连续处凝聚形成晶体、晶须和不明显的小丘。图 6-10 所示是铝金属互连线的电迁移产生的局部空洞和小丘。

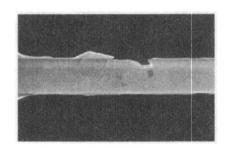

图 6-10   电迁移产生的空洞和小丘

2. 故障物理模型

研究表明,电迁移的主要影响因素包括电流密度、电场、温度和晶粒结构等。若考虑所有这些因素,模型的复杂性会大大增加。Black 在 1969 年提出了一个模型,目前应用比较广泛。

Black 指出,如果当电场为零的时候,电子的运动完全是随机的,那么在加速前和加速后,在与金属离子发生近乎弹性的碰撞时,电子将动量传给了金属离子。激活的金属离子和电子之间动量转移产生的质量输运速率,与电子动量、单位时间通过单位体积的电子数以及金属离子的密度成正比,也就是说,

$$R_e = F_1 \times (电子动量) \times (每秒通过单位体积的电子数) \times$$

$$(有效目标面) \times (激活的金属离子密度) \qquad (6-14)$$

式中:R_e 为质量输运率;F_1 为常数。

电子在其平均自由程的一段距离 l 内,以平均速度 v 落在电场中所获得的附加动量 P_d 为

$$P_d = eE_e \frac{l}{v} = eR_p J \frac{l}{v} = eE_e \tau \qquad (6-15)$$

平均速度 v 主要由热驱动的速度决定,且受漂移速度的干扰,E_e 为电场强度,τ 是碰撞之间的平均自由时间,e 是电子的电荷,R_p 是体积电阻率,J 是电流密度。每秒通过单位体积金

属传输的电子数 n_e 与电流密度 J 有关,可以根据下式得出:

$$n_e = \rho_e v_d = J/e \tag{6-16}$$

式中:ρ_e 是电子密度。可以把金属中每立方厘米激活的离子数看作是温度的函数,遵循阿伦尼斯方程。因此,激活的金属离子密度可以表示为 $D_1 e^{-(E_a/kT)}$,其中 E_a 是激活能,k 为玻耳兹曼常数,T 为金属膜导体处的开氏温度,D_1 为给定金属和扩散过程常数。金属膜导体的平均故障时间 τ_{EM} 与 R_e 和导体横截面积有关。

$$R_e = \frac{F_2 W_d t_d}{\tau_{EM}} \tag{6-17}$$

式中:W_d 是导体宽度;t_d 是导体薄膜厚度;$W_d \cdot t_d$ 为薄膜横截面积,它决定了形成开路的最小空隙尺寸,F_2 也为常数。

将式(6-15)至式(6-17)带入方程式(6-14)可得到:

$$\frac{F_2 W_d t_d}{\tau_{EM}} = F_1\left(e\rho J \frac{l}{v}\right)\left(\frac{J}{e}\right)(S_\sigma)(D_1 e^{-(E_a/kT)}) = F_1\left(\rho \frac{l}{v} S_\sigma J^2\right)(D_1 e^{-(E_a/kT)})$$

$$\tag{6-18}$$

式中:S_σ 为离子散射截面;ρ 为体积电阻率。通过简化和合并,最终 Black 模型的基本表达形式为

$$\frac{W_d t_d}{\tau_{EM}} = A J^n \exp\frac{-E_a}{kT} \tag{6-19}$$

$$\tau_{EM} = A \times W_d t_d J^{-n} \exp\left(\frac{E_a}{kT}\right) \tag{6-20}$$

式中:A 为常数,对于不同的金属材料,取值不同;n 为电流密度指数,对于铜互连线取值为 1,对于铝互连线取值为 2;W_d 是互连线宽度(单位 m);t_d 是互连线厚度(单位 m);J 为流过互连线的电流密度(单位 A/m^2)。

由公式(6-17)可见,电迁移导致的质量输运与温度有关,随着温度上升,电迁移现象会变得更严重。温度和电流密度一样,是引起电迁移的重要因素。

【例 6-4】 已知某器件的互连线为微晶铝膜结构,电迁移 Black 故障物理模型中 $A = 3.119 \times 10^{27}$,导线的厚度 t 为 10 μm,宽度 W 约为厚度 t 的 3 倍,其激活能 E_a 为 0.8 eV,芯片工作温度为 $T = 350$ K,J 经仿真求得为 5×10^{10} A/m^2,试计算电迁移机理发生的故障时间。

解:

$$\tau_{EM} = 3.119 \times 10^{27} \times W_d t_d J^{-2} \exp\left(\frac{E_a}{kT}\right)$$

$$= 3.119 \times 10^{27} \times 30 \times 10^{-6} \times 10 \times 10^{-6} \times (5 \times 10^{10})^{-2} \exp\left(\frac{0.8}{8.62 \times 10^{-5} \times 350}\right)$$

$$= 1.23 \times 10^8 \text{ s} = 1.42 \times 10^3 \text{ 天}$$

因此,铝膜发生电迁移的故障时间为 1 420 天。

利用完全相同的工艺制造的器件,在相同的应力条件下,他们的故障时间也不相同,这是因为虽然制造工艺相同,但是材料的微观结构也会有一些随机性的差别,造成材料性能上有一些差别。因此每一种故障机理的故障时间也是具有分散性的,服从一定的分布。一旦建立了故障时间的分布模型,就可以构造描述故障时间的概率密度函数 $f(t)$,然后就可以计算在任

意时间段内发生故障的概率。

对数正态分布广泛用于描述一般性的自然规律导致的器件退化和故障,比如电迁移、磨损、蠕变以及疲劳等。对数正态分布的概率密度函数为

$$f(t) = \frac{1}{\sigma t \sqrt{2\pi}} \exp\left[-\left(\frac{\ln t - \ln t_{50}}{\sigma \sqrt{2}} \right) \right] \tag{6-21}$$

式中:t_{50} 为故障时间的中值;σ 为对数标准差,经常取近似值 $\sigma = \ln t_{50} - \ln t_{16\%} = \ln(t_{50}/t_{16\%})$,其中 $t_{16\%}$ 表示样本的 16% 发生故障的故障时间。

对数正态分布中常用的关系式还有

$$t_{16\%} = \frac{t_{50}}{\exp(1\sigma)}, \; t_{1\%} = \frac{t_{50}}{\exp(2.33\sigma)}, \; t_{0.13\%} = \frac{t_{50}}{\exp(3\sigma)} \tag{6-22}$$

【例6-5】   在铝合金的电迁移加速试验中,温度 $T = 200\ ℃$,电流密度为 $J_{acc} = 2 \times 10^6\ \text{A/cm}^2$,对数正态分布能够很好的描述电迁移数据,且分布中均值为 200 h,标准差为 0.5。假设 Black 模型中的激活能为 0.8 eV,指数 $n = 2$。要求 105 ℃ 条件下 10 年故障的概率为 0.13%,那么最大设计的电流密度 J_{design} 为多少?

解:加速因子 AF 定义为故障机理在正常工作条件下的故障时间与加速条件下的故障时间之比,根据加速因子的定义与 Black 模型:

$$AF = \frac{\tau_{\text{EM-op}}}{\tau_{\text{EM-acc}}} = \left(\frac{J_{\text{design}}}{J_{\text{acc}}} \right)^{-2} \exp\left[\frac{E_a}{k} \left(\frac{1}{T_{\text{design}}} - \frac{1}{T_{\text{acc}}} \right) \right]$$

施加载荷过程中,器件故障概率为 0.13% 的时间为

$$\tau_{0.13\%} = \frac{t_{50}}{\exp(3\sigma)} = \frac{200\ \text{h}}{\exp(3 \times 0.5)} = 44.63\ \text{h}$$

105 ℃ 条件下工作 10 年,需要的加速因子为

$$AF = \frac{10\ 年}{44.63\ \text{h}} = \frac{87\ 600\ \text{h}}{44.63\ \text{h}} = 1\ 962.8$$

代入 AF 的方程中,求解 J_{design},可得

$$J_{\text{design}} = J_{\text{acc}} \sqrt{ \frac{\exp\left[\dfrac{E_a}{k} \left(\dfrac{1}{T_{\text{design}}} - \dfrac{1}{T_{\text{acc}}} \right) \right]}{AF} }$$

$$= 2 \times 10^6 \times \sqrt{ \frac{\exp\left[\dfrac{0.8}{8.62 \times 10^{-5}} \left(\dfrac{1}{105 + 273} - \dfrac{1}{200 + 273} \right) \right]}{1\ 962.8} }$$

$$= 5.3 \times 10^5\ \text{A/cm}^2$$

所以,设计的电流密度 $J_{\text{design}} \leqslant 5.3 \times 10^5\ \text{A/cm}^2$。

半导体器件的很多故障机理,如 TDDB、电容介质击穿都可以用威布尔分布描述。威布尔分布的概率密度函数为

$$f(t) = \frac{\beta}{\alpha} \left(\frac{t}{\alpha} \right)^{\beta-1} \exp\left[-\left(\frac{t}{\alpha} \right)^{\beta} \right] \tag{6-23}$$

式中:α 表示特征故障时间,β 为形状参数。对数正态分布的累积故障函数 $F(t)$ 只能通过对误差函数的数值积分得到,而威布尔分布的累计故障函数存在解析解。

$$F(t) = \int_0^t f(t)\mathrm{d}t = 1 - \exp\left[-\left(\frac{t}{\alpha}\right)^\beta\right] \tag{6-24}$$

将式(6-24)移项并取对数,得到:

$$\ln\left[-\ln(1-F)\right] = \beta\left[\ln\left(\frac{t}{\alpha}\right)\right] \tag{6-25}$$

可以看到,当 $F = 0.632\,12$ 时,式(6-25)左侧趋向于 0,这说明器件故障特征时间 α 等于63.212%的器件故障的时间。一般情况下,威布尔分布的特征故障时间 $t_{63} = \alpha$,求解式(6-25)得到威布尔的斜率 β 为

$$\beta = \frac{\ln\left[-\ln(1-F)\right]}{\ln\left(\frac{t}{t_{63}}\right)} \tag{6-26}$$

威布尔分布的其他常用式子为

$$t_{10\%} = \frac{t_{63}}{\exp\left(\frac{2.25}{\beta}\right)}, \quad t_{1\%} = \frac{t_{63}}{\exp\left(\frac{4.60}{\beta}\right)}, \quad t_{0.1\%} = \frac{t_{63}}{\exp\left(\frac{6.91}{\beta}\right)} \tag{6-27}$$

3. 电迁移的影响因素和扩散原理

下面讨论一些工艺和环境因素对电迁移的影响。这些因素包括:

① 布线几何形状的影响　从统计观点看,金属条是由许多含有结构缺陷的体积元串接而成的,则薄膜互连线的寿命将由结构缺陷最严重的体积元决定。若单位长度的缺陷数目是常数,随着膜长的增加,总缺陷数也增加,所以互连线越长,寿命越短。

② 局部热效应　金属膜的温度及温度梯度对电迁移寿命的影响极大,当电流密度大于 10^6 A/cm^2 时,膜温与环境温度不相同,特别当金属条电阻率较大时,影响更明显。金属条中载流子不仅受晶格扩散,还受晶界和表面散射影响,实际的电阻率高于该材料体电阻率,使膜温随电流密度增加更快。

③ 晶粒大小　原子的扩散主要有三种形式,即晶格扩散、界面扩散和表面扩散。铝导线中的电迁移是由于晶界扩散所导致的,单晶导线电迁移是通过晶格扩散为主,多晶则为晶界电迁移方式。多晶结构的晶界多,缺陷也多,激活能小,多以晶界扩散发生电迁移。在 Al 中掺入 Cu、Si 等少量杂质时,这些杂质在 Al 中溶解度低,大部分杂质原子在晶粒边界处沉积,杂质的原子半径比 Al 大,降低了 Al 原子沿晶界扩散的作用,提高了 Al 的抗电迁移能力。铜合金电迁移主要是通过表面扩散,合金中晶体微结构对电迁移影响不大。

一般而言,铝互连线表面覆盖着一层氧化层薄膜,因此电导率会降低,使它难以发生电迁移。通常认为电迁移发生在晶粒的边界上。但是,当铝线的宽度缩小,使互连线的横截面只有一个晶粒的尺寸,晶界的扩散路径减小,因此,电迁移就会由原来的晶界扩散转变为晶格扩散。

6.3　电磁环境下的故障机理

6.3.1　电磁干扰

电磁环境下所产生的最直接效应就是电磁干扰。在介绍电磁干扰之前,首先介绍一下电

磁骚扰的概念。电磁骚扰(EMD,Electromagnetic Disturbance)是指任何可能引起装置、设备或系统性能降低或者对有生命或无生命物质产生损害作用的电磁现象。而电磁干扰(EMI, Electromagnetic Interference)是指电磁骚扰引起的设备、传输通道或系统性能的下降。可见,有电磁骚扰不一定会产生电磁干扰。要形成电磁干扰,需要三个要素,分别是电磁干扰源、耦合途径以及敏感设备。电磁干扰效应就是指由电磁干扰源发射的电磁能量,经过耦合途径传输到敏感设备的过程。

电磁干扰通过两个途径进行传播。一是传导干扰,是指干扰信号通过导电介质或公共电源线相产生干扰。这种类型的干扰要求在干扰源和接收器之间有一个完整的电路连接。第二种途径为辐射干扰,干扰信号通过空间耦合传给另一个网络或电子设备。其表现为近场的静电感应与电磁感应以及远场的辐射电磁波干扰。

电磁干扰的耦合途径是指各种电磁干扰源传输电磁干扰至敏感设备的通路或媒介。耦合的途径也分为两种,传导耦合与辐射耦合。前者要求在干扰源和敏感设备之间有一个完整的电路连接。后者是指电子设备接收的干扰信号是通过空间耦合而来的,通过天线、发射接收装置等进行。

电磁干扰对电子设备或系统造成极大的破坏,例如:

① 高压击穿   当器件接收电磁能量后可转化为大电流,在高阻处可转化为高电压,可引起接点、部件或回路间的电击穿,导致器件的损坏或瞬态失效。例如 CMOS 器件氧化膜被击穿而短路、PNP 结开路等。

② 过热烧毁   在电磁脉冲过程中产生的电流和能量,能够促使半导体器件的温度迅速升高,当温度达到足够高时,会使金属薄膜及键合引线烧熔甚至汽化,从而导致开路。

③ 瞬变干扰   干扰可能不会导致器件直接失效,而是参数的波动,产生大量的杂波,从而影响到器件性能和功能。

6.3.2   电磁故障机理

除了产生电磁干扰外,电磁环境还可能会加速半导体器件的各种故障机理的发生。例如对于电迁移、热载流子和栅氧化层击穿来说,原本在电路中不太可能出现的大电流、高电压,在电磁耦合的情况下成为可能,从而大大增加了这些故障机理的发展速度。

① 电迁移   在器件向亚微米、深亚微米发展后,金属化的宽度不断减小,强电磁场耦合到电路中,产生大的电流密度,大电流造成的强电势差会在金属互连线上产生很大的机械应力梯度,引起金属原子移动,在走线内形成孔隙或裂纹,最终造成金属化连线开路或短路,使器件的漏电流增加。

② 热载流子效应   外界强电磁场耦合到线路中,形成大电流,当功率器件沟道横向电场或漏极附近电场很强时,由源极产生的电子在通过强电场区域后,即成为热载流子,注入栅极二氧化硅层,使其产生陷阱和界面能级,并使阈值电压发生变化。这种效应会使氧化层电荷增加或波动不稳,从而引起器件的电参数性能退化,使器件衰变。

③ 栅氧化层击穿   当电压超过了栅氧化层的击穿电压时,瞬间大电压或大电流会导致 MOS 器件栅氧化层击穿。

④ 过热烧毁   强电磁场耦合到电路中,产生大的电流密度,引起局部温度升高,这又进一步使得电流密度增加,温升继续提高。当器件的局部温度超过半导体材料的熔融温度时,会引

起 PN 结失效。如果温度足够高,能够熔化邻近接触孔的金属时,熔化的金属就会在电场的作用下在结间迁移,导致结间的电阻短路。

6.3.3　静电放电

静电放电(ESD,Electrostatic Discharge),是指具有不同静电电位的物体互相靠近或直接接触引起的电荷转移。静电放电也属于电磁效应,它所产生的脉冲与一般浪涌信号的区别是:峰值更高,静电电压在干燥气候下可达 30 kV;脉冲更陡,上升时间约 1 ns,持续时间 100～300 μs;速率更快,频谱可达数百兆赫;总能量相对较小。

ESD 在电子工业中有"硬病毒"之称,是电子工业的隐形杀手。ESD 主要通过摩擦带电和感应带电两种形式产生。摩擦带电是物体与物体之间频繁接触、快速分离的过程。频繁接触使电荷从一个物体转移到另一个物体,快速分离使转移的电荷保留在目标物体之上,使两个物体的接触表面形成极性相反的静电荷。带电体与导体之间通过静电感应形成导体内部电荷的再分布,使导体靠近带电体的一侧表面带电的过程,称为感应带电。

人体是最主要的静电来源,其他来源还包括地板、工作台面、鞋、服装、普通塑料包装袋、文件袋、泡沫包装盒、打印机、复印机、变压器和发电机等。物质之间材料性质的差异越大,摩擦产生的静电越大;两个物体相对运动的速度越快,摩擦越强烈,产生的静电越大;环境越干燥,越容易产生静电;与湿润环境相比,干燥环境下更容易产生静电。物体的电容和电阻:物体之间的电容越大,静电脉冲越容易传输;物体的电阻越小,静电放电电流越大。

根据静电放电时带电物体与接收物体是否接触,可分为接触放电(亦称导体放电)和空气放电(不接触。通过气隙放电通常有电弧现象发生,故亦称辉光放电或火花放电)。

ESD 对电子设备损坏的形式:静电吸附、硬击穿、软击穿和电磁干扰。故障模式可分为突发故障和潜在故障。突发故障指静电放电使元器件功能即时丧失,包括开路、短路、参数严重漂移,往往是元器件承受单次高电压的静电冲击所致。潜在故障指静电放电给元器件造成的损伤不易发现,其功能及电参数无明显变化,但寿命缩短,环境适应能力(特别是抗静电能力)下降,往往在多次低电压 ESD 条件下出现。在实际情形中,静电引起的潜在故障更为普遍,也因其隐蔽性而更为危险,值得高度重视。

ESD 的破坏机制主要有两种:过电压场致失效和过电流热致失效。过电压场致失效是由于静电荷形成的高电场所致,比如 MOS 器件栅击穿和双极器件 PN 结击穿。器件的输入电阻越高,输入电容越小,越容易发生场致失效,在超大规模集成电路(具有薄栅氧化层)、超高频功率晶体管(高压工作,具有梳状电极)和声表面波器件(具有小间距薄层电极)等器件中比较常见;过电流热致失效是由于静电放电的大电流和高温所致,可直接烧毁器件或者诱发门锁效应或二次击穿效应。器件的电流截面越小,对地电阻越低,环境温度越高越容易发生此类失效,在反偏 PN 结、小面积 PN 结和高温工作条件下更为多见。

根据静电放电的施放者与接受者的不同,静电放电模型又可分为以下 3 种:人体对器件放电(HBM,Human-Body Model);机器对器件的放电(MM,Machine Model);带电器件的放电(CDM,Charged-Device Model)。这 3 种类型分别有相应的模型来描述,特别是人体放电模型,应用最为广泛,这些模型都是体现静电瞬态特性的。

静电放电导致元器件故障的原因是,静电脉冲产生的热量让器件内部温度过高而烧毁,静电脉冲产生的热量与静电脉冲的持续时间有关,Wunsch 和 Bell 以简单的热失效模型为基础尝试建立了一个预测模型。

从时变热扩散方程可知,一维热方程的拉普拉斯形式表示为

$$\frac{\partial^2 T}{\partial x^2} - \frac{1}{\alpha_\lambda} \frac{\partial T}{\partial t} = 0 \qquad (6-28)$$

式中:T 为温度;$1/\alpha_\lambda$ 是热扩散率。在一维情况下,假设存在一个热平面,平面上有一个有限脉宽脉冲热源 Q_t:

$$Q_t = \frac{P}{S_A} \frac{1}{\rho c_p} \qquad (6-29)$$

式中:P 为脉冲功率(W);S_A 为结面积(cm^2);ρ 为密度(g/cm^3);C_p 为比热容(J/(g·℃))。

其中,$\frac{1}{\alpha_\lambda} = \frac{\rho c_p}{\kappa}$,$\kappa$ 为导热率(W/(cm·℃))积分求解式(6-28)可以得到:

$$T - T_0 = \left(\frac{P}{S_A}\right)\sqrt{\frac{t}{\pi(\kappa\rho c_p)}} \qquad (6-30)$$

式中:T_0 为初始温度(℃);t 为脉冲持续时间(s)。

当温度为 T_m,即发生故障时的温度,式子(6-30)可以写成:

$$T_m - T_0 = \left(\frac{P}{S_A}\right)\sqrt{\frac{t}{\pi(\kappa\rho c_p)}} \qquad (6-31)$$

最终,半导体器件的 Wunsch and Bell 预测模型为

$$P = S_A(\pi\kappa\rho C_p)^{1/2}(T_m - T_0)t^{-1/2} \qquad (6-32)$$

$$t_{max} = \pi\kappa\rho C_p\left[\frac{S_A(T_m - T_0)}{P}\right]^2 \qquad (6-33)$$

在给定元器件所承受的电磁脉冲持续时间时,利用该模型可以计算可承受的最高静电脉冲的功率。反过来,我们已知静电脉冲功率 P,也可以计算元器件可承受的脉冲最长能够持续的时间 t_{max}。

6.4　空间环境下的故障机理

6.4.1　高能带电粒子

工作在空间环境中的半导体器件,会受到空间环境的影响,产生不同于地面工作时候的故障机理。要认识这些故障机理,首先要从空间环境说起。

在近地轨道附近,航天器面临着非常复杂的环境条件,如图 6-11 所示。这里有来自宇宙的射线、来自太阳的电磁辐射、来自地球的电离层的作用,既有空间带电粒子,又有碎片和流星。

研究表明,对半导体器件有着重要损伤作用的是来源于地球辐射带、太阳宇宙线和银河宇宙线中的空间高能带电粒子。下面简单介绍一下高能带电粒子的来源。

① 地球辐射带:亦称范·艾伦辐射带,位于赤道上空并向两侧伸展 40°～60° 左右,是被地球磁场所捕获的带电粒子辐射所致。根据地球辐射带距离地表的距离,又可分为内带和外带。内带距离地表 600～7000 km,主要由 30～100 MeV 的质子组成,辐射强度随高度变化。外带

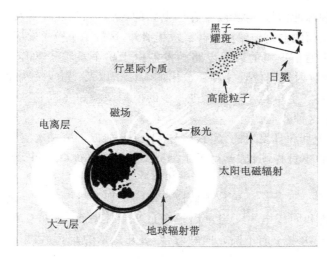

图 6－11 复杂的空间环境

距离地表 4 800～35 000 km，主要由 0.4～1 MeV 的电子组成，辐射强度亦随高度变化。

② 太阳宇宙线是太阳活动产生的高能、高通量带电粒子流，又称太阳高能粒子。宇宙射线由约 90％的质子、约 1％的 α 粒子以及少量的重粒子、电子、光子和中微子组成。能量极高，峰值出现在 300 MeV 处。一般认为大于 100 MeV 的质子来自银河系，较低能量的来自太阳，主要影响星际飞行器及各类空间站中的电子设备。

③ 银河宇宙线是来源于太阳系以外银河的通量很低但能量很高的带电粒子，粒子能量较大。其粒子能量范围一般是 10^2 MeV～10^9 GeV。银河宇宙线几乎包含元素周期表中所有元素，但主要成分是质子，约占总数的 84.3％，其次是 α 粒子，约占总数的 14.4％，其他重核成分约占总数的 1.3％；在空间粒子环境的 3 种成分中，银河宇宙射线因其能量高、难以屏蔽而成为引起单粒子效应最重要的离子源，其中能量达到 100 MeV 的 Fe 核被认为代表了空间环境中最恶劣的情况。

高能带电粒子与航天器上所使用的电子元器件和功能材料的相互作用，引发特殊的空间辐射效应。辐射效应主要表现在两个方面：一是对航天器的功能材料、电子元器件、生物及航天员的总剂量效应；二是对大规模集成电路等微电子器件的单粒子效应。其他方面还包括：位移损伤效应、表面充放电效应和内带电效应等。这些效应对卫星系统，对分系统、设备、元器件、材料的性能或功能产生影响，严重时甚至可造成功能完全丧失。

双极型器件对中子辐射更为敏感。辐射会引起二极管的正向动态电阻、反向击穿电压和漏电流增加，放大管的电流放大系数下降、饱和压降上升，开关管的上升时间增加、存储时间和下降时间减少，低电阈值上升。MOS 器件对电离辐射更为敏感。辐射会引起 MOS 器件的阈值电压漂移、跨导退化、隔离结漏电流增加，同时有可能通过单粒子效应导致误触发。

6.4.2 单粒子效应

单粒子效应是指由单个粒子所引起的电子器件、电路或系统的性能波动。当空间中带有一定能量的质子、α 粒子、重离子以及中子入射到微电子器件时，会在器件的衬底产生大量的电子-空穴对。如果这些电子-空穴对位于器件的有源区，则很可能在电场的作用下形成短暂的电流,从而使信号出现脉冲信号,或者改变存储电路的逻辑状态,或者激发电路中的潜在的寄生效应(如闩锁效应),从而使电路出现错误甚至毁坏器件,这就是单粒子效应产生的基本过程。

1975年美国发现通信卫星的数字电路触发器由于单个重粒子的作用被触发。后来发现陶瓷管壳所含的微量放射性同位素铀和钍放出的 α 粒子以及宇宙射线中的高能中子、质子、电子等,都能使集成电路产生单粒子效应。进一步的模拟试验和在轨卫星的测试证实,几乎所有的集成电路都能产生这种效应。

我国在1994年2月8日发射的"实践4号"卫星上进行了第一次空间单粒子事件研究;星载的"静态单粒子翻转事件探测仪"测得了1 Mbit SRAM 在轨道上每天约有3.5个单粒子事件的翻转率。

接下来,我们来看一下什么是单粒子效应产生的机理。带电粒子穿过半导体器件时,能量沉积方式有直接电离和间接电离。当重离子穿过半导体时,由于相互作用,把能量传递给电子,带有不同能量的二次电子向不同方向发射,经过几微米的距离后,形成电离区,如图6-12所示。

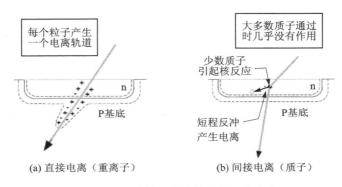

图 6-12　单粒子效应的能量沉积方式

如图6-12(a)为单个重离子辐照所产生的电离径迹。如果此电离区位于电子器件的敏感区,就会产生单粒子扰动。而质子由于阻塞能力很小,在硅中直接电离的几率很低,主要是通过与硅原子反应,产生间接电离来沉积能量,最终引起单粒子效应。

可以总结出,单粒子效应发生主要有两个过程:一是电荷产生,二是产生的电荷收集被敏感部位收集,从而引起了器件的性能变化。电荷产生主要是通过库伦相互作用或是核反应,将入射离子的能力传递给电子,从而使其电离。而电荷收集的方式则主要是通过初期电子在电场下的漂移和后期的扩散来进行的。

在宇宙射线中,虽然重核粒子的数量极其有限,但由于具有很大的阻塞能力,仍对宇航和卫星中大规模集成电路构成很大的威胁。重核粒子以直线穿入硅片,由于库仑力的相互作用结果,把能量传递给电子,带有不同能量的二次电子向不同方向发射,经过几微米的距离后,形成电离区,如果此电离区位于电子器件的灵敏区,就会产生单粒子扰动,产生如图6-12(a)所示的现象。

宇宙射线中存在大量的高能质子,质子由于阻塞能力很小,要在硅片中直接电离的几率很低。质子主要是通过与硅原子反应来沉积能量,引起单粒子效应,产生如图6-12(b)所示的现象。质子与硅原子的核反应过程及其复杂,且随质子的能量增加而增加,同样,产生软错误的截面也增加。

迄今为止,研究人员发现了多种类型的单粒子效应,如表 6 - 1 所列。

表 6 - 1　单粒子效应的分类

类　型	英文缩写	定　义
单粒子翻转	SEU(Single Event Upset)	存储单元逻辑状态改变
单粒子闭锁	SEL(Single Event Latchup)	PN - PN 结构中的大电流再生状态
单粒子烧毁	SEB(Single Event Burnout)	大电流导致器件烧毁
单粒子栅穿	SEGR(Single Event Gate Rupture)	栅介质因大电流流过而击穿
单粒子多位翻转	MBU(Multiple Bit Upset)	一个粒子入射导致存储单元多个位的状态改变
单粒子扰动	SED(Single Event Disturb)	存储单元逻辑状态出现瞬时改变
单粒子瞬态脉冲	SET(Single Event Transient)	瞬态电流在混合逻辑电路中传播,导致输出错误
单粒子快速反向	SES(Single Event Snapback)	在 N 型 MOS 器件中产生的大电流再生状态
单粒子功能中断	SEFI(Single Event Functional Interrupt)	一个翻转导致控制部件出错
单粒子唯一损伤	SPDD(Single Particle Displacement Damage)	因位移效应造成的永久损伤
单个位硬错误	SHE(Single Hard Error)	单个位出现不可恢复性错误

表 6 - 1 中的单粒子翻转、单粒子瞬变效应属于非破坏性单粒子效应(soft error)。单粒子锁定、单粒子烧毁、单粒子门断裂属于灾难性单粒子效应(hard failure)。

单粒子翻转(SEU)指单个高能粒子入射在器件内部灵敏区产生大量电荷,如果被收集的电荷大于电路状态翻转所需临界电荷,就会形成瞬态电流,触发逻辑电路,引起器件内部逻辑位的存储信息由“1”变为“0”或由“0”变为“1”,电路逻辑状态将发生翻转,改变记忆单元中存储的逻辑信息。SEU 是发生频率最高的一种单粒子效应。这种现象主要发生在静、动态存储器(SRAM,DRAM)和 CPU 芯片内的各类功能寄存器、存储器中。它使储存的信息改变了,这些改变如发生在一些控制过程的中间运算时,可以导致控制失误,有时结果是灾难性的。

单粒子闭锁(SEL)效应指高能带电粒子穿过 CMOS 电路中 PN - PN 结构,电离作用会使 CMOS 电路中的可控硅结构导通,因此在电源与地之间形成低电阻、大电流的现象。单粒子栅穿(SEGR)效应指高能粒子穿过绝缘栅时,引起栅介质击穿失效的现象。单粒子烧毁(SEB)效应指在空间重离子作用下,寄生的双极晶体管被触发导通、进入二次击穿状态,进而烧毁。一旦某个小的 MOS 管被烧毁,就会引起临近晶体管接连烧毁,从而导致整个 MOS 功率管烧毁的现象。器件抵抗单粒子效应的能力可以用线性能力转移系数(LET)来评价,LET 是指单位径迹电离能的损失。

6.4.3　总剂量效应

总剂量效应又称“电离总剂量效应”,即空间带电粒子入射到吸收体后,产生电离作用,吸收体通过原子电离而吸收入射粒子能量,从而使对卫星电子元器件及材料产生损伤,具有长期累积的特点。以 MOS 器件为例,带电粒子入射在 MOS 器件的 $Si - SiO_2$ 界面上,将生成一定数量的界面态(界面陷阱电荷)。其中包括以下效应:

① 在界面附近的正电荷改变了 $Si - SiO_2$ 界面势,必须在栅上加负电压才能抵消界面处正电荷层的影响;

② 使 Si‐SiO$_2$ 界面 SiO$_2$ 一侧约 0.5 nm 的范围内部分 SiO$_2$ 的价键断裂,引入界面态;

③ 如果表面用 SiO$_2$ 钝化,也会产生正电荷俘获或界面态,这种表面电荷能降低少数载流子寿命。

对于半导体器件,辐射产生的电子会在几皮秒的时间内被扫出氧化层并被栅电极收集,而空穴会在栅极电场的作用下向 Si‐SiO$_2$ 界面处缓慢运动,有些电子还没有来得及被扫出电场就已经又和空穴复合了。没有被复合的空穴会在氧化层中以局域态的形式向界面处做阶跃运动。如图 6‐13 所示为总剂量效应的原理示意图。

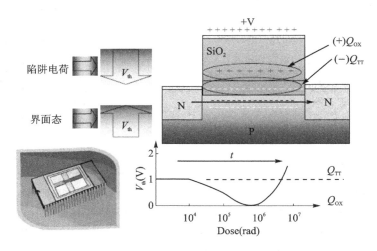

图 6‐13 总剂量效应示意图

总剂量辐射损伤会在电子元器件的二氧化硅层中产生固定氧化物陷阱电荷和界面陷阱电荷,这两种辐射诱生电荷会对器件的参数及功能产生影响,例如晶体管的阈值电压漂移、关断漏电流增加、噪声增加和电子迁移率降低等等。而对于 CMOS 电路来讲,则会有输出电压下降、静态功耗降低和传输延迟时间增加等影响。总剂量辐射损伤会影响 SRAM 的电参数,并使之出现功能失效及存储单元翻转。

总剂量辐射产生的固定氧化物电荷和界面陷阱电荷是导致所有总剂量辐射效应的根源。辐射在 CMOS 结构中产生的漏电流有两种,分别为边缘漏电流(见图 6‐14 中的路径 1)和场氧漏电流(见图 6‐14 中的路径 2)。表 6‐2 列出了总剂量效应的敏感器件。

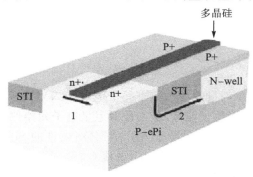

图 6‐14 总剂量辐射在 CMOS 结构中产生的漏电路径

表 6 – 2　总剂量效应的敏感器件

器件或材料	影　响	器件或材料	影　响
玻璃材料	变暗、变黑	双极晶体管	电流放大倍数下降、漏电流升高、反向击穿电压降低
MOS 器件	跨导降低、阈电压漂移、漏电增加	运算放大器	输入失调变大、开环增益下降、共模抑制比变化
CPU 和逻辑器件	电性能参数漂移、逻辑混乱甚至丧失	太阳电池	短路电流、开路电压和输出功率下降
绝缘介质材料	强度降低、开裂、粉碎	温控涂层	开裂、脱落、发射率和吸收率衰退

6.4.4　位移效应

当辐射粒子,如电子、质子、重离子、中子,穿入材料时,与原子碰撞,将一部分能量传递给原子,当这部分能量超过原子晶格位移损伤阈值能量时,原子核离开原来正常的晶格位置成为间隙原子,在原来晶格位置留下一个原子空位(见图 6 – 15)。这种损伤称为位移损伤,可分为质子位移损伤、中子位移损伤、电子位移损伤和 γ 射线位移损伤。

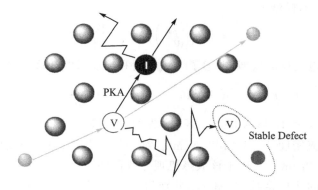

图 6 – 15　位移效应示意图

中子不带电,穿透能力非常强,可以充分地靠近被辐射材料晶格原子的原子核,与原子核产生弹性碰撞,单个原子位移形成的缺陷称为弗伦克尔缺陷。如果入射的中子能量足够大,使移位的间隙原子获得足够的能量,这种间隙原子的碰撞可以使晶格内大量的原子产生位移,形成大的缺陷群。

位移效应产生的是永久性损伤,不可恢复。对于双极晶体管,硅太阳能电池,单结晶体管和硅可控整流器来说,位移效应会缩短少数载流子的寿命。对于场效应晶体管、整流和开关二极管以及稳压二极管等,位移效应则产生载流子去除效应,降低半导体材料的杂质的浓度。

习　　题

1. 什么是本征半导体? 什么是势垒?
2. 氧化层中的电荷包括哪些类型?
3. 对于 MOS 器件,热载流子的注入对哪些参数会产生影响?

4. 栅氧化层击穿有哪两种类型？有何区别？

5. 简述热载流子、栅氧化层击穿、电迁移的发生机制。

6. 半导体在电磁环境下有哪些故障机理？

7. 电磁场作用下，器件常见的损伤部位有哪些？

8. 静电放电故障模式及故障机理是什么？

9. 空间高能粒子有哪些来源？什么是单粒子效应？其故障机理是什么？

10. 什么是总剂量效应？总剂量效应对晶体管和集成电路有什么影响？

11. 什么是位移效应？其发生机制是什么？

12. 已知热载流子的故障物理模型为

$$\tau_{HCl} = \frac{C_N W_h}{I_{ds}} \left(\frac{I_{sub}}{I_{ds}} \right)^{-m}$$

某器件的模型参数 C_N 为 1×10^{-4}，互连线的宽度 W_h 为 $10~\mu m$，沟道电流 I_{ds} 为 0.3 A，衬底电流 I_{sub} 为 $1~\mu A$，比例系数 m 为 2.85，则其相应热载流子故障机理的故障时间是多少？

13. 对最小沟道长度 MOSFET 器件进行热载流子注入测试，发现工作电压每增加 0.5 V，最大衬底电流增加 1 倍。如果 6.5 V 的故障时间为 1 h，那么 4 V 的故障时间为多少？假设衬底电流的故障时间指数 $n=3$，模型为

$$\tau_{HCl} = A_0 \left(\frac{I_{sub}}{W_h} \right)^{-n} \exp \left(\frac{E_a}{kT} \right)$$

14. 下面是关于电迁移的模型，考虑了导线宽度和长度对电迁移寿命的影响：

$$\tau_{EM} = 3.119 \times 10^{27} \times W t J^{-2} \exp \left(\frac{E_a}{kT} \right)$$

其中，玻耳兹曼常数 $k = 1.38 \times 10^{-23}$ J/K，导线的激活能 $E_a = 0.8$ eV，芯片工作温度为 $T = 350$ K，导线的电流密度 $J = 5 \times 10^{10}$ A/m^2。某一集成电路芯片，导线的厚度为 $10~\mu m$，宽度 W 约为厚度 t 的 3 倍，试计算由于该故障机理导致器件失效的寿命。

15. 已知某器件的比例常数 C_1 和 C_2 分别为 1×10^{-15} 和 1×10^{-11}，电场加速参数 $\gamma_1 = 1.08$ cm/mV，常数 G_1 为 300 mV/cm，加在栅氧化层上的电场强度 E 为 25 mV/cm，激活能 E_{a1} 和 E_{a2} 分别为 2.03 eV 和 0.8 eV，绝对温度 T 为 300 K，试根据 TDDB 故障机理的 E 模型和 1/E 模型，计算两者并联竞争的故障时间。

16. 在 $E = 10$ mV/cm，温度为 105 ℃ 条件下，测得电容器的时间相关介电击穿（TDDB）数据，数据服从威布尔分布，且得到 t_{63} 为 200 s，β 为 1.4，采用的 E 模型的电场加速参数 $\gamma_1 = 4$ cm/mV，试计算

（1）在 10 mV/cm，温度为 105 ℃ 条件下，0.1% 电容故障的预测故障时间是多少？

（2）温度为 105 ℃，工作 10 年的条件下，为保证不多于 0.1% 的电容器发生失效，加速因子是多少？

（3）在温度 105 ℃，工作 10 年的条件下，为保证不多于 0.1% 的电容器失效，最大容许的工作电场强度 E_{ox} 为多少？

17. 在 $E = 10$ mV/cm，温度为 105 ℃ 条件下，测得电容器的时间相关介电击穿（TDDB）数据，数据服从威布尔分布，且得到 t_{63} 为 200 s，β 为 1.4，采用的 1/E 模型的参数 $G_1 = 303$ mV/cm，试计算：

（1）在 10 mV/cm，温度为 105 ℃条件下，0.1% 电容故障的预测故障时间是多少？

（2）温度为 105 ℃，工作 10 年的条件下，为保证不多于 0.1% 的电容器发生失效，加速因子是多少？

（3）在温度 105 ℃，工作 10 年的条件下，为保证不多于 0.1% 的电容器失效，最大容许的工作电场强度 E_{ox} 为多少？

18. 一块 Al - Cu 合金制成的金属条带，其宽度仅为晶粒平均尺寸的 2 倍，测得其电迁移数据。电流密度 $J = 2.5 \times 10^6$ A/cm²，温度为 175 ℃，对数标准差 $\sigma = 0.5$，故障时间的中值 $t_{50} = 320$ h，假设激活能 E_a 为 0.8 eV，电流密度指数 $n = 2$，试求在 105 ℃ 温度下使用 10 年发生 0.13% 累积故障的最大设计电流密度。

19. Cu 互连线中，测得其电迁移数据，电流密度 $J = 1 \times 10^6$ A/cm²，温度为 275 ℃，对数标准差 $\sigma = 0.4$，故障时间的中值 $t_{50} = 31$ h，假设激活能 E_a 为 1.0 eV，电流密度指数 $n = 1$，试求在 105 ℃ 温度下使用 10 年发生 0.13% 累积故障的最大设计电流密度。

20. 在一个高可靠应用中，由硅基介电层制成的电容，在 9 V 电压下和 105 ℃ 温度下做加速测试，在第 5 秒介电层开始失效，试问 5 V 电压下，电容会正常工作多久？如果想要其在 105 ℃ 温度下使用 15 年，它的最大设计电压为多少？利用 E 模型，其中的 $\gamma_1 = 4$ cm/mV。

21. 某集成电路芯片的结面积为 0.05 cm²，硅的密度为 2.33 g/cm³，比热容为 0.703 J/(g·℃)，热导率为 0.002 1 W/(cm·℃)，正常工作时候的温度为 85 ℃，承受某一功率为 300 W 的静电脉冲后，监测其温度上升到了 400 ℃，试求该集成电路能够承受功率为 30 W 的静电脉冲的最长持续时间为多少 s？

第7章 故障物理模型及建模方法

7.1 故障物理模型的分类

在第 1 章提到,故障物理学的主要任务是认识故障机理和刻画故障行为。本书的第 2 章到第 6 章用大量的篇幅介绍了机械和电子产品的主要故障机理,这是因为,认识故障机理是应用故障物理学的前提。本章将会介绍如何建立故障物理模型来描述和刻画故障行为,在前面章节中也给出了一些故障物理模型,这些物理模型是大量经验的总结,是人们认识的升华。

故障模型有很多种,从其描述的故障类型角度可分为故障时间模型、性能退化模型、性能裕量模型和系统关系模型,如图 7 - 1 所示。

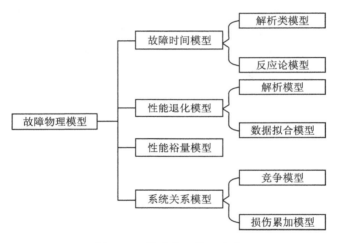

图 7 - 1 故障物理模型分类

故障时间模型是描述故障发生的时间与材料、结构、环境和载荷因素的关系。主要包括解析类模型和反应论模型。Paris 结构疲劳模型、Englemair 热疲劳模型、Steinberg 振动疲劳模型、IPC 镀通孔疲劳模型、滚动轴承的疲劳磨损模型均属于解析类模型。这类模型的特点是在数据拟合的规律基础上,通过理论推导和必要的简化得到。不同的模型所应用的理论基础是不同的,因此很难总结出解析类模型的建模步骤,在 7.2 节中,我们将以 Steinberg 振动疲劳模型的推导过程为例,分析一下这类模型的建立过程。反应论模型是故障时间模型的另外一个分支,本书所介绍的 Peck 腐蚀模型、Kidson 金属间化合物模型、TDDB 模型、电迁移 Black 模型都属于反应论类模型,热载流子的幸运模型虽然不是反应论的形式,但其推导过程中,也是通过反应论模型实现的。在 7.3 节中,重点介绍这类模型的形式及建立方法。

性能退化模型描述的是表征故障的某一参数随着时间的变化模型,或者与材料、结构、环境载荷以及时间之间的关系。退化是永恒的,产品生成出来后,不可避免地发生着退化,只不过,有些退化过程可以用明显的特征参数来表示,且退化规律容易识别。而有的退化过程则很难用特征参数表征,比如热疲劳过程,裂纹在产生的初期,肉眼无法分辨,甚至用探伤仪也无法发现,更无明显的参数可以测量。退化模型可以是退化量模型,也可以是描述参数退化速率的模型。本书中的 Archard 粘着磨损模型、Rabinowicz 磨粒磨损模型是通过解析推导得到的退化量与结构、载荷和材料的关系,推导过程运用了力学、摩擦学领域的基础知识。而仅描述特征参数与时间关系的性能退化模型大多是通过监测特征参数的变化,之后利用数据拟合的方法获得,在 7.4 节将会详细介绍此类模型的建立方法。

性能裕量模型用于衡量产品在经受冲击(过应力)型故障机理时,强度能否满足要求而不发生破坏。这些模型常以应力、应变或者某些电参数,例如电压、电流为特征量,当特征量超出其阈值的时候,就判定为故障。特征参数可以用解析模型表示,也可以通过仿真或者测量数据拟合方法得到。

系统关系模型描述的是故障机理之间的相互关系,或者同一个故障机理在不同阶段之间的关系。系统关系模型主要包括最弱环模型、损伤累加模型、触发模型、促进(抑制)模型等。在 7.5 节中,主要介绍线性损伤累加模型以及多阶段损伤的非线性累加模型,这些模型也是通过解析和试验数据相结合的方法建立起来的。

综上所述,建立故障物理模型的方法主要有理论推导、数据拟合以及两者相互结合的方法。由于故障机理的影响因素众多,要建立一个能将所有影响因素都包括进去的模型几乎是不可能的,这时候就需要了解哪些因素是故障机理的主要影响因素,同时还要具有包括动力学、静力学、疲劳学、传热学、摩擦学、电化学、电学、电磁学,甚至量子力学等一个或者多个领域的知识,这对工程师的要求还是非常高的。因此我们说,每一个故障物理模型都是人类知识和经验的结晶。

7.2　解析故障时间模型

以振动疲劳的 Steinberg 模型为例,从单自由度系统出发,了解一个解析模型的建立过程。分为 7 个步骤:

1. 基于 Basquin 模型推导基本形式

振动系统的疲劳寿命,常常可以根据承载主要结构载荷的各种构件的疲劳特性进行估算。这些疲劳特性通常从在许多零部件上进行的受控应力循环试验中得到,这些零部件使用相同材料制成,而且具有精密的尺寸公差。使这些零部件经受应力试验直到出现故障,然后将数据点绘制在双对数坐标纸上。该双对数坐标纸以应力为纵坐标,以故障前的循环数为横坐标。表示最佳平均疲劳特性的一条直线通过图 7 - 2 所示的分散的数据点绘成。

曲线倾斜段的方程可以表示如下:

$$N_1 S_1^b = N_2 S_2^b \tag{7-1}$$

式中:N_1、N_2 为两种状况下产生疲劳故障前的循环数;S_1、S_2 为两种状况下发生故障的应力;b 为与直线斜率相关的疲劳指数。式(7-1)即为 Basquin 模型。

指数 b 与结构的疲劳寿命有关,而且它通常可利用相同材料制造成的、暴露于类似环境中的其他结构的预期的疲劳寿命进行预估。为了反映这些材料的真实结构特性,在估计指数 b 时必须包括一个应力集中因子 K,对于一个电子机箱结构或箱内的 PCB 来说,应力集中因子 K 一般为 1.0～2.0。

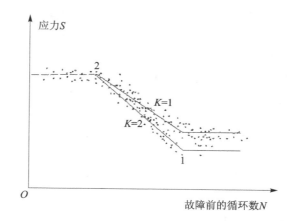

图 7 - 2　振动疲劳特性曲线

　　因为在疲劳循环数不大的情况下,应力集中并不太重要,而在疲劳循环数较大的情况下,应力集中也较为重要,S - N 曲线的斜率将随着应力集中的增大而增大。该疲劳指数 b 可用于确定各种不同条件下的大致的疲劳寿命。对于线性系统,应力 S 与位移 Z 或者是无量纲表示的 G 值成正比,可得:

$$N_1 Z_1^b = N_2 Z_2^b$$

或者

$$N_2 = N_1 \left(\frac{G_1}{G_2} \right)^b \tag{7-2}$$

式中:Z_1、Z_2 为两种状况下的位移,将上式转换形式可得:

$$N_2 = N_1 \left(\frac{Z_1}{Z_2} \right)^b \tag{7-3}$$

2. 确定 N_1 和 Z_1

　　当插入式 PCB 装在机箱内部,而且要求系统在正弦/随机振动环境下工作时,机箱可看成是第一个自由度的系统,因为振动能量将首先激发机箱结构。又因为 PCB 通常是固定在机箱结构(机箱侧壁或底座)上的,所以 PCB 会接收来自机箱的动态激励。这就使 PCB 看起来像是第二个自由度系统。

　　大量的有限元分析和振动试验表明,许多不同类型的电子元器件的疲劳寿命,可能与支持这些元器件的 PCB 所经受的动态位移有关。当 PCB 谐振频率受到激发时,板面结构受迫后前后弯曲。当位移幅值较大时,元器件与 PCB 之间的相对运动也较大,这种运动常常造成焊点破坏或电气引线断开。

　　在正弦振动环境下,当四边简单支撑的 PCB 的峰值单振福位移为式(7 - 4)所示的数值时,这些元器件的疲劳寿命可以达到大约 $N_1 = 1 \times 10^7$ 次应力循环:

$$Z_1 = \frac{0.000\ 22B}{C_1 h_E R_{xy} \sqrt{L}} \tag{7-4}$$

式中:B 为平行于元器件的 PCB 边缘长度;L 为电子元器件的长度;h_E 为 PCB 的高度或厚度;C_1 为不同封装电子元器件的常数(取值可参考表 3 - 4)。

　　在随机振动环境下当四边简单支撑的 PCB 的峰值单振幅位移为式(7 - 4)时,这些元器件的疲劳寿命可以达到大约 2×10^7 次应力循环。

R_{xy} 为元器件在 PCB 上的相对位置因子,对于矩形 PCB,假定它的四个边为简单支撑,并有均匀的分布载荷,振动在垂直于板面的方向上进行,如图 7 - 3 所示。那么,它的响应位移随着 PCB 板位置坐标的变化表达式为:

$$Z = \sum_{m=1,3,5,\cdots}^{\infty} ; \sum_{n=1,3,5,\cdots}^{\infty} A_{mn} \sin \frac{m \pi X}{l} \sin \frac{n \pi Y}{w} \tag{7-5}$$

式中:A_{mn} 为系数;X、Y 为坐标;l,w 为电路板的长和宽。

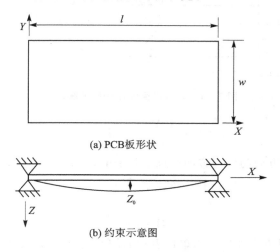

(a) PCB板形状

(b) 约束示意图

图 7 - 3　矩形 PCB 板示意图

经过简化,响应位移随着 PCB 板位置坐标的变化表达式可以写成:

$$Z = Z_0 \sin \frac{\pi X}{l} \sin \frac{\pi Y}{w} \tag{7-6}$$

式中:Z_0 为电路板中心位置最大位移。令

$$R_{xy} = \sin \frac{\pi X}{l} \sin \frac{\pi Y}{w} \tag{7-7}$$

元器件处在 PCB 中心($1/2X$ 和 $1/2Y$ 点)时,R_{xy} 取值为 1.0;元器件处在四边支撑的 PCB 上的 $1/2X$ 和 $1/4Y$ 点时,R_{xy} 取值为 0.707;元器件处在四边支撑的 PCB 上的 $1/4X$ 和 $1/4Y$ 点时,R_{xy} 取值为 0.50。

3. 推导某正弦振动下,电路板的位移响应 Z_2

如图 7 - 4 所示,单自由度弹簧—质量块系统,可用一个旋转矢量来描述质量块在弹簧上的简谐振动。矢量 Y_0 以匀角速度 Ω 逆时针旋转,该矢量在垂直轴上的投影表示质量块上下振动时的瞬时位移,记作 Y。

$$Y = Y_0 \sin \Omega t \tag{7-8}$$

对该式两边进行一阶求导,可得瞬时速度 V 的表达式为

$$V = \dot{Y} = \frac{\mathrm{d}Y}{\mathrm{d}t} = \Omega Y_0 \cos \Omega t \tag{7-9}$$

对上式两边进行二阶求导,可得瞬时加速度 a 的表达式为

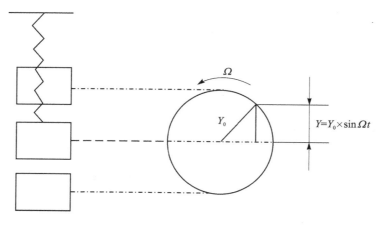

图 7 - 4   单自由度弹簧—质量块系统

$$a = \ddot{Y} = \frac{\mathrm{d}^2 Y}{\mathrm{d}t^2} = -\Omega^2 Y_0 \sin\Omega t \qquad (7-10)$$

上式中负号表示加速度方向与位移方向相反。当 $\sin\Omega t = 1$ 时，加速度有最大值：

$$a_{\max} = \Omega^2 Y_0 \qquad (7-11)$$

其中，

$$\Omega = 2\pi f \qquad (7-12)$$

f 为频率；G_{out} 为以重力加速度为单位表示的加速度，可以用最大加速度与重力加速度的比值 $a_{\max}/g$ 来表示，即：

其中 $g = 9.8 \ \mathrm{m/s^2} = 386 \ \mathrm{in/s^2}$，代入式（7 - 12）可得：

$$G_{\mathrm{out}} = \frac{a_{\max}}{g} = \frac{(2\pi f)^2 Y_0}{386} = \frac{f^2 Y_0}{9.8} \qquad (7-13)$$

当印制电路板在其基波谐振方式下振动时，可以近似看成一个单自由度系统。可得 PCB 中心的实际动态单幅值位移 Z_2，如式（7 - 14）所示：

$$Z_2 = \frac{9.8 G_{\mathrm{out}}}{f_n^2} = \frac{9.8 G_{\mathrm{in}} Q}{f_n^2} \qquad (7-14)$$

其中 Q 为振动传递率，定义为输出加速度 G_{out} 与输入加速度 G_{in} 之比。

4. 推导传输率 Q 的解析公式：

当一个简谐振动外力作用在一个有阻尼的弹簧—质量块系统时，所引起的强迫振动也是简谐振动。由于初始的非定常振动最终将被阻尼消耗掉，质量块的最终振动频率与该外力相同。

如图 7 - 5 所示，简谐振动外力作用于弹簧—质量块系统上，那么该振动系统的运动学微分方程为

$$m\ddot{Y} + c\dot{Y} + KY = P_0 \cos\Omega t \qquad (7-15)$$

式中：m，c，K 为质量，阻尼和刚度，P_0 为最大动载荷。该方程的解包括一个通解和一个特解。通解表示自由振动，但由于阻尼的存在，这些振动最终将会完全消失。特解可以写成如下形式：

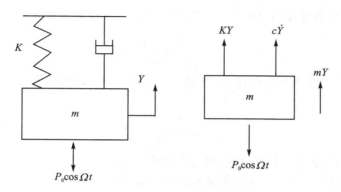

图 7-5　简谐振动示意图

$$Y = Y_0 \cos(\Omega t - \theta) \qquad (7-16)$$

式中 θ 为相角,解得:

$$Y_0 = \frac{P_0}{\left[(K - m\Omega^2)^2 + c^2\Omega^2\right]^{1/2}} \qquad (7-17)$$

将该式分子和分母同时除以 K,$\Omega_n = \sqrt{K/m}$ 令 $c_c = 2K/\Omega_n$,可得:

$$Y_0 = \frac{P_0/K}{\{\left[1 - (\Omega/\Omega_n)^2\right]^2 + 2(c/c_c)(\Omega/\Omega_n)^2\}^{1/2}} \qquad (7-18)$$

其中,Ω_n 为谐振角频率,令 $Y_{\mathrm{st}} = P_0/K$ 为最大动载荷引起的系统位移。为了进一步简化,令

$$R_\Omega = \frac{\Omega}{\Omega_n},\ R_c = \frac{c}{c_c}$$

于是可得通用的动态放大比方程:

$$A = \frac{Y_0}{Y_{\mathrm{st}}} = \frac{1}{\left[(1 - R_\Omega^2)^2 + (2R_c R_\Omega)^2\right]^{1/2}} \qquad (7-19)$$

支撑结构所感受到的力的瞬时量值是弹簧力和阻尼力的矢量和。这两个力之间有一个 90°的相位角,因此支撑结构的受力为

$$F_0 = Y_0(K^2 + c^2\Omega^2)^{1/2} \qquad (7-20)$$

可得:

$$F_0 = \frac{P_0(K^2 + c^2\Omega^2)^{1/2}}{\left[(K - m\Omega^2)^2 + c^2\Omega^2\right]^{1/2}} \qquad (7-21)$$

传递率表示最大输出力与最大输入力之比

$$Q = \frac{F_0}{P_0} = \left\{ \frac{1 + \left(2\dfrac{\Omega}{\Omega_n}\dfrac{c}{c_c}\right)^2}{\left[1 - \left(\dfrac{\Omega}{\Omega_n}\right)^2\right]^2 + \left(2\dfrac{\Omega}{\Omega_n}\dfrac{c}{c_c}\right)^2} \right\}^{1/2} \qquad (7-22)$$

进一步地,传递率为

$$Q = \left\{ \frac{1 + (2R_\Omega R_c)^2}{\left[1 - R_\Omega^2\right]^2 + (2R_\Omega R_c)^2} \right\}^{1/2} \qquad (7-23)$$

对于阻尼轻微的系统来说,传递率表达式可简化为

$$Q = \frac{1}{1 - R_\Omega^2} \qquad (7-24)$$

当考虑谐振频率处的传递率时,即令 $R_{\varOmega}=1$,可以获得一个很简单的关系式:

$$Q=\sqrt{\frac{1+(2R_c)^2}{(2R_c)^2}} \tag{7-25}$$

对于阻尼轻微,且在谐振处的情况,比值 R_c^2 与分子中的 1 相比很小,因此传递率方程可简化为:

$$Q=\frac{1}{2R_c} \tag{7-26}$$

对于实际电子产品,$R_{\varOmega}$ 和 R_c 可以通过实验测量得到。在边界约束条件不同的 PCB 上取得的大量测量数据表明,电子元器件布局紧凑的环氧纤维电路板的传递率近似如下:

$$Q=\sqrt{f_n} \tag{7-27}$$

5. 汇总得到 Steinberg 正弦振动疲劳模型

根据式(7-14)和式(7-27)可得:

$$Z_2=\frac{9.8G_{in}}{f_n^{1.5}} \tag{7-28}$$

根据式(7-3)、式(7-4)和式(7-28)可以计算得到某一电路板受正弦振动时候的疲劳寿命:

$$N_2=N_1\left(\frac{Z_1}{Z_2}\right)^b=1\times10^7\times\left(\frac{2.24\times10^{-5}\times Bf_n^{1.5}}{C_1h_{\mathrm{E}}R_{xy}\sqrt{L}G_{in}}\right)^b \tag{7-29}$$

6. 推导单自由度系统在随机振动下的响应 Z_2

随机振动的输入和响应曲线一般用双对数坐标轴上的功率谱密度(PSD,Power Spectral Density)曲线来表示,横轴表示频率(单位:Hz),纵轴表示功率谱密度(单位:g^2/Hz)。功率谱密度 P 也为均方根加速度密度,且定义为

$$P=\lim_{\Delta f\to0}\frac{G_{\mathrm{RMS}}^2}{\Delta f} \tag{7-30}$$

式中:G_{RMS} 表示均方根(RMS)加速度;Δf 表示频率带宽。

均方根加速度水平与随机振动曲线下的面积有关。面积可通过对功率谱密度曲线进行积分来求得,而面积的方根则表示均方根加速度水平。因此,对于输出(或响应)功率谱密度曲线,有:

$$G_{\mathrm{out}}^2=\int_0^\infty P_{\mathrm{out}}\mathrm{d}f \tag{7-31}$$

而通常只有输入功率谱密度 P_{in} 是已知的,且输入和输出存在如下关系:

$$P_{\mathrm{out}}=Q^2P_{\mathrm{in}} \tag{7-32}$$

对于轻微阻尼系统,根据式(7-23):

$$\begin{aligned}G_{\mathrm{out}}^2&=\int_0^\infty\frac{[1+2(2R_{\varOmega}R_c)^2]P_{\mathrm{in}}}{[1-R_{\varOmega}^2]^2+[2R_{\varOmega}R_c]^2}\mathrm{d}f\\&=\int_0^\infty\frac{\{1+[2(c/c_c)(f/f_n)]^2\}P_{\mathrm{in}}}{[1-(f/f_n)^2]^2+[2(c/c_c)(f/f_n)]^2}\mathrm{d}f\end{aligned} \tag{7-33}$$

对上式进行积分并化简,可得:

$$G_{\text{out}}^2 = \frac{\pi f_n P_{\text{in}}}{4(c/c_c)} \tag{7-34}$$

对于轻微阻尼系统,根据公式(7-26),阻尼比与传递率有如下关系式:

$$\frac{c}{c_c} = \frac{1}{2Q} \tag{7-35}$$

可求得单自由度系统在随机振动下的响应均方根加速度 G_{RMS}:

$$G_{\text{RMS}} = \sqrt{\frac{\pi}{2} P_{\text{in}} f_n Q} \tag{7-36}$$

式中: P_{in} 为谐振频率点的输入 PSD; f_n 为谐振频率; Q 为谐振频率点的传递率。

当随机振动 PSD 输入在谐振区为平直谱时,上式是有效的。即使当随机振动输入曲线在谐振频率区内的斜率为 6 dB/oct 时误差也比较小。因此,在大多数情况下,该式可用于求得一个较精确的响应值。

7. 汇总得到 Steinberg 随机振动疲劳模型

随机振动分析中的位移采用 RMS 位移,则式(7-14)可以写成:

$$Z_{\text{RMS}} = \frac{9.8 G_{\text{RMS}}}{f_n^2} \tag{7-37}$$

由于描述随机振动的功率谱密度是一个统计量,这就意味着在一个均方根加速度为 10G 随机振动环境中,可以预期有些时候会出现 20G 的 2σ 的加速度,也可以预期有些时候会出现 30G 的 3σ 的加速度。研究表明,一个随机振动中,大部分损伤将由 3σ 水平产生,因此在这种环境中, 3σ 水平是预期的最高水平。对于线性系统来说,位移、力和应力会以与上述加速度完全相同的比例出现。换句话说,在随机振动环境中预期的最大位移、力和应力将是其均方根位移、力和应力的 3 倍。

根据随机振动的 3σ 应力水平,PCB 中心的最大动态单幅值位移为 RMS 位移的 3 倍,公式(7-37)可以写成:

$$Z_2 = 3 \times \frac{9.8 G_{\text{RMS}}}{f_n^2} \tag{7-38}$$

将式(7-27)、(7-36)代入(7-38),可以得到

$$Z_2 = \frac{36.85 \sqrt{P_{\text{in}}}}{f_n^{1.25}} \tag{7-39}$$

计算时, P_{in} 取为 f_n 处的输入功率谱密度值。

综合式(7-3)、(7-4)、(7-39),即可以得到 Steinberg 随机振动疲劳模型。

$$N_2 = N_1 \left(\frac{Z_1}{Z_2}\right)^b = 1 \times 10^7 \times \left(\frac{5.97 \times 10^{-6} \times B f_n^{1.25}}{C_1 h_E R_{xy} \sqrt{L} \sqrt{P_{\text{in}}}}\right)^b \tag{7-40}$$

式(7-29)和式(7-40)中的 f_n 为电路板的一阶谐振频率,复杂产品的 f_n 可以通过测量或者有限元仿真得到。对于单自由度弹簧—质量块系统, f_n 的解析公式为

$$f_n = \frac{1}{2\pi} \sqrt{\frac{K}{m}} \tag{7-41}$$

式中: K 为弹簧的弹性系数; m 为质量。

由 Steinberg 模型的推导过程可见,能够建立解析模型的都是物理过程非常清晰的过程,

所遵循的定律也非常确定,但在推导的过程,不可避免地要做出一些假设,以简化问题,获得解析的结果。

7.3 反应论类故障时间模型

7.3.1 反应论与激活能

从微观物理角度来看,物体的损坏或退化是由在各种应力作用下产生的化学反应所导致的原子、分子变化造成的。电、热、机械等应力引起物质内部发生平衡状态变化、化学变化、组分变化、晶体结构变化及结合力变化,这种变化过程表现为氧化、析出、电解、扩散、蒸发、磨损和疲劳等故障机理。

反应论认为,元器件的特性退化直至失效,是由于构成其物质的原子或分子因物理或化学原因随时间发生了变化,这种变化或反应使器件的一些特性变化,当反应的结果使变化积累到一定程度时就产生失效。反应速度越快,失效寿命越短。对于串联式反应,它是由最慢的反应过程所支配的;对于几个过程同时并行地发生的并联式反应,由最快的过程所支配。

7.3.2 Arrhenius 模型

1880 年,Arrhenius 通过分析总结大量的试验数据,提出了一个后来为人们广泛使用的经验模型——Arrhenius 模型,建立了反应速率与试验温度的关系:

$$\frac{\mathrm{d}M}{\mathrm{d}t} = R(T, t) = A_1 \mathrm{e}^{-E_\mathrm{a}/kT} \tag{7-42}$$

式中:$\dfrac{\mathrm{d}M}{\mathrm{d}t}$ 为化学反应速率;A_1 为常数。Arrhenius 模型表明反应速率与激活能的指数成反比,温度倒数的指数成反比,且只考虑单一温度应力影响时,温度 T 越高,寿命越短。

设元器件在初始时间 t_1 处于正常状态 M_1,到时间 t_2 处于失效状态 M_2:

$$\int_{M_1}^{M_2} \mathrm{d}M = \int_{t_1}^{t_2} A \mathrm{e}^{-E_\mathrm{a}/kT} \mathrm{d}t \tag{7-43}$$

设温度 T 与时间无关,则上式为

$$M_2 - M_1 = A \mathrm{e}^{-E_\mathrm{a}/kT}(t_2 - t_1) \tag{7-44}$$

令 $\Delta M = M_2 - M_1$,$t = t_2 - t_1$,有 $t = \dfrac{\Delta M}{A} \mathrm{e}^{E_\mathrm{a}/kT}$,两边取对数得

$$\lg t = \lg \frac{\Delta M}{A} + \frac{E_\mathrm{a}}{kT} \lg \mathrm{e} \tag{7-45}$$

令 $a = \lg \dfrac{\Delta M}{A}$,$b = \dfrac{E_\mathrm{a}}{k} \lg \mathrm{e}$,则上式变为

$$\lg t = a + \frac{b}{T} \tag{7-46}$$

$$\ln t = \ln \frac{\Delta M}{A} + \frac{E_\mathrm{a}}{kT} = C + \frac{E_\mathrm{a}}{kT} \tag{7-47}$$

由式(7-47)可见,寿命 t 的对数与绝对温度的倒数成线性关系,在单对数纵坐标轴上是

$\ln t$，横坐标为 $1/T$ 时，它们的关系曲线是直线，如图 7-6 所示。由直线的斜率可求出激活能。

激活能是晶体中晶格点阵上的原子运动到另一点阵或间隙位置时所需的能量。对于元器件而言，元器件从正常的未失效状态向失效状态转换过程中存在着能量势垒，即激活能。激活能越小，失效的物理过程越容易进行；激活能越大，加速系数越大，越容易被加速而失效。图 7-7 为元器件状态转换的示意图。

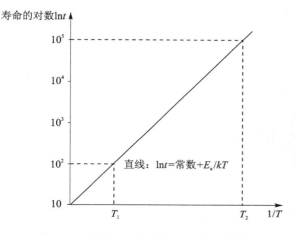

图 7-6　寿命 t 与绝对温度 T 的关系图　　　　图 7-7　元器件状态转换示意图

Arrhenius 认为，对于某一确定反应来说，激活能是不随温度变化的常数，也就是说对应于某故障机理，激活能是不随温度变化的常数，这就保证了加速寿命试验的可行性。事实上，这一结论是不严谨的，当温度大于 500 K 时，激活能就不再为常数。对于电子产品来说，温度应力一般不会超过 500 K 。

不同的器件在发生不同的故障机理时，激活能是不相同的。表 7-1 中列出了各类器件发生某种机理时候的激活能。

表 7-1　器件故障机理的激活能

故障机理	故障模式	加速应力	E_a 激活能/eV
SiO_2 中的钠离子漂移	开启电压漂移	温度、电场	1.0～1.4
MOS 器件反型层的形成	漏电流增加	温度、电场	0.8～1.2
$Si-SiO_2$ 界面的慢陷阱作用	开启电压漂移	温度、电场密度	1.0
氧化硅膜破坏	漏电流增加或短路	温度、相对湿度	0.3～0.6
铝层电迁移(小晶粒至大晶粒)	开路	温度、电流密度	0.5～1.2
铝膜腐蚀	开路	温度、相对湿度	0.6～0.9
金铝间金属化合物	开路	温度	1～1.05
铝渗入硅	短路	温度	1.77

7.3.3　逆幂律模型

除了温度应力以外，电子产品还会承受机械应力和电应力。物理上的许多试验数据证实，产品在机械应力与电应力作用下的与应力的关系常常满足逆幂律模型：

$$\xi = AS^{-n} \tag{7-48}$$

式中：ξ 是退化量的某特征值或退化量随机过程的某参数；A 和 n 为常数；S 表示应力水平。

逆幂律模型表明，产品的退化特征量是应力的负次幂函数。对式两边取对数，可得线性化的逆幂律模型（如图 7-8 所示）：

$$\ln\xi = a + b\ln S \tag{7-49}$$

$$a = \ln A$$

$$b = -n$$

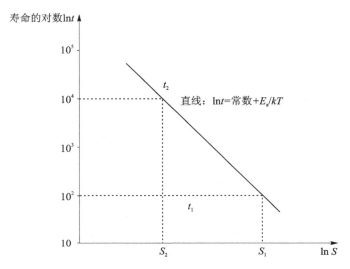

图 7-8　温度以外应力 S 的 Arrhenius 曲线图

逆幂律模型适用于应力模型故障机理，如机械疲劳、机械磨损、电压击穿和绝缘击穿等故障机理。

7.3.4　广义 Arrhenius 模型

在实际的应用环境下，产品往往遭受多个应力作用，如温度、电压、机械及其他环境应力等。广义 Arrhenius 模型就是在经典 Arrhenius 模型的基础上添加修正项，从而表示产品在多种环境应力和载荷作用下的反应速率。广义 Arrhenius 又称为艾林（Eyring）模型，其反应速率 $R(T, S_t, t)$ 为

$$R(T, S_t, t) = R(T, t) f_1 f_2 \tag{7-50}$$

式中：T 为温度应力；S_t 为非温度应力；$R(T, t)$ 是只有温度应力时的反应速率，用式（7-42）表示；f_1 是考虑由非温度应力存在时的修正因子；f_2 是考虑由非温度应力存在时对激活能的修正因子。

例如，电子产品在温度和电流密度共同作用下发生的电迁移故障机理，用 Black 模型描述：

$$\tau_{EM} = A \times W_d t_d J^{-2} \exp\left(\frac{E_a}{kT}\right) \tag{7-51}$$

其中，电流密度与反应速率的关系采用逆幂律模型来表示。

在温度和湿度共同作用下发生的电子产品腐蚀故障机理，用 Peck 模型描述：

$$\tau_{cr} = A(RH)^{-n}\exp\left(\frac{E_a}{kT}\right) \qquad (7-52)$$

其中,相对湿度与反应速率的关系也是采用了逆幂律模型来表示。

在温度和电压共同作用下发生的 TDDB 故障机理,其 E 模型为:

$$\tau_E = C_1\exp(\gamma_1 E_{ox})\exp\left(\frac{E_a}{kT}\right) \qquad (7-53)$$

其中,电场与反应速率的关系,采用了指数关系模型来表示。

如果已知某一故障机理可以用 Arrhenius 模型,或者广义 Arrhenius 模型表示,那么可以通过设计寿命试验或者加速寿命试验的方法,获得数据来拟合故障物理模型,下面通过一个实例来说明反应论模型是如何拟合得到的。

7.3.5　建立经典 Arrhenius 模型的实例

经典 Arrhenius 模型的建立过程,实际上是拟合式(7-42)中的激活能与常数 A 的过程。其主要过程步骤为:①在不同的温度下,选取足够多的样本进行寿命试验或者加速寿命试验;②实施试验,并记录各样本的故障时间或者退化数据;③利用统计学的数据回归方式,求得激活能 E_a 和常数 A。

开关电源是利用现代电力电子技术,控制开关管开通和关断的时间比率,维持稳定输出电压的一种电源,开关电源一般由脉冲宽度调制(PWM)控制 IC 和 MOSFET 器件构成,是一个包含多类器件的小系统,如图 7-9 所示。

图 7-9　开关电源的外观和电路结构

单个器件的故障机理是有很多较为成熟的物理模型的,但是一个开关电源系统的物理模型却很难用多个已知结构的模型来得到,此时就要抓住主要影响故障的因素来建模。研究表明,开关电源的贮存寿命与温度有关,满足式(7-42)中的关系。

激活能 E_a 与方程的斜率 b、器件的故障模式及故障机理有关。以激活能 E_a 作为参数,可以给出不同 E_a 时温度与寿命的关系激活能越大,曲线倾斜越大,与温度的关系越密切。

选取某一型号开关电源的若干样品,将其分为 3 组,每组 30 只。设计加速退化寿命试验,温度应力分别为 100 ℃、125 ℃ 和 150 ℃。试验期间每 1 000 h 对电路可能的敏感参数进行监测,监测的参数共 8 个。由于在 3 个不同试验温度下电路参数的退化规律是一致的,现选取试验温度为 125 ℃,经历 3 000 h 加速退化试验后的电路参数的变化情况来确定电路的敏感参数。表 7-2 和表 7-3 分别列出了不同温度应力下的产品的伪寿命数据和平均寿命数据。

表 7 - 2 不同温度应力下的产品的伪寿命数据

单位:h

样品编号	100 ℃组伪寿命	125 ℃组伪寿命	150 ℃组伪寿命
1	24 694.4	9 188.4	4 361.1
2	23 730.8	9 471.4	4 370.8
3	23 200.0	9 425.1	4 351.1
...	...	...	...
28	24 694.4	9 595.2	4 339.3
29	26 454.5	9 609.5	4 345.5
30	26 818.2	9 215.7	4 396.8

表 7 - 3 不同温度应力下的产品的平均寿命数据

温度应力 t_1/℃	平均寿命 t_2/h
100	24 648.11
125	9 348.91
150	4 370.53

Arrhenius 两边取对数:

$$\frac{\mathrm{d}M}{\mathrm{d}t} = A\exp(-E_a/kT)$$

$$\ln t = \frac{E_a}{kT} - \ln A$$

电路寿命取对数后与绝对温度的倒数为线性关系。根据之前得到的 3 个加速温度应力下电路的平均寿命数据,便得到平均寿命—温度线性拟合曲线,如图 7 - 10 所示。

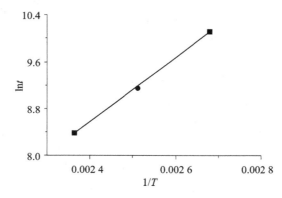

图 7 - 10 平均寿命-温度线性拟合曲线

电路的平均寿命与工作温度之间的关系为

$$\ln t = \frac{0.47}{kT} - 3.7$$

因此,该型开关电源的温度加速激活能为 0.47 eV。而当 $A = e^{3.7} = 40.45$ 时,开关电源的寿命模型为

$$\tau = 40.45 \times \exp\left(\frac{-0.47}{kT}\right)$$

【例 7 - 1】　表 7 - 4 中给出了某金属合金在不同拉伸应力和温度条件下蠕变速率的试验数据。由于此材料的屈服强度较低(与实验条件中的应力水平相比),因此忽略不计。

① 计算能拟合此合金蠕变加速数据的激活能 E_a 和应力指数 n;

② 建立此金属合金的故障时间模型;

③ 假设在拉伸应力为 1.9 MPa,温度为 380 ℃条件下,由这种金属合金制造的零件的破坏时间为 2 h,则在拉伸应力为 1.25 MPa、温度为 310 ℃条件下,零件服役时间能达到多少小时?

表 7 - 4　某合金的蠕变速率数据

应力/MPa	温　度		
	400 ℃	450 ℃	500 ℃
1.0	0.001 h	0.01 h	0.1 h
1.5	—	0.05 h	—
2.0	—	0.16 h	—

解:蠕变速率的公式为

$$\frac{d\varepsilon}{dt} = B_0 (\sigma)^n \exp\left(\frac{-E_a}{kT}\right)$$

公式两边取对数,则

$$\ln\left(\frac{d\varepsilon}{dt}\right) = \ln B_0 + n\ln\sigma - \frac{E_a}{kT}$$

因此,蠕变激活能为

$$E_a = -k\left[\frac{\partial \ln(d\varepsilon/dt)}{\partial(1/T)}\right]$$

蠕变指数 n 为

$$n = \left[\frac{\partial \ln(d\varepsilon/dt)}{\partial \ln\sigma}\right]$$

① 在应力水平保持为 1 MPa 的情况下,$\ln(d\varepsilon/dt)$ 随着 $1/T$ 变化的曲线,如图 7 - 11 所示。由图中斜率可以得到:

$$E_a = -k\left[\frac{\partial \ln(d\varepsilon/dt)}{\partial(1/T)}\right] = 2.06 \text{ eV}$$

图 7 - 12 为温度保持在 450 ℃ = 732 K 情况下,蠕变速率 $(d\varepsilon/dt)$ - σ 对数变化曲线图。

由图 7 - 12 可以得到蠕变的指数 n 为

$$n = \left[\frac{\partial \ln(d\varepsilon/dt)}{\partial \ln\sigma}\right] \approx 4$$

② 这种金属合金的故障时间方程为

$$\tau = A_0 (\sigma)^{-4} \exp\left(\frac{2.06 \text{ eV}}{kT}\right)$$

③ 这种金属合金蠕变的加速因子为

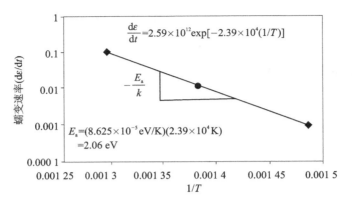

图 7 - 11　蠕变速率与 $1/T$ 的半对数图

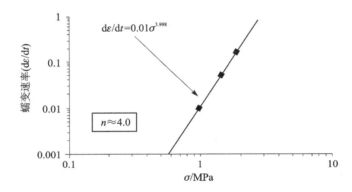

图 7 - 12　蠕变速率与应力之间的对数图

$$\mathrm{AF} = \left(\frac{1.25}{1.9}\right)^{-4} \exp\left[\frac{2.06\ \mathrm{eV}}{8.62 \times 10^{-5}}\left(\frac{1}{310+273} - \frac{1}{380+273}\right)\right] = 432.25$$

则故障时间为

$$\tau_{1.25\mathrm{MPa},310℃} = \mathrm{AF} \cdot \tau_{1.9\mathrm{MPa},380℃} = 432.25 \times 2\ \mathrm{h} = 864.5\ \mathrm{h}$$

因此在拉伸应力为 1.25 MPa、温度为 310 ℃条件下,零件服役时间能达到864.5 h。

7.4　性能退化模型

7.4.1　性能退化与退化模型

退化是指结构或材料在外界环境因或载荷的作用下,性能由好变坏或者功能减退的现象,这是自然界所有事物的基本特性。例如,汽车轮胎磨损、齿轮啮合部位磨损,电容漏电量增加,半导体器件的关键参数随着时间发生改变等,都是常见的退化现象。性能退化通常由材料/器件的一些关键参数来表征,例如强度、电容的漏电量、晶体管阈值电压,刹车片厚度等。关键性能参数可能会随着时间增加,也可能减小。

关键参数随时间减小的情况,可以用式(7-50)和图 7-13描述:

$$S = S_0 [1 - A_0(t)^m] \tag{7-54}$$

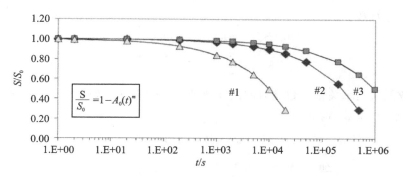

图 7 - 13　关键参数随时间退化情况

两边取自然对数：

$$\ln(S^*) = m\ln(t) + \ln(A_0) \tag{7-55}$$

$$S^* = 1 - \frac{S}{S_0} = \frac{S_0 - S}{S_0} \tag{7-56}$$

利用对数图（如图 7 - 14 所示）来表示关键参数随时间变化情况更为直观。三种器件退化的幂指数相同，系数 A_0 不同。

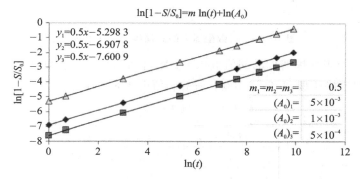

图 7 - 14　对数坐标下的退化曲线

关键参数随时间增大的情况，可以用式（7 - 57）及图 7 - 15 描述：

$$S = S_0[1 + A_0(t)^m] \tag{7-57}$$

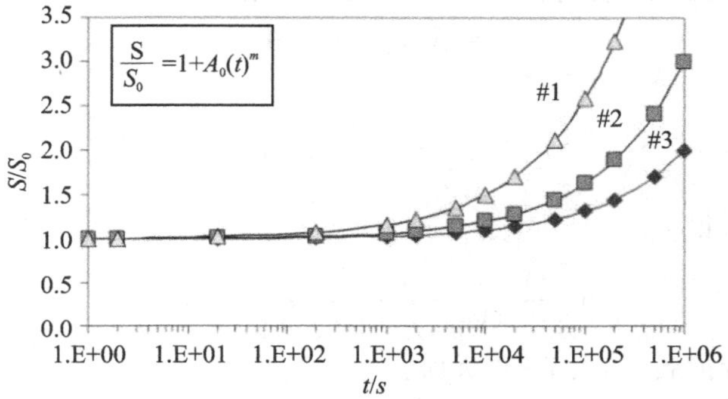

图 7 - 15　关键参数随时间增大

两边取自然对数：

$$\ln(S^*) = m\ln(t) + \ln(A_0) \tag{7-58}$$

$$S^* = \frac{S}{S_0} - 1 = \frac{S - S_0}{S_0} \tag{7-59}$$

利用对数图来表示关键参数随时间的变化情况更为直观。如图 7-16 所示，幂指数 m 相同，但是截距不同，系数 A_0 不同。

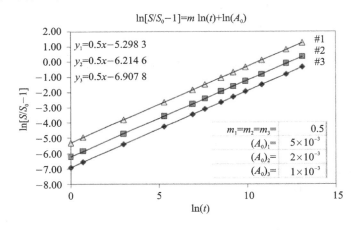

图 7-16 对数坐标下的关键参数变化情况

【例 7-2】 一个半导体器件的阈值电压 V_{th} 随时间的变化数据如表 7-5 所列。求阈值电压随时间变化的幂律模型，并估算 100 h 后的阈值电压是多少。

表 7-5 例 7-2 数据

时间/h	V_{th}/V
0	0.75
1	0.728
2	0.723
10	0.710

解：观察表中的数据，发现阈值电压随时间减小，因此，可以使用如下的退化模型：

$$V_{th} = (V_{th})_0 (1 - A_0 t^m)$$

变换为

$$\frac{(V_{th})_0 - V_{th}}{(V_{th})_0} = A_0 t^m$$

上式两边同时取对数，得

$$\ln\left[\frac{(V_{th})_0 - V_{th}}{(V_{th})_0}\right] = m\ln t + \ln A_0$$

将表 7-5 的数据进行扩展，如表 7-6 所列。

表 7-6　例 7-2 数据扩展

时间/h	V_{th}/V	$\dfrac{(V_{th})_0 - V_{th}}{(V_{th})_0}$	$\ln t$	$\ln\left[\dfrac{(V_{th})_0 - V_{th}}{(V_{th})_0}\right]$
0	0.75	0.000	—	—
1	0.728	0.030	0	-3.51
2	0.723	0.036	0.693	-3.32
10	0.710	0.053	2.303	-2.93

将表中最右边两列的数据绘图,得到图 7-17。

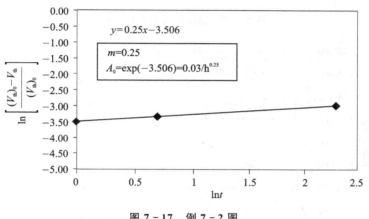

图 7-17　例 7-2 图

从例题中可以看出,直线的斜率为 0.25,因此 $m = 0.25$,$A_0 = 0.03$。

将值代入公式,得到阈值电压退化模型为

$$V_{th} = (V_{th})_0 (1 - A_0 t^m) = 0.75V \times (1 - 0.03t^{0.25})$$

当 $t = 100$ h 时,阈值电压的值为

$$V_{th} = 0.75 \text{ V} \times (1 - 0.03t^{0.25}) = 0.68 \text{ V}$$

因此,100 h 后该器件的阈值电压为 0.68 V。

幂律形式的退化模型是一种最为广泛使用的时间相关退化模型,假设参数 S 随时间减小,且系数 $A_0 = 1$,则有:

$$S^* = 1 - \frac{S}{S_0} = t^m \tag{7-60}$$

图 7-18 为幂律形式的退化曲线。当 $m = 1$ 时,幂律退化模型表示线性退化关系;当 $m < 1$ 时,幂律退化模型给出长时间内处于饱和状态的退化规律;当 $m > 1$ 时,退化率随时间急剧增大,而且没有饱和的趋势。

退化率定义为

$$R = \frac{\mathrm{d}S^*}{\mathrm{d}t} = m \cdot t^{m-1} \tag{7-61}$$

图 7-19 所示为退化率曲线。当 $m = 1$ 时,退化率为不随时间变化的常数,故障时间容易预测;当 $m < 1$ 时,退化率随时间减小,在失效前,退化率趋于饱和;当 $m > 1$ 时,退化则随时间增大,退化不断加剧,最终导致灾难性的后果。

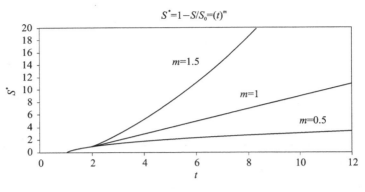

图 7 - 18　幂律形式的退化曲线

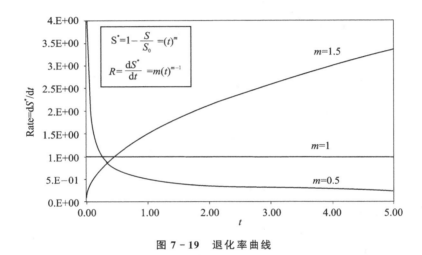

图 7 - 19　退化率曲线

7.4.2　退化模型与故障时间

当器件的重要参数退化到不能正常工作的时候,该器件就失效了,此时对应的时刻称为故障时间。例如,定义某电参数比其初值下降20%对应的时间为其故障时间,如图 7 - 20 所示。

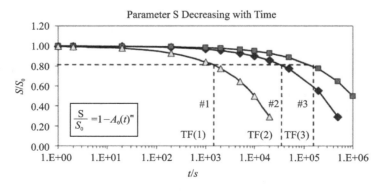

图 7 - 20　故障时间的确定

重要参数 S 的幂律退化过程为

$$S = S_0(1 \pm A_0 t^m) \tag{7-62}$$

对其求解时间 t 为

$$t = \left[\frac{1}{\pm A_0} \left(\frac{S - S_0}{S_0} \right) \right]^{1/m} \tag{7-63}$$

当 S 退化到某一临界值,致使器件失去正常功能时所经历的时间即为 TF:

$$TF = \left[\frac{1}{\pm A_0} \left(\frac{S - S_0}{S_0} \right)_{\text{crit}} \right]^{1/m} \tag{7-64}$$

【例 7 - 3】　某半导体器件的门槛电压 V_{th} 参数的退化幂律模型:

$$V_{\text{th}} = (V_{\text{th}})_0(1 - A_0 t^m) = 0.75 \text{ V} \times \left(1 - \frac{0.03}{h^{0.25}} \times t^{0.25} \right)$$

假设门槛电压值 V_{th} 可以接受的最大漂移量为 20%,试确定该器件可以正常工作的时间。

解:由于参数 V_{th} 是随着时间减小的,式(7 - 64)中取减号,有:

$$TF = \left[\frac{1}{-A_0} \left(\frac{V_{\text{th}} - (V_{\text{th}})_0}{(V_{\text{th}})_0} \right)_{\text{crit}} \right]^{1/m}$$

注意到失效时的电压有 $V_{\text{th}} = 0.8(V_{\text{th}})_0$,将退化模型中参数代入:

$$TF = \left[\frac{1}{0.33/h^{0.25}} \left(\frac{(V_{\text{th}})_0 - 0.8(V_{\text{th}})_0}{(V_{\text{th}})_0} \right)_{\text{crit}} \right]^{1/0.25} = \left(\frac{0.2}{0.33/h^{0.25}} \right)^4 = 1\ 975.3 \text{ h}$$

退化模型中的参数 A_0 是根据观测数据拟合得到的,当一个电子器件的电压值 V 或者温度 T 提高时,器件会退化的更快,此时 A_0 不仅与材料有关,也与加载电压和工作温度相关,即

$$A_0 = A_0(V, T)$$

对于机电一体化的电子器件,失效也是电载荷和机械载荷共同作用的结果故障时间 TF 可表示为

$$TF = \left[\frac{1}{\pm A_0(V, \sigma, T)} \left(\frac{S - S_0}{S_0} \right)_{\text{crit}} \right]^{1/m}$$

此时 A_0 与电压、温度、应力有关。

7.4.3　工程上的退化模型

工程上性能退化分析的一般模型:

$$y(t) = \eta(\alpha, \beta, t) + \varepsilon_0 \tag{7-65}$$

式中:$y(t)$ 是产品退化方程;α 是固定参数;β 是随机参数;ε_0 是测量误差;$\eta(\alpha, \beta, t)$ 为性能退化轨迹模型。常用的性能退化轨迹模型有以下几类。

1. 线性退化模型

线性模型是一种比较常用的拟合模型,当产品某性能参数随时间大致呈线性变化时,可以考虑使用线性模型进行拟合分析。在线性模型中一类较为简单的随机斜率模型可以表示为:

$$y = \alpha + \beta t \tag{7-66}$$

式中:α、β 是模型参数,一般情况下测量误差服从正态分布。

对于某些性能退化特征明显的产品来说,退化机理容易理解,因此可以利用退化特征量与时间的关系来直接推导产品的可靠性。对于性能退化特征不明显的产品,退化模型的定量关

系不能直接表述出来,需要用到诸如回归分析之类的方法。

2. 非线性退化模型

非线性退化模型有幂律形式、指数形式和对数形式。这3种形式最接近自然界事务发生发展的规律,采用幂律形式最多,当幂律形式不能较好拟合退化数据时,可以尝试采用其他形式的模型。

(1)幂律退化模型

产品的性能参数随工作时间的延长而单调变化,t 时刻满足:

$$y(t) = \alpha t^{\beta} \tag{7-67}$$

式中:$y(t)$ 为参数退化量,α、β 为退化模型参数,α 为退化率因子,它与产品工作环境应力有关,β 为退化曲线的形状参数,它与产品的材料等因素有关,模型中 t 为广义时间。

对幂律模型两边取对数可以得到

$$\ln y(t) = \ln \alpha + \beta \ln t$$
$$y = A + Bt \tag{7-68}$$

(2)指数退化模型

当产品某性能参数随工作时间的延长而单调变化,而且在 t 时刻性能参数满足:

$$y(t) = \alpha \exp(\beta t) \tag{7-69}$$

则称该模型为指数退化模型。模型中 $y(t)$ 是性能参数的退化量,α、β 为未知系数。从模型中可以很容易的看出,α 是退化量初始值。

$$\frac{dy(t)}{dt} = \alpha \beta \exp(\beta t) = \beta \cdot y(t) \tag{7-70}$$

β 是产品在单位时间内退化量的变化比例系数。

对模型两边取对数可得:

$$\ln y(t) = \ln \alpha + \beta t$$
$$y = A + Bt \tag{7-71}$$

根据对故障机理的初步了解,选择一种或者多种退化模型的形式,设计退化试验或者加速退化试验,通过试验数据拟合模型中的参数。下面通过实例来说明退化模型的建立过程。

7.4.4 止推轴承的磨损的退化模型建模

止推轴承的作用是控制机组工作过程中产生的轴向串动,此过程是通过推力盘端面与推力轴承端面的接触来实现的。如图 7-21 所示为止推轴承的安装位置及外形图。

某机组试验时发生油温过高现象,机组返厂拆解后发现止推轴承瓦块端面全部严重磨损,如图 7-22 所示。为了更好地预测止推轴承的寿命,拟通过试验的方法拟合磨损物理方程,设计了如图 7-23 所示的试验装置。

一般的止推轴承磨损试验,通过测量摩擦功耗判断轴承是否失效,当测量装置显示功耗增加异常时,则判定轴承磨损失效。高可靠性、长寿命的止推轴承耐磨性能良好,磨损进程极为缓慢,短时间内无法用功耗测量的办法进行失效判断。

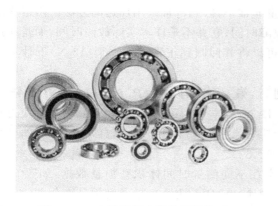

图 7-21 止推轴承安装位置及外形图

图 7-22 止推轴承的磨损

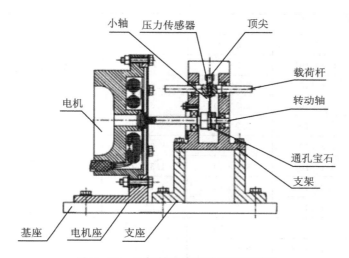

图 7-23 止推轴承磨损试验装置简图

选择磨损量作为止推轴承磨损的特征参数,是反映其耐磨性能的可测参数,磨损量越大耐磨性能越差。当轴承磨损量大到一定程度,即耐磨性能退化达到所规定的临界值时,则判断该轴承磨损失效,认为此时轴承已不能正常工作。耐磨性能退化所达到的规定的临界值,称为退化失效标准或故障阈值。止推轴承磨损量的测量,采用体视显微镜进行观察,通过软件分析得到。通过压力传感器对轴承施加一定的载荷,可进行轴承正常使用状态及过加载力作用下的磨损试验。研究表明轴承结构的寿命与加载力的关系,即轴承磨损寿命与加载力的 n 次幂成反比,因此轴承加速磨损寿命具有逆幂定律形式:

$$\tau = CP^{-n} \tag{7-72}$$

因此,选择幂律模型来表示轴承磨损量 W:

$$W = \alpha t^{\beta} \tag{7-73}$$

两边取对数后可以得到:

$$\ln W = \alpha + \beta \ln t \tag{7-74}$$

式中:α 是与轴承结构、材料和使用环境有关的常数;β 是与轴承结构和材料有关的常数,通过退化数据估计获得。

　　高可靠长寿命产品的常规退化试验,退化量非常小,因此常常采用加速的方法。由退化试验得到的不同样本达到故障阈值的时间为伪故障时间,它并不是样本实际故障时间,而是通过外推得到的寿命时间。得到伪寿命时间后,将可以将其回归到正常应力水平(12 N)下计算真实寿命。

　　止推轴承加速磨损试验分 5 个应力水平进行:第 1 个应力水平(P_1)为 14.08 N(样本号: 11,12,13,14,15),第 2 个应力水平(P_2)为 15.79 N(样本号:21,22,23,24,25),第 3 个应力水平(P_3)为 17.49 N(样本号:31,32,33),第 4 个应力水平(P_4)为 19.19 N(样本号:41,42,43),第 5 个应力水平(P_5)为 20.89 N(样本号: 51,52,53)。

　　试验运行时间为 7 200 小时,得到不同样本在不同测量时间体积磨损量数据,如表 7 - 7 所列为止推轴承加速磨损的体积磨损量数据。图 7 - 24 所示为止推轴承磨损量变化曲线。

表 7 - 7　体积磨损量

μm^3

样本号	时间/h				
	600	1 200	1 800	3 600	7 200
11	6.4×10^4	6.5×10^6	1.4×10^7	1.9×10^7	2.4×10^7
12	7.4×10^5	2.5×10^6	8.9×10^6	1.8×10^7	2.5×10^7
13	8.3×10^5	2.5×10^6	7.6×10^6	1.3×10^7	1.8×10^7
14	2.3×10^6	3.7×10^6	8.9×10^6	1.5×10^7	2.0×10^7
15	2.8×10^6	4.4×10^6	8.3×10^6	1.5×10^7	2.2×10^7
21	3.1×10^6	6.9×10^6	1.3×10^7	1.9×10^7	2.6×10^7
22	8.3×10^5	4.8×10^6	1.1×10^7	1.9×10^7	2.5×10^7
23	7.7×10^5	6.7×10^6	1.3×10^7	2.0×10^7	2.9×10^7
24	3.4×10^6	8.4×10^6	1.9×10^7	2.6×10^7	3.1×10^7
25	3.4×10^5	2.5×10^6	1.0×10^7	2.3×10^7	3.2×10^7
31	2.7×10^6	1.2×10^7	2.6×10^7	3.8×10^7	5.1×10^7
32	5.6×10^6	2.2×10^7	3.3×10^7	4.2×10^7	4.9×10^7
33	1.2×10^6	1.4×10^7	2.3×10^7	2.9×10^7	4.0×10^7
41	6.7×10^6	2.6×10^7	4.3×10^7	5.5×10^7	6.4×10^7
42	3.8×10^6	1.4×10^7	3.7×10^7	4.9×10^7	7.3×10^7
43	3.8×10^6	1.3×10^7	3.5×10^7	4.9×10^7	6.5×10^7
51	1.4×10^7	4.1×10^7	6.3×10^7	7.4×10^7	8.8×10^7
52	1.8×10^7	5.7×10^7	7.7×10^7	8.9×10^7	1.0×10^8
53	1.6×10^7	3.3×10^7	6.0×10^7	8.3×10^7	1.2×10^8

　　在各应力水平下,分别拟合止推轴承磨损量模型中的 α 和 β,结果如表 7 - 8 所列。

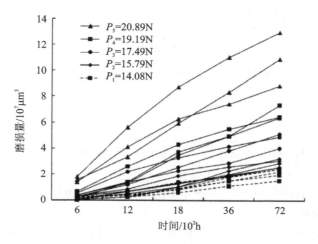

图 7 - 24 止推轴承磨损量变化曲线

表 7 - 8 不同应力水平的磨损量退化模型

应力水平	退化方程	应力水平	退化方程
P_1	$W = 7.172t^{1.1298}$	P_4	$W = 9.2292t^{1.0289}$
P_2	$W = 7.4903t^{1.1278}$	P_5	$W = 12.573t^{0.867}$
P_3	$W = 9.0732t^{1.0086}$		

7.5 损伤累加模型

7.5.1 Miner 线性累加模型

损伤是对构件危险部位微裂纹生长的度量。当材料承受高于疲劳极限的应力时,每一循环都会使材料产生一定量的损伤,这种损伤是累加的,当损伤累加到临界值时,零件就会发生破坏。累加损伤是建立在实验基础上的。疲劳过程可看做是达到一个临界值的累加过程,也可看做固有寿命的消耗过程。

Miner 线性累加损伤的基本假设是:

① 损伤正比于循环比。对于单一的应力循环,若用 D 表示损伤,用 n/N 表示循环比,则 $D \propto n/N$。其中 n 表示循环数,N 表示破坏时的寿命。

② 试件能够吸收的能量达到极限值,导致疲劳破坏。

根据这一假设,如果破坏前试件能够吸收的能量极限值为 W,试件破坏前的总循环数为 N;而在某一循环数时,试件吸收的能量为 W_1,则由于试件吸收的能量与其循环数 n_1 存在着正比关系,有

$$\frac{W_1}{W} = \frac{n_1}{n}。 \qquad (7-75)$$

③ 疲劳损伤可以分别计算,然后再线性叠加。

若试件的加载历史由 $\sigma_1, \sigma_2, \cdots, \sigma_r$ 等 r 个不同的应力水平构成,各应力水平下的寿命分

别为 $N_1, N_2, \cdots, N_r$，各应力水平下的循环数分别为，$n_1, n_2, \cdots, n_r$，则可得出

$$D = \sum_{i=1}^{r} \frac{n_i}{N_i} \qquad (7-76)$$

式中，n_i 为某应力水平下的循环数；N_i 为该应力水平下发生破坏时的寿命。当损伤等于 1 时，零件发生破坏，即

$$\sum_{i=1}^{r} \frac{n_i}{N_i} = 1 \qquad (7-77)$$

该式是 Miner 法则的基本表达形式。它是多级循环加载下的破坏条件，也是线性累积损伤理论的计算公式。

④ 加载次序不影响损伤和寿命，即损伤的速度与以前的历程无关。

【例 7 - 4】 如飞机一零件试验得到 S-N 曲线如图 7-25 所示，在一次飞行中，该零件经历的应力如表 7-9 所列。求一次飞行造成的损伤、零件破坏前可以飞行的次数。

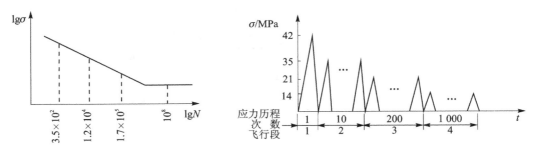

图 7 - 25 飞机零件的 S-N 曲线

表 7 - 9 零件经历的应力

飞行段	1	2	3	4
应力大小/MPa	0～42	0～35	0～21	0～14
应力历程次数/次	1	10	200	1 000
对应的寿命/循环次数	3.5×10^3	1.2×10^4	1.7×10^5	1.0×10^8

解：由 S-N 曲线得，$N_1 = 3.5 \times 10^3$；$N_2 = 1.2 \times 10^4$；$N_3 = 1.7 \times 10^5$；$N_4 = 1.0 \times 10^8$；所以有计算：

① 总的损伤量为

$$\sum \frac{n_i}{N_i} = \frac{1}{3.5 \times 10^3} + \frac{10}{1.2 \times 10^4} + \frac{200}{1.7 \times 10^5} + \frac{1\,000}{10^8} = 2.295 \times 10^{-3}$$

② 设零件破坏前能飞行 L 次，则 $L \times \sum \frac{n_i}{N_i} = 1$，由此得 $L \times 2.295 \times 10^{-3} = 1$，解得 $L = 436$（次），即飞机可飞行 436 次。

7.5.2 非线性累加模型

Miner 线性累加法则假设故障机理或者同一故障机理对应的不同阶段所造成的损伤是线性的，大量的实验结果表明，这种假设在工程通常是不成立的，利用 Miner 法则计算得到的故

障时间存在较大的误差。事实上,故障机理之间存在的累加关系与机理类型,承受的不同环境或者载荷,甚至施加的顺序都有关系,因此需要在各种不同情况下,研究适用的累加模型。在电子产品领域,温度和振动是两种常见的环境条件,研究人员针对这两种条件下的热疲劳和振动疲劳故障机理,研究了几种非线性损伤累加模型。

对于先温度循环后振动载荷的损伤累加,美国佐治亚理工学院研究了非线性模型:

$$\frac{1}{N} = \left(\frac{n_T}{N_T}\right)^{\alpha_1} + \left(\frac{n_v}{N_v}\right)^{\alpha_2} \qquad (7-78)$$

式中:$\alpha_1 = 0.47$, $\alpha_2 = 0.7$,是通过试验拟合得到的指数;n_T、n_v、N_T、N_v 分别为温度和振动单独作用时的循环次数和失效循环次数。

先振动后温度循环的损伤累加,模型为

$$\frac{1}{N} = \left(\frac{n_v}{N_v}\right)^{\beta_1} + \left(\frac{n_T}{N_T}\right)^{\beta_2} \qquad (7-79)$$

其中,$\beta_1 = 0.93$, $\beta_2 = 0.91$,也是通过试验拟合得到的指数。

对于不同温度循环载荷所造成的损伤累加,通过试验拟合得到的非线性模型为

$$N = \frac{N_{f_1}}{\left[1 + (N_{f_2}/N_{f_1})^b\right]^{\frac{1}{a}}} \qquad (7-80)$$

式中:$a = 2.76$, $b = -0.87$,是通过试验拟合的系数;N_{f_1} 为第 1 种温度循环下故障前的循环次数;N_{f_2} 为第 2 种温度循环下故障前的循环次数;N 为 2 种循环顺序作用下故障前的循环次数。

【例 7-5】　现有一 PC107A PCI 桥/集成存储器控制器,其封装类型为 PBGA。经查阅其器件手册,得知外围焊球跨度为 30.48 mm,焊点高度为 $h = 0.7$ mm,查阅材料手册,器件外壳热膨胀系数 $a_c = 2.5 \times 10^{-6}/℃$,基板材料热膨胀系数 $a_s = 2.3 \times 10^{-8}/℃$。

已知该器件被安装在某型飞机引擎旁边的数据处理系统中,工作时器件和基板所经历的温度剖面如图 7-26 所示:

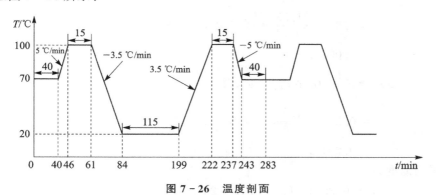

图 7-26　温度剖面

该剖面由 2 个循环构成,范围为 20 ℃~100 ℃的飞行热循环和范围为 70 ℃~100 ℃的热循环,可拆分成如图 7-27 所示的 2 个剖面,试求器件在该温度剖面下的寿命。

① 利用 Engelmaire 模型求出该器件在 2 个温度应力单独作用下的寿命。

由于此器件 PBGA 封装,则应力范围的因子 F 取值为 0.54。对于 Engelmaire 模型,器件有效长度 L_D 取值为外围焊球跨度的 0.707 倍,则

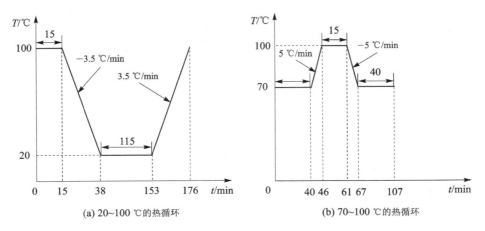

(a) 20~100 ℃的热循环　　　　　(b) 70~100 ℃的热循环

图 7-27　温度剖面分解

$$L_D = 30.48 \text{ mm} \times 0.707 = 21.55 \text{ mm}$$

当只有飞行热循环单独作用时,有器件外壳温度变化值为

$$\Delta T_{C1} = T_{C1} - T_{01} = 100 + 273 - (20 + 273) = 80 \text{ K}$$

基板温度变化值为

$$\Delta T_{S1} = T_{S1} - T_{01} = 100 + 273 - (20 + 273) = 80 \text{ K}$$

当只有消散热循环单独作用时,有器件外壳温度变化值为

$$\Delta T_{C2} = T_{C2} - T_{02} = 100 + 273 - (70 + 273) = 30 \text{ K}$$

基板温度变化值为

$$\Delta T_{S2} = T_{S2} - T_{02} = 100 + 273 - (70 + 273) = 30 \text{ K}$$

由公式可得,焊点所受剪切应力范围为

$$\Delta \gamma_1 = F \frac{L_D}{h}(\alpha_c \Delta T_{C1} - \alpha_S \Delta T_{S1})$$

$$= 0.54 \times \frac{21.55}{0.7} \times (2.5 \times 10^{-6} \times 80 - 2.3 \times 10^{-8} \times 80)$$

$$= 0.003\ 3$$

$$\Delta \gamma_2 = F \frac{L_D}{h}(\alpha_c \Delta T_{C2} - \alpha_S \Delta T_{S2})$$

$$= 0.54 \times \frac{21.55}{0.7} \times (2.5 \times 10^{-6} \times 30 - 2.3 \times 10^{-8} \times 30)$$

$$= 0.001\ 2$$

循环平均温度为

$$T_{SJ1} = 0.25 \times (T_{C1} + T_{S1} + 2T_{01})$$

$$= 0.25 \times [100 + 273 + 100 + 273 + 2 \times (20 + 273)]$$

$$= 333 \text{ K}$$

$$T_{SJ2} = 0.25 \times (T_{C2} + T_{S2} + 2T_{02})$$

$$= 0.25 \times [100 + 273 + 100 + 273 + 2 \times (70 + 273)]$$

$$= 358 \text{ K}$$

由公式，可得模型参数

$$c_1 = -0.442 - 6 \times 10^{-4} T_{SJ1} + 1.74 \times 10^{-2} \ln(1 + 360/t_{d1})$$
$$= -0.442 - 6 \times 10^{-4} \times 333 + 1.74 \times 10^{-2} \times \ln(1 + 360/15)$$
$$= -0.585\ 8$$
$$c_2 = -0.442 - 6 \times 10^{-4} T_{SJ2} + 1.74 \times 10^{-2} \ln(1 + 360/t_{d2})$$
$$= -0.442 - 6 \times 10^{-4} \times 358 + 1.74 \times 10^{-2} \times \ln(1 + 360/15)$$
$$= -0.600\ 8$$

将上述所得参数代入 Engelmaire 模型得

$$N_{f_1} = \frac{1}{2} \left(\frac{\Delta \gamma_1}{2\varepsilon'_f} \right)^{\frac{1}{c_1}}$$
$$= \frac{1}{2} \left(\frac{0.003\ 3}{2 \times 0.325} \right)^{-\frac{1}{0.585\ 8}}$$
$$= 4\ 140$$

$$N_{f_2} = \frac{1}{2} \left(\frac{\Delta \gamma_2}{2\varepsilon'_f} \right)^{\frac{1}{c_2}}$$
$$= \frac{1}{2} \left(\frac{0.001\ 2}{2 \times 0.325} \right)^{-\frac{1}{0.600\ 8}}$$
$$= 16\ 913$$

② 利用非线性损伤模型求出该器件在两个温度应力共同作用下的寿命。

将所求 N_{f_1}、N_{f_2} 代入公式(7-80)，即

$$N = \frac{N_{f_1}}{\left[1 + (N_{f_2}/N_{f_1})^b \right]^{\frac{1}{a}}}$$
$$= \frac{4\ 140}{\left[1 + (16\ 913/4\ 140)^{-0.87} \right]^{\frac{1}{2.76}}}$$
$$= 3\ 759$$

在两种剖面顺序作用下，该器件的热疲劳循环数为 3 759 次。

习　　题

1. 电子产品随机振动疲劳的 Steinberg 模型在推导过程中做了哪些假设？
2. 逆幂律模型通常用于描述哪些应力类型？
3. 什么是激活能？反应论对于器件故障的观点是什么？
4. 请写出经典 Arrhenius 模型并解释参数的意义。
5. 艾林(Eyring)模型与经典 Arrhenius 的区别是什么？
6. 什么是退化？列举你知道的几种结构或器件的退化现象。
7. 常见的退化模型有哪几种？
8. 电路板的长与宽分别为 40 cm，30 cm，中心位置参数 $R_{xy} = \sin\dfrac{\pi X}{l} \sin\dfrac{\pi Y}{w}$，若以电路

板左下角为坐标原点,有一个元器件坐标位置为(10 cm,10 cm)则,中心位置参数是多少?

9. 若某电路板,电子元器件布局紧凑,材料为 FR4,质量为 500 g,刚度为 $5×10^7$ N/m,承受一个加速度为 $3g$ 的正弦振动,四角固定,若将该电路板简化为一维弹簧质量模型,试求其中心位置最大位移。

10. 若某电路板承受一个 0~1 000 Hz 范围内,功率谱密度为 $0.1g^2/Hz$ 的随机振动,试求其中心位置最大位移。

11. 若某元器件的寿命仅受温度影响,符合经典阿伦尼斯模型,经过测试,不同温度下的故障时间如表 7-10 所列。

(1) 试求激活能。

(2) 拟合后的阿伦尼斯模型是什么?

(3) 若在常温(25 ℃)下做试验,故障时间是多少?

12. 若元器件金属化线腐蚀的广义阿伦尼斯模型为:

$$\tau_{cr} = A(RH)^{-n}\exp\left(\frac{E_a}{kT}\right)$$

若在不同温度下、不同湿度下测试的故障时间如表 7-11 所列。

表 7-10	习题 11 数据
温度/℃	故障时间/d
100	540
90	760
80	820
70	1 058

表 7-11	习题 12 数据	
温度/℃	湿 度	故障时间/d
80	80%	500
70	80%	600
60	50%	1 000
50	50%	1 600

(1) 试求激活能以及指数 n 的值。

(2) 拟合后的广义阿伦尼斯模型是什么?

(3) 若在常温(25 ℃)下,湿度 30% 下做试验,故障时间是多少?

(4) 若在温度为 40 ℃,湿度 80% 情况下做试验,故障时间是多少?

13. 若电迁移故障机理的 Black 模型为:

$$\tau_{EM} = A×W_d t_d J^{-2}\exp\left(\frac{E_a}{kT}\right)$$

已知某元器件芯片上的金属线的宽度和厚度分别为 16 μm 和 8 μm,测量得到不同的电流密度、不同温度时,金属线的电迁移故障时间如表 7-12 所列(以上公式得到寿命单位为秒)。

表 7-12 习题 13 数据

温度/℃	电流密度	故障时间/d
80	$5×10^8$	660
70	$5×10^8$	1 100
60	$6×10^8$	1 300
50	$6×10^8$	2 300

(1) 试求电迁移激活能以及系数 A 的值。

(2) 拟合后的广义阿伦尼斯模型是什么?

（3）若在常温（25 ℃）下，电流密度 3.2×10^9 情况下工作，故障时间是多少？

（4）若在温度为 40 ℃，电流密度 3.2×10^9 情况下工作，故障时间是多少？

14. 在疲劳裂纹扩展问题中，疲劳裂纹的尺寸与应力循环数 N_f 的观测数据如表 7-13 所列。

（1）确定裂纹尺寸与应力循环数之间的幂律模型。

（2）试计算应力循环 500 次、1 000 次后的裂纹尺寸。

15. 一种半导体器件的阈值电压 V_{th} 随着时间 t 变化的数据如表 7-14 所列。

表 7-13　习题 14 数据

循环次数/cyc	裂纹尺寸/μm
0	1
100	2
200	9
300	28

表 7-14　习题 15 数据

时间/h	V_{th}/V
0	0.4
1	0.42
10	0.44
100	0.48

（1）求出能够描述阈值电压随时间变化的幂律模型。

（2）估算 1 000 h 后的阈值电压。

（3）阈值电压的退化率是多少？

（4）若阈值电压最大不能高于 0.5 V，试求半导体器件的寿命是多少？

16. 某轮胎中的压力 P 随着时间减小，数据如表 7-15 所列。

（1）试求能够描述轮胎压力 P 随着时间变化的幂律模型。

（2）10 天后压力值 P 为多少？

（3）退化率是随着时间增大还是减小？

（4）若轮胎压力小于 2.2 kg/cm^2 轮胎就会报警，请问报警时间在第几天？

17. 某电阻的阻值 R 随着时间变化的数据列于表 7-16 中。

表 7-15　习题 16 数据

时间/d	P/(kg·cm^{-2})
0	2.60
1	2.57
2	2.54
3	2.50

表 7-16　习题 17 数据

时间/h	R/Ω
0	10
1	10.002
5	10.022
10	10.063

（1）试拟合出电阻值 R 随时间退化的指数模型 $y(t) = \alpha \exp(\beta t)$。

（2）100 h 后的电阻值 R 应该是多少？

（3）电阻值增大 10% 所需要的时间是多少？

（4）若电阻值超过 10.5 Ω 就失效，那么此电阻寿命是多少？

18. 现有一 PCB 板尺寸为 320 mm×180 mm×2 mm，其上装有一标准双列直插式封装（DIP）的元器件，尺寸为 40 mm×20 mm，其长边与 PCB 板长边平行，元件 R_{xy} 为 0.707。已知元器件一阶固有频率为 280 Hz，一次使用过程中要经历三个水平的正弦振动载荷，如表 7-17 所列。求元器件上焊点（设 SnPb 合金 $b=3$）在表所示的一个任务中的振动疲劳损伤量，试问该元器件能够最多执行多少次这种任务而不会发生振动疲劳？

表 7-17 习题 18 数据

任 务	阶段 1	阶段 2	阶段 3
正弦振动加速水平	$2.3g$	$3g$	$4g$
循环次数	2×10^4	1.8×10^5	1.7×10^4

19. 某器件其封装类型为 PBGA,其尺寸为 40 mm×20 mm,安装在尺寸为 320 mm× 180 mm×2 mm 的电路板上的中心点位置上,其长边与 PCB 板长边平行,外围焊球跨度为 30.48 mm,焊点高度为 $h=0.7$ mm,结构的一阶固有频率为 280 Hz,器件外壳热膨胀系数 $\alpha_c=2.5\times10^{-6}/{}^\circ\text{C}$,基板材料热膨胀系数 $\alpha_s=2.3\times10^{-8}/{}^\circ\text{C}$。已知该器件的工作时所经历的温度循环情况如下:非工作状态时的温度 $T_0=25\ {}^\circ\text{C}$,工作状态下元器件稳态温度 $T_c=125\ {}^\circ\text{C}$,工作状态下电路板稳态温度 $T_s=70\ {}^\circ\text{C}$,温度循环中高温持续时间 $t_d=60$ min。$c=-0.442-(6\times10^{-4})T_{SJ}+1.74\times10^{-2}\ln(1+360/t_d)$,求焊点在经过了 2×10^4 次温度循环后,又经历了输入加速度水平为 0.023 g 的正弦振动 3×10^6 次,PCB 一阶固有频率为280 Hz,试分别根据先温度循环后振动载荷的非线性损伤累加公式计算,在经历多少次这种顺序载荷后元器件会发生哪些故障?

20. 现有一 PCB 板尺寸为 320 mm×180 mm×2 mm,其上装有一球栅阵列式封装 (BGA)的元器件,尺寸为 40 mm×20 mm,其长边与 PCB 板长边平行,器件中心点坐标为 (160,45)。已知元器件一阶固有频率为 280 Hz,当在 PCB 板安装在飞机上,每一次飞行的振动历程如表 7-18 所列,求一次飞行造成的损伤,电路板破坏前可以飞行的次数。

表 7-18 习题 20 数据

飞行段	1	2	3
振动输入 PSD/$(g^2\cdot\text{Hz}^{-1})$	0.12	0.2	0.16
振动次数	2	1	2

21. 某型处理器,其封装类型为陶瓷 CBGA 封装。已知该器件在工作时,基板和处理器所经历的温度循环如图 7-28 所示。经查阅器件手册,焊球外围跨度为 26 mm,焊点高度 0.8 mm。器件外壳热膨胀系数 $1.7\times10^{-6}/{}^\circ\text{C}$,基板材料热膨胀系数 $2.5\times10^{-8}/{}^\circ\text{C}$。利用 Engelmaier 模型和非线性累加法则求其焊球的热疲劳寿命(单位:小时)。(CBGA 封装的应力范围的因子取值为 1,循环初始温度 T_0 为 20 ℃)

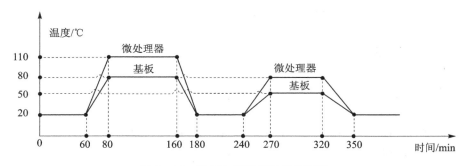

图 7-28 基板和处理器温度循环图

第8章 故障模式、机理与影响分析

8.1 FMMEA 概述

当人们对于故障发生原因认识不够深入时,能够分析获得的原因往往是一些外部因素,例如使用环境、人为因素等,这些原因是故障模式发生的间接原因。人们可以根据故障发生的间接原因采取一定的设计改进与防护措施,例如某故障模式由振动引起,则可以采用振动防护设计来降低该故障模式发生的可能性。故障机理是导致产品发生故障的物理、化学或生物变化过程,它从微观方面阐明故障的本质与规律,是故障模式的直接原因,是对产品故障根源的认识。硬件故障最终归结为组成产品的材料、结构的问题,认识了故障机理,人们可以从组成产品的材料与结构等方面采取措施,从根源上消除故障或降低故障发生的可能性。FMMEA (Failure Mode,Mechanism and Effect Analysis 故障模式、机理与影响分析)就是一种研究产品的每个组成部分可能存在的故障模式、故障机理并确定各个故障模式对产品其他组成部分和产品要求功能影响的一种分析方法。

FMMEA 是产品可靠性分析的一项重要工作项目,其目的是确定产品各种潜在故障模式的故障机理和模型,并进行风险度排序以确定主故障机理及其对应的环境、工作应力和工作参数,从而为可靠性仿真试验、加速试验、耐久性分析、耐久性试验以及故障诊断与健康管理(PHM,Prognostic and Heath Monitoring)提供基础。FMMEA 可以在不同阶段择时机开展,例如在产品设计初期与产品可靠性设计同时开展,而在产品加速试验设计、故障诊断和健康状态监控工作前应开展 FMMEA,为产品主故障机理的确定提供依据。

在进行 FMMEA 之前,应制定相应的工作计划,并收集产品的资料,包括功能结构、硬件组成、材料信息、任务剖面等,为分析工作提供依据。FMMEA 的基本步骤见图 8 - 1。

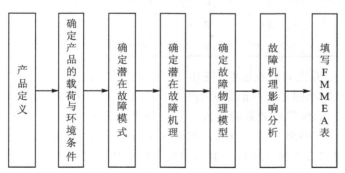

图 8 - 1 FMMEA 基本步骤

其中,产品定义的目的是分析产品的功能和结构组成,从而为故障模式和故障机理的分析提供基础。产品定义主要是对其硬件组成及功能进行分析。可参考 FMEA 中对产品的功能和结构的定义来进行,也可用功能与结构层次图来表示。应注意,FMMEA 中的故障通常是硬件的,可以用组成部分或产品的某一部位来描述。对于动力系统,故障部位可能是发动机、控制面板灯;对于印刷线路板,故障部位可能包括封装、镀通孔、金属化连线以及电路板本身。

8.2　载荷与环境条件分析

产品载荷与环境条件分析的目的是找出每个故障模式产生的载荷或环境原因,帮助确定引起故障模式的故障机理,通过分析找到产品主机理对应的载荷和环境参数,从而降低该故障机理发生的风险。可以从以下两个方面进行分析:①从导致产品发生潜在故障模式的设计、制造、贮存、运输或使用条件中查找故障模式发生的环境或者载荷条件;②参考相似产品的故障模式,找出该产品发生故障模式的环境或者载荷条件。

产品的载荷与环境条件分析不仅仅包括确定载荷和环境的类型,还包括具体的量值,目的有两个:一是为分析导致产品故障的载荷与环境条件提供基础;二是为进行应力和损伤分析,以确定故障机理发生的确信程度提供依据。产品常见的载荷与环境条件见表8-1。

表 8-1　产品常见的载荷与环境条件

应力类别	应力	量值
环境应力	温度循环	高温、低温、高温保持时间、低温保持时间、升温时间、降温时间
	高低温冲击	高温、低温
	湿度	湿度百分比、持续时间
	腐蚀环境	浓度、持续时间
	辐射	剂量、持续时间
	气压	量值、持续时间
	随机振动	功率谱密度、持续时间
	冲击	加速度、持续时间
工作应力	油温	油的种类、温度、持续时间
	转速	量值、方向、持续时间
	压力	量值、方向、持续时间
	机械载荷	量值、方向、作用次数、持续时间
	电压电流	幅值、频率、持续时间

FMEA 中的故障原因分为直接原因和间接原因,其中直接原因是导致故障发生的物理、化学和生物变化;间接原因是产品的故障、使用、环境和人为因素。而在 FMMEA 中分析考察的重点在于引起故障的环境或者载荷条件。对于每个故障模式,导致故障的每种可能的载荷或者环境条件都要一一列出。另外应通过实际测量方式获得真实的载荷和环境条件数据。在没有现场数据的情况下,可通过环境手册或相似环境中的监测的数据来获得。

8.3　潜在故障模式分析

故障模式分析的目的是找出产品所有可能出现的故障模式,其主要内容有:根据被分析产品的特征,分析所有可能的故障模式,进而对每个故障模式进行分析。例如焊点的潜在故障模

式为开路和电阻的不连续,这些故障模式阻碍了其互连的功能,又如轴的故障模式有结构断裂、弯曲变形等;

可将 FMEA 中的故障模式对应到 FMMEA 中。

复杂产品一般具有多任务多功能,应该找出该产品在每一个任务剖面下每一个任务阶段,每个功能可能的故障模式;当某一可能发生的故障模式的信息无法获得时,潜在故障模式可以通过数值应力分析,加速试验(如 HALT),以往的经验或工程判断来获得。

对于每个元器件或单元,可以通过分析元器件或单元的功能来分析故障模式,功能不能实现就是发生了某种故障,对应于故障模式。例如,焊点的主要功能是实现两种材料的互连,因此,焊点的故障就是不能实现物理或电互连。

8.4　潜在故障机理分析

潜在故障机理分析的目的是找到产品发生故障的物理、化学和力学等机制,这一步骤是 FMMEA 工作的核心。故障机理分析主要依据专家经验、相似产品法以及失效分析的结果来进行。如机械产品的轴的故障模式是断裂,故障机理可能是疲劳断裂,也可能是脆性断裂。又如集成电路的故障模式有开路、短路、烧毁和漏电流增大等,故障机理有热疲劳、蠕变、应力迁移、电迁移、栅氧化层击穿、热载流子、离子迁移和腐蚀等。我们总结了电子产品常见的故障发生位置、环境条件和故障机理的对应关系,如表 8 - 2 所列。

8.5　故障物理模型分析

故障物理模型分析的目的是计算故障机理的发生时间,从而定量的计算该故障机理发生的概率。对于电子产品,目前已经有很多成熟的故障物理模型,可以应用可靠性仿真分析软件中的物理模型,或者在工程中通过实验方法得到适合本产品的物理模型。对于由于温度循环造成的焊点热疲劳故障机理,典型的物理模型包括应变能量(Dasgupta)模型和低周疲劳寿命(Engelmaire)模型。

8.6　故障机理影响与风险分析

故障机理影响分析的目的是分析产品每个可能故障机理发生的确信程度和严重程度,并按风险程度进行排序,以找出高风险的故障机理。方法如图 8 - 2 所示。

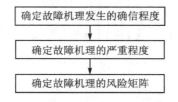

图 8 - 2　故障机理影响分析流程

表 8 - 2　典型电子产品的故障发生位置、环境和机理对应关系表

器件类型	潜在失效点	稳态温度	温度循环/冲击	随机振动/正弦振动	振动冲击	电压/电流/电荷	温度+电压/电流	温度+湿度	温度+湿度+电压偏置
PCB板	焊点	CR,IMC,K	TF	VF	VO	—	EM	TW	CO
	镀通孔	—	TF	—	—	—	—	—	CO
	PCB板	—	—	—	—	—	—	TW	CFF,SM
	塑封外壳	—	TF	—	—	—	—	P	—
	粘贴层	—	TF	—	—	—	—	—	CO
集成电路封装与互连	倒装焊点	CR,IMC,K	TF	VF	VO	—	EM	TW	CO
	载带焊焊点	CR,IMC,K	TF	VF	VO	—	EM	TW	CO
	键合引线	CR,IMC,K	TF	VF	—	—	—	—	CO
	引线框架	—	—	—	—	—	—	—	CO
	芯片上互连线	—	TF	—	—	—	EM	—	CO
集成电路芯片	双极工艺芯片	—	TF	—	—	SB,ESD,EMI	HCI	—	CO
	MOS芯片	—	TF	—	—	SC,ESD,EMI	HCI,TD,NB	—	CO
铝电解电容器		DE	—	—	VO	B	—	—	SM
金属膜电阻		DE,A	—	—	VO	—	—	—	—
连接器		—	—	—	VO	—	EC	—	—
各元器件的与PCB连接部位		CR,IMC,K	TF	VF	VO	—	EM	TW	CO

注:表中的故障机理代号和名称为:A 老化;B 电击穿;CFF 导电阴极细丝;CO 腐蚀;CR 蠕变;DE 材料退化;EC 电接触退化;EM 电迁移;EMI 电磁干扰;ESD 静电放电;HCI 热载流子;IMC 金属间化合物;K 柯肯达尔孔隙;NB 负偏压温度不稳定;P 爆米花效应;SB 二次击穿;SC 银迁移;SM 锡须;TD 时间相关的绝缘氧化层击穿;TF 热疲劳;TW 锡晶须;VF 振动疲劳;VO 振动过应力(冲击)。"—"表示在对应的环境条件下,该潜在故障点无故障机理发生,或者尚未发现会发生某种故障机理。

8.6.1　故障机理发生的确信程度分析

故障机理发生的确信程度分为 5 个等级,每一等级的评定标准详见表 8-3。

表 8-3　故障机理发生的确信程度等级

等　级	描　述	标　准
A	肯定发生	过应力型机理"会发生"或耗损型机理 TTF 值小于产品寿命指标
B	有时发生	耗损型机理 TTF 值是产品寿命指标的 1~3 倍
C	偶然发生	耗损型机理 TTF 值是产品寿命指标的 3~5 倍
D	很少发生	过应力型机理"不会发生"或耗损型机理 TTF 值大于寿命指标 5 倍以上
E	肯定不发生	造成故障机理的载荷与环境不存在

故障机理发生的确信程度分析方法为:

① 对于过应力型故障机理,在给定的环境和工作条件下,可进行应力分析来分配故障机理发生的确信程度。典型的做法包括,利用有限元分析(FEA)计算故障部位的应力,与该部位材料的强度相对比,即可知故障是否会发生。如果过应力型故障机理会发生,其发生的确信程度为"会发生",按表 8-3 评为 A 级,否则为"不会发生",按表 8-3 评为 D 级。

② 对于耗损型故障机理,要分别进行应力分析和损伤分析。可利用 FEA 计算相应部位的应力,输入到故障物理模型中,计算故障前时间(TTF)。单个载荷引起的损伤单独分析,多个载荷引起的损伤需通过对单个载荷的损伤进行累加来分析。根据分析结果,按表 8-3 所列标准进行评定。

③ 如果认为造成故障机理的载荷和环境条件不存在,则该故障机理被认为是肯定不发生,按表 8-3 评为 E 级。

④ 无法确定物理模型的故障机理,其确信程度分析结果列为"不确定",待进行风险分析时进一步决策。

8.6.2　故障机理的严重程度分析

电子产品故障机理的严重程度是根据故障机理对应的故障模式最终可能出现的人员伤亡、任务失败、产品损坏(或经济损失)和环境损害等方面的影响程度进行确定。表 8-4 为参照 GJB/Z 1391-2006 中的严酷度定义而给定的故障机理严重程度等级,在进行故障机理严重程度分析时,可参考表 8-4 并根据产品自身特点确定。

表 8-4　故障机理严重程度等级

严重程度等级	描　述	严重程度定义
Ⅰ	灾难的	引起人员死亡或产品毁坏、重大环境损害
Ⅱ	致命的	引起人员的严重伤害或重大经济损失或导致任务失败、产品严重损坏及严重环境损害
Ⅲ	中等的	引起人员的中等程度伤害或中等程度的经济损失或导致任务延误或降级、产品中等程度的损坏及中等程度环境损害

续表 8 - 4

严重程度等级	描　述	严重程度定义
Ⅳ	轻度的	不足以导致人员伤害或轻度的经济损失或产品轻度的损坏及环境损害,但它会导致非计划性维护或修理

　　一种故障机理可能会引起多种故障模式,按照该故障机理对应的故障模式的最严重故障影响来确定其严重程度等级。对于采用了余度设计、备份工作方式或故障检测与保护的产品,在进行 FMMEA 的严重程度分析时,不考虑这些设计措施,直接分析产品的故障机理造成的最终影响来确定严重程度等级。

8.6.3　风险分析

　　利用风险矩阵的方法分析故障机理的风险程度。电子产品故障机理的风险等级可分为高、中等和低三级,如表 8 - 5 所列。风险性矩阵中位于左上角区域的故障机理为产品的主故障机理,所对应的载荷或环境条件即为故障机理的根本原因。主故障机理风险较高,应考虑改进设计或增加控制措施。

表 8 - 5　故障机理风险矩阵与风险等级

		确信程度				
		A	B	C	D	E
严重程度	Ⅰ	高	高	高	中等	中等
	Ⅱ	高	高	中等	中等	低
	Ⅲ	高	中等	中等	中等	低
	Ⅳ	中等	中等	低	低	低

　　对故障机理确信程度被列为"不确定"的每一个故障机理,要逐一明确是否进一步开展故障物理模型研究。

8.7　FMMEA 表和报告

　　电子产品的 FMMEA 的分析过程,多以通过填写 FMMEA 表格来体现。常用的 FMMEA 表格如表 8 - 6 所列。

表 8 - 6　FMMEA 表格

产品组成部分	潜在故障模式	载荷与环境条件	潜在故障机理	故障机理类型	故障物理模型	故障机理影响分析			
						应力分析与损伤分析	发生确信程度	严重程度等级	故障风险
产生故障的部位	外在表现形式,如卡滞、磨损、断裂、短路、烧毁等	引发故障的应力,如机械力、电压、摩擦力、热应力等	揭示故障发生的物理化学方面的机理,疲劳、裂纹扩展、电迁移、电化学腐蚀等	耗损型或过应力型	从附表中可选取,或自行推导	利用 FEA 软件以及电子产品故障预计软件进行	根据应力和损伤分析结果确定	分析严重程度等级	综合得出的故障风险等级

　　将 FMMEA 表中高风险性的故障机理单独列出,形成主故障机理汇总表。若高风险的故障机理较多,则可以取全部故障机理中风险排在前 20% 的故障机理,汇总表格。典型的主故障机理汇总表格如表 8-7 所列。

　　其中产品的组成部分要定位到产品的某一部位,为了区分,可以增加该部位所在的子系统、部件、模块以及零件或元器件名称或者代号等栏。

表 8-7　主故障机理汇总表

产品组成部分	载荷与环境条件	潜在故障机理	故障机理类型	故障风险
产生故障的部位	引发故障的应力,如机械力、电压、摩擦力、热应力等	揭示故障发生的物理化学方面的机理,疲劳、裂纹扩展、电迁移、电化学腐蚀等	耗损型或过应力型	综合得出的故障风险等级

　　FMMEA 报告至少包括问题描述,产品定义,载荷和环境条件、潜在故障模式、潜在故障机理分析说明,产品故障物理模型选择过程,产品故障机理影响分析过程,包括确信程度、严重程度以及风险分析的过程,FMMEA 表格及主故障机理汇总表,分析结论或建议。

8.8　FMMEA 实例

8.8.1　问题描述

　　飞机的自动控制电路板,该系统位于设备舱。该电路板的功能相当于一台微型的电脑,其MTBF 的目标值为 8 000 h,现对其故障模式、机理及影响进行分析,以确定该产品的薄弱环节。

8.8.2　实施步骤

　　(1) 产品定义

　　产品故障定义为烧毁、无电流输出。电路板上的器件类型包括:CPU、运算放大器等集成电路芯片、二极管、晶体管、多层陶瓷贴片电容、钽电容、金属膜电阻、电感、连接器、PCB 电路板(包括焊点、焊盘、PTH、过孔和金属互联线),PCB 材料为 FR-4,金属化连线和镀通孔(PTH)材料为铜,焊料为 63Sn37Pb。PCB 通过四边上的安装孔固定。安装部位不考虑故障问题。此电路板如图 8-3 所示。

　　产品可能在以器件或部位发生故障:电阻、电感、电容、连接器、晶振和 IC 等。另外还有PTH,过孔、各种元器件的焊接点(包括 BGA 焊球、表贴焊点和插装器件焊点等),这些都是潜在的故障点。所有单元的功能是保持电连接外。对于 PCB 来说,除了电的连续性外,还包括为整个产品提供机械支撑。

　　(2) 载荷与环境条件分析

　　为了简化分析过程,假设电路板和元器件均没有固有缺陷。同时由于制造、贮存、运输等过程在产品寿命周期所占比重很小,因此假设这些过程造成的电路板和元器件的损伤可以忽略。该电路板在工作过程中所受的应力包括温度、振动(随机振动和冲击)、湿度,载荷主要为电载荷。整个电路板由 5 伏独立电源供电,无大电流、高电压,且电路板周边无强磁场,设备舱

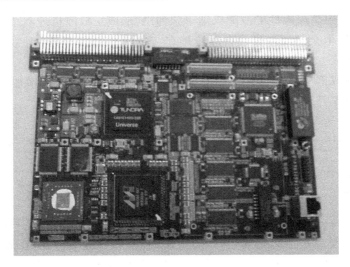

图 8 - 3 单板计算机

中的辐射也可以忽略不计。冲击振动水平为 $5G$，持续时间为 $3\ \mathrm{ms}$ 的半正弦。周围环境的最大相对湿度为 80%。如图 8 - 4 所示为电路板的温度剖面，图 8 - 5 为振动剖面，图 8 - 6 为振动谱型。

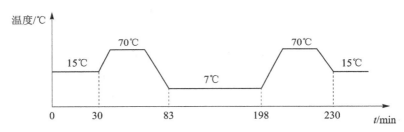

图 8 - 4 电路板的温度剖面

图 8 - 5 电路板的振动剖面

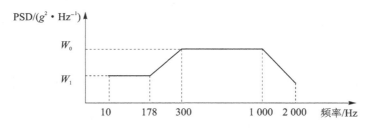

图 8 - 6 电路板的随机振动谱型

（3）潜在故障模式分析

表 8-8 中列出了电路板上元器件和部件的潜在故障模式,例如焊点的潜在故障模式为信号漂移、无输出或断路等。

（4）故障机理分析

根据产品所经历的载荷与环境条件,分析电路板的主要故障机理,并在表 8-8 中列出。

（5）故障模型分析

利用 CRAFE 选择的故障机理对应的故障物理模型。例如对于焊点热疲劳,运算放大器 U10 为表面贴片封装,选择 Engelmaire 模型,而 CPU 芯片是球栅阵列封装,选择 Dasgupta 能量模型。

其中,晶体管 U55 的"退化"故障机理和电感器 M1 的"退化"故障机理,没有相应的故障物理模型。因此在"故障物理模型"一栏中填入"无"。

（6）故障机理影响分析

根据环境和载荷分析,电路板中没有大电流、高电压、强磁场,因此造成 ESD、EOS、EMI 等故障机理的载荷与环境不存在,则认为它们是"肯定不发生"的,发生确信程度评为"E"级。

利用 CRAFE 软件平台的故障预计模块,计算所有耗损型故障机理的 TTF,计算的结果以年为单位,填写到"应力分析与损伤分析"一栏中,如表 8-8 所列。利用 CRAFE 平台的振动分析模块,连接 ANSYS workbench 软件,计算了振动冲击发生的可能性,得到的结果为过应力型故障机理的应力不会超过其强度,故在表 8-8"应力分析与损伤分析"一栏中填入"不会发生"。

对由于振动冲击引发的过应力型故障机理,经过计算均不会发生,因此它们的发生确信程度均分配为"D"级,表示"不会发生"。

分析得到故障机理发生确信程度后,根据各故障机理的发生对产品的影响,一一分配严重程度等级。最后,在"故障风险性"一栏中填入分析结果。

对于没有故障物理模型的晶体管 U55 的"退化"故障机理和电感器 M1 的"退化"故障机理,其发生的确信程度无法确定,因此在"发生确信程度"一栏中填入"不确定"。

由于晶体管 U55 的"退化"故障机理的严重程度较高,有必要进一步明确故障物理模型,从而得到确切的风险分析结果;而电感器 M1 的"退化"故障机理的严重程度较低,暂不进行故障物理模型的研究,后续的分析中加以关注。

在进行该型电路板故障模式机理及影响分析过程中,结果均记录下来,形成了 FMMEA 表格,如表 8-8 所列。

（7）结　论

将 FMMEA 表分析得到的风险性为"高"的故障机理,汇总在表 8-9 主故障机理表中。可见,电路板的主故障机理包括由温度循环、随机振动、电载荷和湿度引起的 U10 热疲劳、U2 振动疲劳、电连接器 T1 的电接触退化以及 PCB 板的导电阳极细丝 CFF。

表 8-8　某型电路板的 FMMEA 表

分析对象:某型电路板
分析:XXX
审核:XXX
批准:XXX
填表日期:2018 年 5 月

产品组成部分	潜在故障模式	载荷与环境条件	潜在故障机理	故障机理类型	故障物理模型	应力分析与损伤分析	故障机理影响分析		
							发生确信程度	严重程度等级	故障风险性
运算放大器 U10	参数漂移、烧毁	温度,电压	热载流子	耗损	LE	3.58 年	C	II	中等
		温度,电压	TDDB	耗损	1/E	6.72 年	D	II	中等
	开路、短路	温度,电流密度	电迁移	耗损	Black	8.43 年	D	II	中等
	烧毁	过电应力	ESD,EOS,EMI	过应力	无	肯定不发生	E	II	低
	短路、烧毁	温度,湿度	腐蚀	损耗	Peck	3.03 年	C	II	中等
	开路	温度循环	焊点热疲劳	耗损	Engelmaire	1.43 年	B	II	高
		随机振动	随机振动疲劳	耗损	Steinberg	2.28 年	B	III	中等
		冲击	焊点冲击断裂	过应力	Steinberg	不会发生	D	II	中等
CPU U2	参数漂移、烧毁	温度,电压	热载流子	耗损	LE	2.98 年	C	II	中等
		温度,电压	TDDB	耗损	E	5.72 年	D	I	中等
	开路、短路	温度,电流密度	电迁移	耗损	Black	6.43 年	D	I	中等
	烧毁	过电应力	ESD,EOS,EMI	过应力	无	肯定不发生	E	II	低
	短路、烧毁	相对湿度高	腐蚀	损耗	Peck	3.63 年	C	II	中等
	开路	温度循环	焊点热疲劳	耗损	Dasgupta	3.10 年	C	II	中等
		随机振动	随机振动疲劳	耗损	Steinberg	1.87 年	B	I	高
		冲击	焊点冲击断裂	过应力	Steinberg	不会发生	D	I	中等

续表 8-8

产品组成部分	潜在故障模式	载荷与环境条件	潜在故障机理	故障机理类型	故障物理模型	故障机理影响分析			
						应力分析与损伤分析	发生确信程度	严重程度等级	故障风险性
晶体管 U55	短路、参数退化	电应力、温度	退化	耗损	无	不确定	不确定	I	待分析
	开路	温度循环	焊点热疲劳	耗损	Engelmaire	6.43 年	D	II	中等
	开路	随机振动	焊点振动疲劳	耗损	Steinberg	5.21 年	D	II	中等
	短路	冲击	焊点冲击断裂	过应力	Steinberg	不会发生	D	II	中等
二极管 U32	短路	过电应力	二次击穿	过应力	无	不会发生	D	I	中等
	开路	温度循环	焊点热疲劳	耗损	Engelmaire	6.27 年	D	II	中等
	开路	随机振动	焊点振动疲劳	耗损	Steinberg	5.44 年	D	II	中等
	开路	冲击	焊点冲击断裂	过应力	Steinberg	不会发生	D	II	中等
多层陶瓷电容 C2	击穿	温度、湿度、电压偏置	银离子迁移	耗损	迁移模型	6.54 年	D	III	中等
	开路	温度循环	焊点热疲劳	耗损	Engelmaire	5.88 年	D	III	中等
	开路	随机振动	焊点振动疲劳	耗损	Steinberg	4.67 年	D	III	中等
	开路	冲击	焊点冲击断裂	过应力	Steinberg	不会发生	D	III	中等
PCB	PTH 孔短路	温度、湿度、电压	CFF	耗损	Rudra 模型	0.87 年	A	III	高
	PTH	温度循环	热疲劳	耗损	IPC 模型	3.02 年	C	IV	低
	噪声增强	大电流/磁场	EMI	过应力	无	肯定不发生	E	II	低

续表 8-8

产品组成部分	潜在故障模式	载荷与环境条件	潜在故障机理	故障机理类型	故障机理影响分析				
					故障物理模型	应力分析与损伤分析	发生确信程度	严重程度等级	故障风险性
钽电容 C26	短路,击穿	过电应力	材料退化	耗损	钽电容退化	3.59 年	C	Ⅱ	中等
	开路	温度循环	焊点热疲劳	耗损	Engelmaire	3.66 年	C	Ⅱ	中等
		随机振动	焊点振动疲劳	耗损	Steinberg	4.12 年	C	Ⅱ	中等
		冲击	焊点冲击断裂	过应力	Steinberg	不会发生	D	Ⅳ	中等
电感 M1	开路/短路	时间,温变等	退化	耗损	无	不确定	不确定	Ⅳ	待分析
	开路	温度循环	焊点热疲劳	耗损	Engelmaire	3.87 年	C	Ⅳ	低
		随机振动	焊点振动疲劳	耗损	Steinberg	4.21 年	C	Ⅳ	低
		冲击	焊点冲击断裂	过应力	Steinberg	不会发生	D	Ⅳ	低
电连接器 T1	接触性能差	温度、电流	电接触退化	耗损	电接触模型	1.28 年	B	Ⅰ	高
	开路	温度循环	焊点热疲劳	耗损	Engelmaire	4.75 年	D	Ⅰ	中等
		随机振动	焊点振动疲劳	耗损	Steinberg	3.50 年	C	Ⅱ	中等
		冲击	焊点冲击断裂	过应力	Steinberg	不会发生	D	Ⅰ	中等

表 8 - 9　某型电路板的主故障机理表

产品组成部分	载荷与环境条件	潜在故障机理	故障机理类型	故障风险性
运算放大器 U10	温度循环	热疲劳	耗损	高
CPU U2	随机振动	振动疲劳	耗损	高
电连接器 T1	温度、电流	电接触退化	耗损	高
PCB	温度、湿度	CFF	耗损	高

习　　题

1. 什么是 FMMEA？

2. FMMEA 与 FMECA 相比较，有什么异同？

3. 在 FMMEA 中，确定产品的载荷与环境条件，是指类型还是指量值？

4. FMMEA 中的故障模式可以从哪里获得？

5. FMMEA 中的故障机理如何分析？

6. FMMEA 的故障影响分析包括哪些步骤？

7. FMMEA 结束后，应给出哪些方面的结果？

8. FMMEA 报告中应包括哪些内容？

9. FMMEA 的结果对可靠性中哪些活动有参考意义？

10. 某航天星载电子设备，其中有 4 块电路模块。其中一块为通信板，是连接主控板与外界设备的桥梁，其主要功能是实现主控板与外界设备的双向通信。它通过 P - bus 总线接收到主控板指令，经过运算处理后整理为通信协议要求的格式，再经过转换电路后，以电流形式发送给外界设备，同时，外界设备发送过来的电流信号可通过通信板转换和数据解析后传递给主控板。通信板的组成包括 FR - 4 印制电路板、集成电路芯片（主要包括随机存储器 SRAM、BGA 封装的 CPU 芯片、表贴的光电耦合器芯片）、稳压二极管、晶体管、电容器、电阻器等。其中 BGA 封装的 CPU 芯片内部互连方式为倒装焊，光电耦合器芯片内部互连方式为引线键合，前者是超深亚微米 CMOS 工艺，后者为普通的 CMOS 工艺制造而成。该星载设备经历了运输、发射、在轨运行等工作阶段，试分析该设备的故障模式、机理。

第9章　电子产品可靠性仿真分析

9.1　可靠性仿真分析的目的和作用

对于高可靠长寿命的产品,设计人员努力的方向应该在于明确产品如何发生故障,怎样改进和排除潜在的故障,以确保产品寿命和可靠性满足设计要求。故障物理方法为这一目标提供了技术的支撑。基于故障物理的可靠性仿真分析是将计算机建模仿真技术与故障物理的思想相结合,在产品设计过程中,通过建立产品的几何模型、应力仿真模型、故障物理模型和其他工程分析模型,将产品预期承受的工作环境应力与潜在故障发展过程联系起来,从而定量的预计产品可靠性,发现薄弱环节并采取有效的改进措施。在美国的国防领域,很早就提出将“仿真试验—物理试验—模型改进”贯穿于装备研制的全过程。基于故障物理的可靠性仿真分析方法就是一种在计算机虚拟环境下实现产品故障物理分析,从而发现和解决产品可靠性问题的方法。它能够在产品研制阶段分析和改进产品设计,实现在设计早期阶段消除故障源、提高健壮性、减少试验量、缩短开发周期,减少开发成本、提高产品可靠性等目的。

目前电子产品可能发生的各种故障机理,经过了长时间验证后,大多数已经建立或提出了相应的故障物理模型,从而为从故障物理学角度研究电子产品的可靠性问题提供了基础。相比试验数据和外场统计的方法,基于故障物理方法的可靠性仿真分析方法有几个优势:

① 不受样本量的限制。传统的试验方法所需要的样本量必须满足一定的要求,否则会影响结果的置信度。而对于大型复杂系统来说,由于造价昂贵,不可能在试验中投入很多的样本。而仿真方法的试验样本利用数学方法抽样,或者排列组合得到,只要计算能力足够,就可以得到大量样本的仿真结果,使得可靠性评估的结果更符合实际。

② 施加的环境和载荷多样化。由于受到试验条件和样本量的限制,传统的试验方法只能选取典型的剖面进行施加,因而激发的故障种类就受到了限制,无法体现产品在实际多样环境下的故障特点。同时,由于剖面受到限制,评估出来的产品故障时间和可靠度结果,也与真实产品结果相差较大。

9.2　可靠性仿真分析的流程

可靠性仿真分析包括以下工作项目:收集产品的设计信息、生成仿真样本、进行 FM-MEA、建立产品数字样机、应力仿真分析、故障时间计算以及可靠性评估。一般流程如图 9-1 所示。

进行可靠性仿真分析,需要收集以下信息:

① 设计信息:设备名称、功能、硬件组成、安装位置及安装方式;设备组成,包括组成模块

名称和模块代号,以及各模块的元器件清单,设备组成中各模块的电路布局文件;设备重量,包括设备总重量、各模块重量(含元器件)、元器件的重量;元器件的功耗;三维结构模型,包括各零件的几何尺寸、材料属性,以及各 PCB 板与结构的装配关系等。

② 使用信息:任务类型和使用条件;环境剖面,包括每种任务下的温度环境剖面和振动环境剖面;通风散热形式和散热量,包括通风散热形式、通风流量、环控通风量和通风温度。

③ 可靠性要求:产品的 MTBF 目标值、寿命、任务可靠度等。

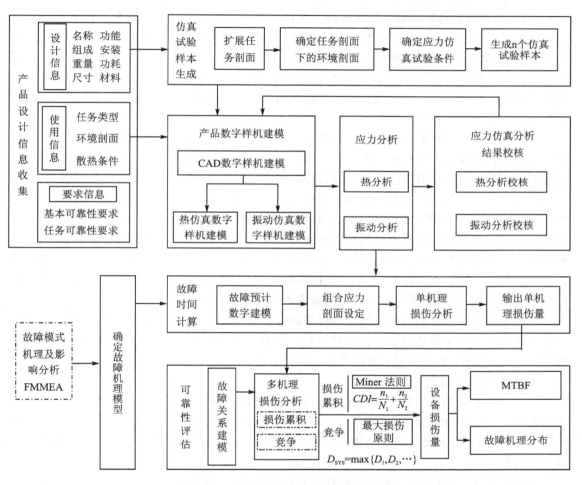

图 9 - 1　电子产品可靠性仿真分析的流程

可靠性仿真分析方法的重点有两个:一是如何生成具有代表性的可靠性仿真分析样本;二是如何建立系统故障关系模型,使得底层的故障机理能够反映产品的故障机理。其余的步骤还包括 FMMEA、应力分析、损伤分析、故障时间计算和模型校核等,将在下面一一介绍。

可靠性仿真分析最终输出的产品的 MTBF、主故障机理及其分布,同时确定引发这些主故障机理的内因和外因条件,从而为设计改进提供依据。

9.3　仿真分析样本生成

9.3.1　外因不确定性量化

　　任务是一个实体或行为者为达到某种目标而要执行的行动或作业。对于产品来说,可能其设计目标是要实现多种情况下的行动,这些就属于任务。产品在其寿命周期中,有可能只承担一种任务,这样的系统叫做单任务系统。单任务产品的环境条件和工作载荷由其执行的任务来确定,且与任务地点、任务执行的季节相关。例如网络交换机,其任务是单一的,即完成网络交换功能,只要开始工作,就处于这种工作状态,不会改变。但是,同一厂家的同一型号产品会销售到世界各地,也许工作在潮湿的树林,也许工作在干燥的沙漠,虽然有机箱保护,但是在不同的地域工作,环境条件还是会有所不同,长期的工作造成的损伤累加效应,会使得产品发生故障的主机理产生差异。

　　多任务产品是指在寿命周期内执行多种任务的产品,这些任务可能是规划好的任务,也可能是由于用户的偏好而形成的不同任务。例如,运输机是多任务产品,它可能会执行远距离长途运输、近距离运输、空投空降等任务,执行不同任务时,电子产品的状态可能是不同的,而且在不同高度执行任务、不同的起降次数、环境条件也是变化的。直升机除了有一系列典型任务外,不同的地域也会对其故障有影响,比如在温暖潮湿的沿海区域与干燥炎热的内陆区域使用,长期下来,各种故障机理发展的程度不同。又如,洗衣机程控电路板也是属于多任务产品,有的用户只选择几种洗衣选项,另外的用户可能会选择更多的选项,每一种洗衣选项都可以认为是电路板的一个任务。此外,人们使用洗衣机的方式也不同,一些用户使用频繁,另外一些用户则不常使用,不同的使用方式对电路板的寿命也是有影响的。

　　外因不确定性量化的方法是对所有可能执行的任务进行枚举和组合,生成能够模拟产品在寿命周期内所承受的各种任务的多种组合。典型多任务产品外因组合方法包括3个步骤,典型任务剖面分析、使用剖面分析以及任务组合。

　　① 典型任务剖面分析。

　　电子产品通常是一个系统的组成部分,其任务可以根据电子产品所在的系统的任务来分析。例如,一个直升机的典型任务是高空巡逻、救援、护航等,不同的任务飞行高度、飞行时间不同,内部产品工作状况也不一定相同。直升机内的电子产品典型任务就可以根据该机型的典型任务确定。

　　确定典型任务剖面时,还需要考虑任务时间的长短,运输距离长短等因素。例如运输机可以长距离运输,也可近标准距离运输,因此其典型任务中有远航程任务和标准航程任务,不同任务时间对产品的寿命有较大的影响。典型任务类型确定后,将各任务分解成不同阶段,确定每个阶段的起始时间、动作等场景,构造典型任务剖面。

　　② 使用剖面分析。

　　产品可能在不同的使用方式下,或者不同的环境下执行各种典型任务。例如前面的直升机,其典型任务中的巡逻、护航、救援可以分别在高原地区(寒冷、低气压)、沿海地区(湿热)和内陆沙漠地区(炎热、干燥)执行。不同的区域环境条件对产品寿命和可靠性影响很大,故障物理就是剖析环境等外因如何影响产品的方法,因此必须根据真实的条件列举各种不同的环境条件。

③ 任务组合。

多任务产品在其寿命周期内,要多次执行某些典型任务,这些任务组合在一起,类似一个任务串。每一个任务串就构成了一个仿真分析样本的外因部分。生成任务串的过程即为任务组合。

假设某产品有 m 个典型任务剖面,p 个任务执行的可能区域(或 p 种典型环境条件),若某一区域的产品寿命周期内仅执行一种任务,则其可能的组合方式为 C_m^1 种,若其寿命周期内仅执行两种任务,则从 m 中任务中取 2 种的组合方式为 C_m^2 种,以此类推,执行全部 m 种任务的组合方式有 C_m^m 种,总共的组合方式有 $C_m^1 + C_m^2 + \cdots + C_m^m = 2^m - 1$ 种。因此,p 个任务执行区域的组合方式就有 $n = p \times (2^m - 1)$ 种,也就是可以生成 $n = p \times (2^m - 1)$ 种任务串。以上步骤仅确定了不同任务串的任务类型的所有组合。每个任务串中都包含 $1 \sim m$ 个任务类型,每种任务类型的个数,以及一个任务串的任务时间还需要进一步计算确定。

根据工程经验,每个任务串的总任务时间应至少大于 1.5 倍的电子产品目标 MTBF,如图 9-2 所示。

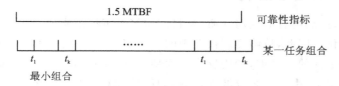

图 9-2　某一任务组合的任务时间与可靠性指标 MTBF 的关系

据此原则以及每种典型任务的占比,可以求出每种任务组合中包含的任务的个数。假设某产品在某一区域内的任务组合中,包括 k 种$(k = 1, \cdots, m)$任务,每种任务所占比例和任务时间如表 9-1 所列。

表 9-1　任务比例与任务时间

任务编号	任务名称	比　例	任务时间
1	任务 1	a_1	t_1
2	任务 1	a_2	t_2
…	…	…	…
k	任务 k	a_k	t_k
…	…	…	…
m	任务 n	a_m	t_n

K 种任务组成的任务串中,{任务 1,任务 2,$\cdots$,任务 k} 是一个最小组合,每个任务串中应该有若干个这种最小组合。最小集合的任务时间为

$$T_{\min} = \sum_{i=1}^{k} t_i \tag{9-1}$$

可以计算出这一任务串中的最小组合数为:

$$C = \text{Int} \left[\frac{1.5(\text{MTBF})}{T_{\min}} \right] + 1 \tag{9-2}$$

该产品的有 k 个任务组成的任务串中,至少有 $C \times \sum\limits_{i=1}^{k} a_i$ 个任务。

以上是针对多任务产品的外因不确定量化过程,而对于单任务产品,由于其寿命周期只执行一种任务,所以不必对其多种典型任务进行组合,因此单任务产品不确定量化过程包括确定典型任务剖面和使用剖面分析两个步骤:

① 典型任务剖面分析。

典型任务剖面可以从电子产品所在系统的任务剖析,也可以从其所执行的功能角度分类。例如网络交换机,其典型任务就是一种,持续工作,使得交换的网络端口能正常工作。通过分析得到典型任务剖面的环境和载荷条件。

② 使用剖面分析。

单任务产品可以有不同的使用环境条件,例如网络交换机可以在良好的办公室环境使用,也可能在恶劣的野外环境下使用。选择典型的环境条件,扩展典型任务剖面成为多个使用剖面,就完成了外因不确定的量化过程。

9.3.2　内因不确定性量化

在理想情况下,产品所有的几何性质、材料性质等都可视为常值,不会因生产过程、工艺过程和使用状态而变化。因此,故障物理模型中的参数都是确定性的,利用故障物理模型计算得到的特征量也是确定性的。例如,利用反应论模型计算得到故障机理的故障时间,是一个平均故障时间。真实情况下,由于工艺分散性,产品的结构和材料属性会存在一定的差异。而且,如果产品的质量控制越差,这种差异性就越大。因此,仅仅关注故障时间还不够,还需要关注故障时间的分布情况。

内因不确定性量化的过程就是将故障物理模型中确定的结构、材料等参数进行概率化的过程。如果故障时间不服从规则的分布,此时就要利用蒙特卡洛仿真,对故障点的结构参数、材料参数和工艺参数等进行随机抽样来实现故障机理的不确定量化。每次运行时从参数的分布中随机的抽取不同的参数值,最终就可以分析得到单一故障机理多次随机抽样的故障时间分布。

(1) 故障物理模型参数不确定性分析

模型中具有分散性的参数包括:结构几何参数、材料参数、载荷与环境参数。结构几何参数大多可以在手册中查到容差范围,可设置为服从容差范围内的均匀分布、三角分布或正态分布。材料参数服从的分布可以通过经验或者测量确定,一般服从正态分布或者对数正态分布。载荷与环境可以在仿真结果的基础上,进行适当浮动,选定相应的分布类型及参数。

(2) 生成故障机理的寿命抽样值

根据变量的分布类型和分布参数生成随机数,这一步要借助程序来实现。如在 MAT-LAB 中,生成随机数的系统函数主要有:

① unifrnd(a, b, m, n):产生 $m \times n$ 阶、范围为 $[a, b]$ 的均匀分布;

② exprnd(μ, m, n):产生 $m \times n$ 阶、期望为 μ 的指数分布;

③ wblrnd(μ, m, n):产生 $m \times n$ 阶、期望为 μ 的指数分布。

(3) 得到内因不确定量化组合

将得到的随机数按顺序代入故障机物理模型,利用蒙特卡洛法则可得到若干组内因不确定性组合。

9.3.3　仿真分析样本的生成

　　首先来复习一下与样本相关的概念。样本是研究中实际观测或调查的一部分个体,又称为"子样",研究对象的全部称为总体。按照一定的规则从总体中取出的一部分个体的过程为抽样。为了使样本能够正确反映总体情况,在抽样过程中规定,总体内所有单元必须是同质的。在抽取样本的过程中,必须遵守随机化原则,样本数量要充足。

　　一个可靠性仿真分析的样本对应一个真实的产品,包含产品的内部因素和外部因素。内因是产品的结构、材料和工艺等,而外因就是其承受的环境条件和工作载荷。可靠性仿真样本形成的过程,也是分析样本中的内外因不确定性的过程。在仿真分析中,需要抽取足够多的样本,以保证可靠性评估的结果的准确性。由于仿真分析样本并不是真实的产品,可在保证仿真效率的前提下尽量多的生成样本。可靠性仿真分析样本生成过程如图 9-3 所示,主要包括 3个步骤,外因不确定性量化、内因不确定量化以及内外因综合。

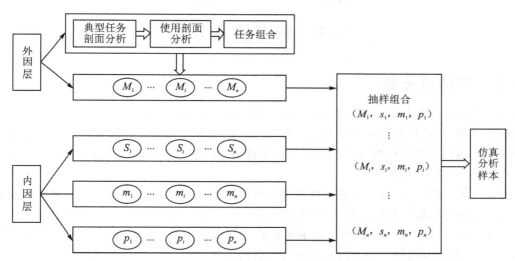

图 9-3　内外因参数综合生成仿真分析样本

　　① 根据外因不确定性量化方法,生成产品 n 个外因组合条件;

　　② 分析并确定产品的内因参数,包括结构、材料、工艺等参数的分布类型和分布参数,运用蒙特卡洛方法随机对各个参数进行抽取,共抽取 n 组内因组合条件;

　　③ 再次利用蒙特卡洛方法,将 n 种外因不确定性条件与 n 组内因不确定性条件进行随机匹配,最终生成 n 个仿真分析样本。

　　值得注意的是,单任务产品在进行外因不确定组合时,可能生成的组合数少于 n 个,此时要将使用剖面扩展至 n 个,之后再进行第③步。

9.4　故障机理分析

　　故障机理分析采用 FMMEA 方法,但是在可靠性仿真分析中的 FMMEA 与图 8-1 的流程不同,只取前五步,即产品定义、产品的载荷与环境条件分析、故障模式分析、故障机理分析和故障物理模型分析。FMMEA 为可靠性仿真分析输出产品的故障机理、环境和应力条件、故障物理模型等信息矩阵。这些分析结果在后续的步骤中,分别支撑应力仿真分析、故障时间计算和可靠性评估。其中,在确定故障物理模型时,可利用实验拟合适用于产品的故障物理模型,或者从故障物理软件的物理模型库中选取,还可以从公开发表的文献中选取成熟的物理模型。

故障机理分析可以参考电子产品中常见的故障发生位置、环境条件和故障机理的对应关系(见表 8-2)来进行,其步骤为:

① 分别确定分析对象的元器件、部件的类型,如板级互连、集成电路或电容器等;

② 根据被分析对象的结构、材料、所采用的工艺等确定潜在故障点,如采用引线互连的集成电路的潜在故障点包括外壳、芯片、粘贴层、封装引线等;

③ 根据产品所处的环境与工作条件,查表 8-2,最终确定故障机理,例如采用引线互连的集成电路在湿度应力作用下的故障机理为腐蚀;

④ 在故障物理模型库中确定一个适合该部位发生故障机理的物理模型。

9.5　应力仿真分析

9.5.1　热仿真分析

电子产品中元器件由于温度的原因引起的故障机理有很多种,其中包括如由于温度过高引起芯片烧毁、由温度循环或温度分布不均匀引起热应力而导致的热疲劳等。热仿真分析的目的是利用热仿真数字样机计算产品在给定条件下的温度分布,为故障时间计算提供输入,也可为产品的热设计提供依据。

对于不规则的产品,通常无法直接求得解析解,而只能采用数值求解方法,利用商用的软件来仿真得到近似解。目前常用商用软件主要的求解方法包括两种,一是有限元法(FEA);一是有限体积法(CFD)。CFD 模型是采用计算流体力学方法建立的描述设备热特性的数值模型,它是应用计算流体力学方法进行热仿真分析的基本前提。CFD 建模主要依靠计算机辅助完成,并且已经形成了标准化通用程序,目前常用的大型电子产品热分析软件主要有英国 Flotherm 软件和美国 Icepack 软件等。

电子产品稳态热分析最重要的分析目标是获取设备中各点在稳定的外界温度情况下的响应温度值(或温度分布)。由各点温度值的大小可以确定设备中的高温器件或位置,进而分析由于高温引起的各类故障,如芯片烧毁。另外器件的工作温度同样也可以分析器件中累积类的故障。通过温度稳态分析得到设备中的热流方向及大小。分析得到的热流方向及其大小虽然不能直接为故障物理提供数据输入,但是这些分析结果对于设备的热设计是非常重要的。例如,可以通过热流方向分析冷却系统设计的合理性,通过热流大小分析冷却系统的冷却效果。

由于温度分布的不均匀以及材料热膨胀系数的不一致能导致器件、模块甚至设备中存在热应力,这样的热应力往往会造成疲劳故障。稳态热分析的结果能够用于热疲劳故障物理模型的计算。

热仿真分析的建模过程包括以下一些步骤:

（1）信息收集

收集用于热分析的相关数据和信息，包括功耗信息、材料属性和环境条件。其中，功耗信息指的是功率器件的功率参数；材料属性包括：导热系数、比热容、密度和辐射率；环境条件包括外部环境的压力、温度和气流速度，强迫风冷情况下需提供通风流量和通风温度，液体冷却情况下需提供液体流量和液体温度。

（2）建立热仿真数字样机几何模型

常用热仿真软件包括 Flotherm、Icepak 等。建模可以通过两种方式进行。第 1 种方式是利用热仿真软件与 CAD 软件的数据接口将数字样机 CAD 格式的几何模型导入热仿真软件中，通过适当地简化与修改，使该热仿真数字样机几何模型能够满足热仿真软件的模型要求。第 2 种方式是在直接利用热仿真软件的建模功能直接创建热仿真数字样机几何模型。前者的优点是能够利用现有 CAD 模型资源，使得建模过程简单，建模工作量小；缺点是导入的 CAD 模型可能过于细节化，造成 CFD 模型几何结构过于复杂。后者的优点是能根据设备传热特性，因地制宜地进行几何结构简化和等效，从而使模型简洁高效；缺点就是建模工作量大，并可能存在几何描述不准确的问题。一般的我们在建立 CFD 模型几何结构时可以结合上述两种方法，首先采用导入的方法建立主要结构，然后对模型进行手工修改和适当的简化与等效。

在建立 CFD 模型时，适当的简化是提高分析效率，保障分析精度的有效手段。同时，为保证 CFD 模型的准确性，可以利用测试手段对模型进行修正。

（3）定义材料属性、边界和载荷条件

需要定义的 CFD 模型参数包括：材料热属性、流体热属性、热源参数、热边界条件等。热交换有 3 种方式：传导、对流和辐射。因此热分析的边界条件包括环境温度、对流换热（自然散热、强迫风冷）系数和热辐射系数等。稳态热分析的载荷为各元器件的功耗以及其他热源的热流密度，其中元器件的功耗也可以用热流密度的形式输入。

（4）求解与后处理

稳态热分析通常为静态分析，求解的时间长短与网格的稀疏程度、网格质量等因素相关。利用后处理器查看设备上任意一点的温度、任一截面的温度分布云图，查看整个设备的高温点或者部位，还可以获得热流矢量分布。

将具体的给定条件输入至热仿真数字样机中，得到温度场分析结果，包括：整机、模块及元器件的温度值及温度场分布，以了解产品内部温度分布情况、指定模块或位置处的稳态温度结果。根据产品的稳态温度分布情况，参考热设计的专用准则或规范，确定产品热设计中的薄弱环节。

9.5.2　振动仿真分析

电子产品中元器件由于振动的原因引起的故障机理包括如由于振动量值过大引起管脚断裂、由于随机振动或者周期性正弦振动引起振动疲劳等。振动分析的目的是利用振动仿真数字样机，来近似产品在给定条件下的振动应力分布，为故障时间计算提供输入，也可为产品的抗振设计提供依据。

在频域随机响应分析中，激励是以功率谱密度函数的形式来描述的，并且应对照谐响应分析相应的工况进行分析。输出的结果通常应包括功率谱密度、自相关函数以及响应的均方根值，例如位移均方根值、速度均方根值和加速度均方根值等。

　　FEM 模型是采用有限元方法建立的描述设备力学特性的数值模型,它是应用有限元方法进行动力学仿真分析的基本前提。FEM 建模主要依靠计算机辅助完成,并且已经形成了标准化通用程序,目前常用的大型有限元软件主要有 MSC、ANSYS 和 ABAQUS 等。根据应力仿真分析条件确定振动分析类型,包括模态分析,随机振动分析以及谐响应分析。

　　振动仿真数字样机建立过程为:

　　(1) 信息收集

　　收集用于振动分析相关的数据信息,包括重量、材料参数、振动类型及量值等。

　　(2) 建立振动仿真数字样机

　　与热仿真分析类似,振动仿真的数字样机也是通过外部导入和直接建模两种方式进行,复杂产品的 FEM 建模还可以采用 CAD 导入结合手工修改的方法,即将 CAD 建立的几何模型通过中间格式如 igs、step 等导入到 FEM 软件中,然后根据设备振动分析的特点(如细节的简化、降维处理、结构等效和对称的利用等)进行处理。为保证 FEM 模型的准确性,可进一步利用测试手段对模型进行修正。

　　(3) 定义材料属性、边界和载荷条件

　　逐一设置设备和各组成零部件、元器件的振动材料属性,包括:弹性模量、泊松比等;对于模态分析,只应设置约束条件,模态提取的阶数应满足设计频率范围要求,至少应大于 6 阶;对于随机振动分析,应输入功率谱密度曲线;对于谐响应分析,应输入正弦或者余弦谱型。

　　按照实际作用于产品的条件来设置振动载荷的激励位置和激励方向。模态分析中,电子产品的固定方式为分析中的边界条件,在模态分析结果应有足够的阶数,以保证分析结果能够有足够的模态信息,否则重新设置阶数进行计算。

　　(4) 求解与后处理

　　振动分析的结果包括以云图或网格变形图的形式描述振动响应,以便对产品整体的抗振设计有直观的认识,并发现最大响应位置。

9.6　故障时间计算

　　故障时间计算就是利用故障物理模型和损伤分析来计算单一故障机理作用下产品故障时间的过程。故障物理模型是针对单一应力条件对产品的作用推导或者拟合出来的,且每个模型都只针对一种故障机理,不同的故障机理有不同的物理模型,因此进行故障时间计算,首先要计算各单一故障机理,在单一应力下的损伤值,主要步骤包括:

　　① 首先将产品在寿命周期内的温度循环剖面和振动谱、湿度和电应力拆分成单一应力水平,例如飞机在起飞过程中和巡航过程中承受的振动应力水平不同,应加以拆分,并分别计算;

　　② 针对每种可能的故障机理,由单一应力分析结果提取或细化建模分析得到潜在故障点的应力,经过数据处理转化为故障模型所需的输入形式,计算得到该故障点在该应力水平下的损伤量;

　　③ 分别计算所有的应力水平下的损伤量。

　　由于设备的载荷历程比较复杂,需要转化为多个应力水平进行应力分析和应力损伤计算,再按照持续时间的不同进行损伤累加。工程上通常采用 Miner 线性法则(式(7 - 73)及式(7 - 74))来计算不同应力水平的损伤累加问题。Miner 法则认为加载次序不影响损伤和寿命,损伤的速度与以前的载荷历程无关。

9.7　MTBF 评估

电子产品常用的可靠性指标为 MTBF,利用前面的步骤计算得到各仿真分析样本的故障前时间后,根据平均故障前时间的定义,MTBF 可以计算得到:

$$MTBF = \frac{1}{n}\sum_{i=1}^{n} TTF_i \qquad (9-3)$$

式中:TTF_i 为每一个仿真分析样本的故障前时间;n 为样本数目。仿真分析样本的主故障机理可以通过直方图的形式进行统计,称为主故障机理分布直方图。能够直观的观察到各产品在不同的使用情况下的薄弱环节。

9.8　可靠性仿真分析案例

某航空电子控制设备,其外形如图 9-4 所示。该产品内有 5 块电路模块,双通道热备份。收集产品的任务类型、环境剖面和散热方式等使用信息;组成结构、安装方式、重量、功耗、尺寸、材料和元器件类型等设计信息以及可靠性指标要求,比如 MTBF 的目标值等。将收集的资料整理,输入到 CRAFE 软件平台中。

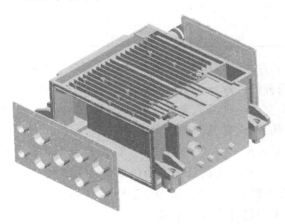

图 9-4　某航空电子控制设备外形图

9.8.1　生成仿真分析样本

该控制装置位于某型飞机的驾驶舱,产品的 MTBF 目标值为 6 000 小时。该型飞机的全寿命周期中,有 8 种典型任务剖面,每个剖面的名称与其占总任务的比例如表 9-2 所列。

由表 9-2 可见,飞机的典型任务是根据飞机的功能及其特点,例如持续时间长短,起降条件等综合确定的。在确定典型任务后,就要确定每一个典型任务包含的阶段,以及每个阶段的飞行高度、速度、持续时间等,从而确定任务的整个剖面。如表 9-3 所列为"标准航程运输"的任务剖面。

表 9 - 2　某型飞机典型任务及其比例

任务编号	任务名称	比　例	任务时间/min
1	标准航程运输	0.65	296
2	远航程运输	0.09	595
3	近航程运输	0.03	187
4	标准航程空投空降	0.06	236
5	远航程空投空降	0.03	380
6	近航程空投空降	0.03	140
7	简易机场近航程飞行	0.03	128
8	仪表飞行	0.08	128

表 9 - 3　标准航程运输任务剖面

任务阶段	高度/m	最大速度（当量空速）/(m·s⁻¹)	持续时间/min
起飞	0～300	83.7	3
上升	300～10 000	118.6	20
巡航	10 000	107.6	115
下降	10 000～300	139.6	20
进场	300	91.2	12
着陆	300～0	84.7	10

飞机在不同的环境条件下执行任务,对电子产品寿命影响不同,根据我国对地理区域的划分,将该飞机所执行的任务的区域分为东北、华北、华东、华中、华南、西南和西北等7个。

根据以上条件,该航空电子产品共有8个典型任务剖面,7个执行任务区域;假设每个区域都可能执行全部8种任务,则任务剖面组合个数为

$$n = p \times (2^m - 1) = 7 \times (2^8 - 1) = 1\,785(个)$$

其中每个任务剖面的组合中所包含的任务类型和个数均不相同。

利用9.3.3节中的步骤,结合内因不确定分析,生成了1 785个仿真分析样本,利用式(9-2)可计算每个样本中包含的任务个数。

9.8.2　环境与载荷条件分析

在仿真分析中要计算产品在各个区域执行典型任务时所受的载荷和环境条件。例如,对于东北区域,需要确定表9-2所列的8种典型任务剖面时,产品在设备舱可能承受的温度、振动、湿度和电应力。以东北区域的"标准航程运输"任务为例进行说明。

（1）温度条件

分别确定东北区域冷天和热天执行"标准航程运输"任务的温度剖面,其中在冷天中地面不工作温度最低可以达到−55 ℃,而热天地面不工作温度最高为55 ℃,其余温度根据执行任务的高度以及设备舱的状况综合确定,数据如表9-4、表9-5所列,冷天和热天的温度剖面如图9-5、图9-6所示。

表 9－4　标准航程任务的冷天温度剖面(东北区域)

任务阶段	温度/℃	持续时间/min	温度变化率/($℃ \cdot min^{-1}$)	开始时间/min
不工作	－55	30	—	0
工作	－30	30	—	30
起飞	－30	3		60
上升	—	20	1.26	63
巡航	－51	115	—	83
下降	—	20		198
进场	－30	12	1.04	218
着陆	－30	10	—	230
不工作	－55	—	—	—

表 9－5　标准航程任务的热天温度剖面(东北区域)

任务阶段	温度/℃	持续时间/min	温度变化率/($℃ \cdot min^{-1}$)	开始时间/min
不工作	55	30	—	0
工作	70	30	—	30
起飞	70	3		60
上升	—	20	0.65	63
巡航	7	115	—	83
下降	—	20		198
进场	70	12	0.54	218
着陆	70	10	—	230
不工作	55	—	—	—

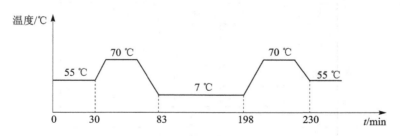

图 9－5　标准航程运输任务热天的温度剖面

（2）振动条件

表 9－6 列出了标准航程的环境振动数据。

随机振动谱有 3 种,分别为滑跑(对应"起飞"和"进场"两个阶段)、升降(对应"上升"和"下降"两个阶段)、巡航,3 种情况的谱型均如图 9－7 所示,不同的振动量值,如表 9－7 所列。

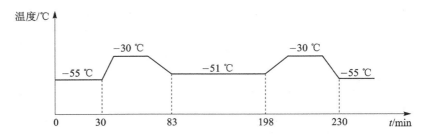

图 9 - 6　标准航程运输任务冷天的温度剖面

表 9 - 6　标准航程运输任务环境振动数据

任务阶段	高度/m	持续时间/min	PSD/($g^2 \cdot Hz^{-1}$)	G_{rms}/g
起飞	0～300	3	9.96×10^{-4}	1.02
上升	300～10 000	20	1.34×10^{-3}	1.17
巡航	10 000	115	3.46×10^{-3}	1.89
下降	10 000～300	16	1.34×10^{-3}	1.17
进场	300	12	3.46×10^{-3}	1.89
着陆	300～0	10	1.34×10^{-3}	1.17

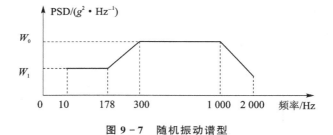

图 9 - 7　随机振动谱型

表 9 - 7　标准航程运输任务驾驶舱振动剖面数据

状　态	频率/Hz	PSD/($g^2 \cdot Hz^{-1}$)	G_{rms}/g
滑跑	10	9.96×10^{-5}	
	178	9.96×10^{-5}	
	300	9.96×10^{-4}	1.02
	1 000	9.96×10^{-4}	
	2 000	4.98×10^{-5}	
升降	10	1.34×10^{-4}	
	178	1.34×10^{-4}	
	300	1.34×10^{-3}	1.17
	1 000	1.34×10^{-3}	
	2 000	6.67×10^{-5}	

续表 9 - 7

状　态	频率/Hz	PSD/($g^2 \cdot Hz^{-1}$)	G_{rms}/g
巡航	10	3.46×10^{-4}	1.89
	178	3.46×10^{-4}	
	300	3.46×10^{-3}	
	1 000	3.46×10^{-3}	
	2 000	1.73×10^{-4}	

（3）湿度条件

确定东北区域执行"标准航程运输"任务的湿度,热天相对湿度为 40%,冷天相对湿度为 15%。而在华南区域执行"标准航程运输"任务时的湿度要明显高于东北区域。

（4）电应力

东北区域执行"标准航程运输"任务的电应力剖面如图 9-8 所示。

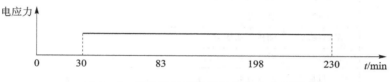

图 9 - 8　标准航程运输任务的电应力剖面

根据典型任务剖面和飞机所执行任务的 7 大区域环境条件的特点,分别制定 4 种环境剖面。由于执行任务的区域不同,造成了该产品的环境温度条件不同,因此在进行应力仿真时,需要计算各种不同环境温度下,产品内部的局部温度。另外简易机场任务的振动量值也与其他任务不同。

9.8.3　FMMEA

利用 FMMEA 方法将案例中控制设备的每个电路模块的元器件、PCB 板和其他连接部件的故障机理、故障物理模型汇总到一张表格内。故障物理模型为 CRAFE 软件平台自带的数据库中推荐的模型。表 9-8 为控制设备电源板 FMMEA 表格（部分）。

表 9 - 8　电源板 FMMEA 表格（部分）

元器件 （部件）	载荷与 环境条件	潜在故障机理	故障机理 类型	故障物理模型
三态缓冲器 U3 集成电路类,塑封,DIP20	相对湿度	腐蚀	耗损型	Peck 模型
	电应力	电迁移	耗损型	Black 模型
		时间相关的栅氧化层击（TDDB）	耗损型	1/E 模型
	过电应力	静电放电（ESD）	过应力型	人体 ESD 模型
	高电压	热载流子注入（HCI）	耗损型	幸运电子模型
	温度循环	热疲劳	耗损型	Engelmaire 模型
		引线疲劳	耗损型	引线疲劳模型
	随机振动	随机振动疲劳	耗损型	Steinberg 模型

元器件 （部件）	载荷与 环境条件	潜在故障机理	故障机理 类型	故障物理模型
DC/DC 电源模块 N1 集成电路类,塑封 SOP	相对湿度	腐蚀	耗损型	Peck 模型
	电应力	电迁移	耗损型	Black 模型
		时间相关的栅氧化层击穿（TDDB）	耗损型	E 模型
	过电应力	静电放电（ESD）	过应力型	人体 ESD 模型
	高电压	热载流子注入（HCI）	耗损型	幸运电子模型
	温度循环	热疲劳	耗损型	Engelmaire 模型
		引线疲劳	耗损型	引线疲劳模型
	随机振动	随机振动疲劳	耗损型	Steinberg 模型
场效应晶体管 T5,塑封	温度循环	热疲劳	耗损型	Engelmaire 模型
	随机振动	随机振动疲劳	耗损型	Steinberg 模型
开关二极管 D2	温度循环	热疲劳	耗损型	Engelmaire 模型
	随机振动	随机振动疲劳	耗损型	Steinberg 模型
钽电容 C21	过电应力	介质击穿	过应力型	—
	弯曲过应力	箔片开裂	过应力型	—
电容器 C3	过电应力	介质击穿	过应力型	—
	弯曲过应力	箔片开裂	过应力型	—
共模电感器 L1	随机振动	随机振动疲劳	耗损型	Steinberg 模型
金属膜电阻器 R1	随机振动	随机振动疲劳	耗损型	Steinberg 模型
表面贴装电阻器 R5	随机振动	随机振动疲劳	耗损型	Steinberg 模型
印刷电路板插头 N1	电接触	电接触失效	耗损型	接触失效模型
印刷电路板 B1	温度循环	焊盘热疲劳	耗损型	焊盘疲劳模型
		镀通孔热疲劳	耗损型	IPC 模型
	随机振动	随机振动疲劳	耗损型	Steinberg 模型
	相对湿度	腐蚀	耗损型	Peck 模型
		导电细丝	耗损型	CFF 模型
		银迁移	耗损型	迁移模型

9.8.4　应力分析

1. 简化 CAD 数字模型

产品信息收集过程中获得的完整 CAD 模型,依据简化原则,建立适用于应力分析的产品 CAD 简化模型,如图 9 - 9 所示。该模型的电路板上保留了重要的元器件,例如大功耗元器件、重量较大的元器件。

对以下部分进行参数设定:

① 箱体材料设定　根据产品设计方提供的箱体部件材料信息,对所有的零部件进行材料设定,见表 9 - 9;

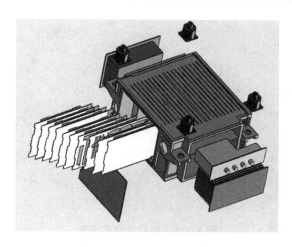

图 9 - 9　简化 CAD 模型

② 器件质量设定　给出质量大于 1 g 的元器件质量,可以采用手册数据,也可以称重。

表 9 - 9　振动分析箱体部件材料对应表

编　号	箱体部件名称	材料种类	材料牌号
1	盖板	锻铝/不锈钢	2A12
2	箱体	铸铝	——
3	功率变换器壳	铝合金	——
4	电源继电器壳	铝合金	——
5	传感器壳	铝合金	——
6	冷板	铝合金	2A12
7	模块板	环氧树脂	FR4
8	母板	环氧树脂	FR4

网格划分采用了扫掠、单元大小控制及多区域划分法,分别对机箱壳体,各模块壳体以及电路板组件进行单独划分,以保证网格质量能够满足要求。最终计算得到的网格数量为98 302,网格质量检验采用 ANSYS 中自带的 Skewness 算法。

2. 热仿真分析

利用 ANSYS workbench 软件进行热仿真分析。将产品的简化的 CAD 模型导入 CRAFE平台,如图 9 - 10 为热仿真的数字模型。

根据设计人员提供的器件功耗估计文件,对估计功耗的器件进行建模及功耗设定,剩余功耗以整板功耗的形式附加在电路板上。根据设计人员提供的器件说明书,对所有需要建模的器件设定相应的封装材料,如表 9 - 10 所示为部分结构部位的材料种类和牌号。

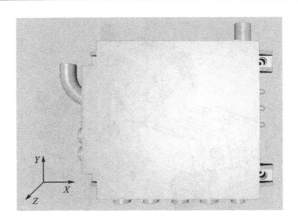

图 9 - 10　热仿真数字模型

表 9 - 10　热分析箱体部件材料对应表

编　号	箱体部件名称	材料种类	材料牌号
1	盖板	锻铝	2A12
2	箱体	铸铝	6061
3	功率变换器壳	铝合金	6061
4	电源继电器壳	铝合金	6061
5	传感器壳	铝合金	6061
6	冷板	铝合金	2A12
7	模块板	环氧树脂	FR4
8	母板	环氧树脂	FR4

图 9 - 11 是在平台环境温度 70 ℃下的整机温度场分布结果。整机和模块温度分布结果见表 9 - 11。

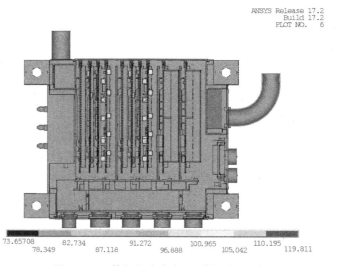

图 9 - 11　整机温度分布(环境温度:70 ℃)

表 9 - 11　整机温度分析结果(环境温度:70 ℃)

℃

箱体最低温度	箱体最高温度	环境条件
73.6	119.8	70

环境温度 70 ℃,各模块温度分布结果见表 9 - 12。

表 9 - 12　各模块温度分析结果(环境温度:70 ℃)

模块名称	功耗/W	温度/℃	
		最低值	最高值
CPU	8.0	79.6	81.6
AC - DC	1.0	79.9	80.1
LVDT	8.0	82.1	90.7
SP	3.0	78.3	84.2
PWR	28.0	83.3	113.8
CPU2	11.5	79.5	81.8
AC - DC2	1.0	79.8	80.6
LVDT2	8.0	85.4	92.2
SP2	3.0	78.0	84.6
PWR2	20.3	82.9	108.4

以 CPU 模块和电源模块为例,具体说明其热分析结果。在平台环境温度 70 ℃下,CPU 模块温度分布结果如图 9 - 12 所示,计算结果表明,CPU 模块无高温器件(高温器件定义为温度超过 100℃的器件)。电源模块的温度分布如图 9 - 13 所示,其高温器件如表 9 - 13 所列。

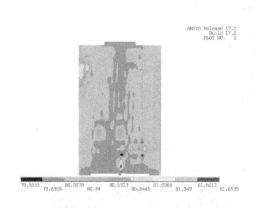

图 9 - 12　CPU 模块温度分布(环境温度:70 ℃)

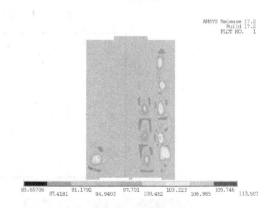

图 9 - 13　电源模块温度分布(环境温度:70 ℃)

3. 振动仿真分析

采用 ANSYS Workbench 对如图 9 - 14 所示的产品振动仿真模型进行分析计算。

表 9 - 13　电源模块中的大功率器件温度（环境温度：70 ℃）

器件位号	功耗/W	封装材料	壳温/℃
N1	3.0	塑封	112.8
N2	1.8	塑封	84.4
N3	1.0	塑封	82.8
N4	1.8	塑封	85.2

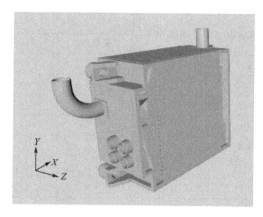

图 9 - 14　振动仿真模型

　　振动分析条件为表 9 - 6 中的三种随机振动量值，随机振动谱型如图 9 - 7 所示。此处的随机振动分析结果中只给出表 9 - 7 巡航状态下的响应。

（1）模态分析

　　整机模态分析的前六阶频率结果见表 9 - 14，整机的前两阶振型如图 9 - 15 所示。

表 9 - 14　整机谐振频率及位置

阶　　数	谐振频/Hz	局部模态位置	分析说明
一阶	215.51	CPUA 模块	/
二阶	300.61	PWRB 模块	/
三阶	304.2	PWRA 模块	/
四阶	350.83	CPUA 模块	/
五阶	493.45	CPUA 模块	/
六阶	577.62	PWRC 模块	/

(a) 一　阶　　　　　　　　　　　　　　　　(b) 二　阶

图 9 - 15　整机的前二阶振型

CPU 模块前三阶频率结果如表 9 - 15 所列,其对应的振型结果如图 9 - 16 所示。

表 9 - 15　CPU 模块谐振频率及位置

阶　数	谐振频率/Hz	局部模态位置	分析说明
一阶	215.51	上部中间	因为 PCB 板上铺有冷板,较均匀,加强了 PCB 板的刚度,所以在开口处振动响应最大
二阶	350.83	上部中间	—
三阶	493.45	中间	—

　　　一阶　　　　　　　　　　二阶　　　　　　　　　　三阶

图 9 - 16　CPU 三阶模态分析结果

（2）随机响应分析

随机响应分析的结果包括加速度均方根值云图和位移均方根值云图,本例以巡航状态为例,展示随机响应分析结果。整机随机响应分析的加速度均方根值云图如图 9 - 17 所示。

整机随机响应分析的位移均方根值云图如图 9 - 18 所示。

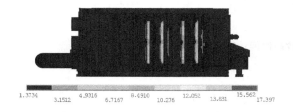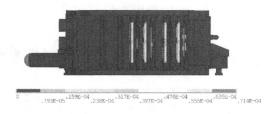

图 9 - 17　巡航状态整机加速度均方根值云图　　　图 9 - 18　巡航状态整机位移均方根值云图

本案例以处于巡航状态的 CPU 模块为例,展示模块的随机响应分析结果。CPU 随机响应分析的加速度均方根值云图如图 9 - 19 所示,位移均方根值云图如图 9 - 20 所示。

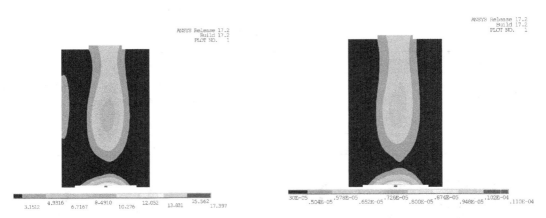

图9-19 巡航状态CPU模块加速度均方根值云图　　图9-20 巡航状态CPU模块位移均方根值云图

9.8.5 故障时间计算

利用FMMEA方法,确定了该航空电子产品各模块的故障机理,并从CRAFE软件的物理模型库中为各种故障机理选择了相应的物理模型。采用CRAFE软件建立产品的电路板数字模型,图9-21、图9-22给出了以CPU模块和电源模块的板级模型。

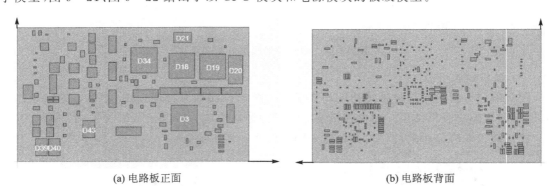

(a) 电路板正面　　　　　　　　　　　　　(b) 电路板背面

图9-21 CPU模块故障时间计算数字模型

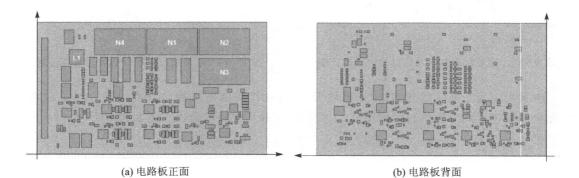

(a) 电路板正面　　　　　　　　　　　　　(b) 电路板背面

图9-22 电源模块故障时间计算数字模型

采用 CRAFE 软件进行产品的应力损伤分析,图 9 - 23、图 9 - 24 分别为 CPU 模块和电源模块的潜在故障点位置。

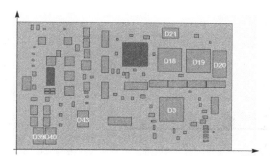

图 9 - 23　CPU 模块的潜在故障点位置

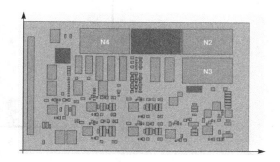

图 9 - 24　电源模块的潜在故障点位置

9.8.6　可靠性评估

仿真分析样本中的各故障机理,最先达到损伤阈值的故障机理为电源模块 N1 的焊点热疲劳,达到损伤阈值所用的时间为 8 231 h,为该仿真分析样本的故障前时间。案例中的 1 785 个可靠性仿真分析样本的 MTTF 计算结果如表 9 - 16 所列,主故障机理统计结果见图 9 - 25。统计各仿真分析样本的故障前时间,利用式(9 - 3)计算,该产品的 MTBF 为 8 774 h。

表 9 - 16　可靠性仿真分析结果

序　号	薄弱环节所在电路模块	元器件代号	元器件种类	故障机理	统计次数
1	电源	N1	集成电路	焊点热疲劳	879
2	CPU	R58	轴向电阻器	管脚随机振动疲劳	225
3	AC - DC	C29	多层贴片陶瓷电容器	焊点热疲劳	193
4	电源	U3	集成电路	TDDB	164
5	电源	L1	共模电感器	管脚随机振动疲劳	134
6	CPU	D34	集成电路	芯片粘结疲劳	123
7	AC - DC	D21	集成电路	PTH 热疲劳	67

习　　题

1. 可靠性仿真分析的目的和作用是什么?
2. 电子产品可靠性仿真的主要步骤包括什么?
3. 热仿真分析的流程是怎样的? 常用哪些软件? 热仿真能输出哪些结果?
4. 振动仿真原理是什么? 常用哪些软件?
5. 振动仿真中模态分析的流程包括哪些? 能够得到什么结果?
6. 振动仿真中随机振动分析流程包括哪些? 能得到哪些结果?
7. 工程上要评价一个电子产品的 MTBF 有哪些方法?

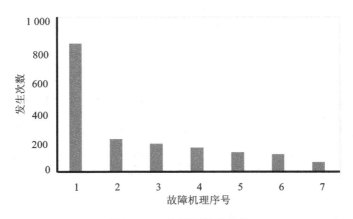

图 9-25　主机理统计结果

8. 简述利用可靠性仿真计算 MTBF 的原理。

9. 故障物理模型在可靠性仿真中起到什么作用?

10. 某器件的有效长度 L_D 为 N (12 mm,0.3)的正态分布,焊点高度 h 为 U(0.4 mm,0.5 mm)的均匀分布,基板材料的 α_S 为 $1.5 \times 10^{-5}/℃$,器件外壳的 α_C 为 $2.3 \times 10^{-5}/℃$。已知器件在某环境剖面下的实际温度如图 9-26 所示,试利用蒙特卡洛仿真方法求热疲劳寿命分布(模型选用 Engelmaire)。

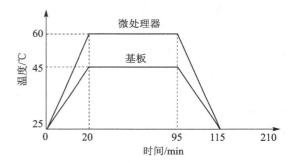

图 9-26　习题 10 温度曲线图

11. 已知某器件的电迁移机理的寿命可由以下模型计算:

$$\tau = 3.119 \times 10^{15} \times Wt J^{-2} \exp\left(\frac{E_a}{kT}\right)$$

其中,玻耳兹曼常数 $k = 8.62 \times 10^{-5}$ eV/K,计算结果为秒。

由于生产工艺的不稳定性,经统计已知该器件的芯片宽度 W 服从均值为 32 μm、方差为 2 μm 的正态分布,厚度 t 服从(8,12) μm 的均匀分布。假定器件的工作温度 T 和电流密度 J 不受波动影响,保持不变,分别为 350K 和 5×10^{10} A/m^2。激活能 E 为 0.85 eV。

请结合蒙特卡洛法,对电迁移机理模型进行不确定量化,说明电迁移故障机理寿命服从何种分布,计算电迁移故障机理在 1.56×10^5 h(6.5×10^3 天)的故障概率,编程做出电迁移故障机理的可靠度曲线。

12. 假设你是一名可靠性工程师,要对一套电子产品进行可靠性的评价,但是目前统计数据不足以支撑给出准确的结果,请构思一套基于故障物理的可靠性仿真评估方案,并描述每一步骤所完成的具体工作。(这套电子产品由 6 块电路板插装在机箱中,工作过程中主要的环境条件为温度、温度循环和随机振动)

第 10 章　基于 PoF 的故障诊断与健康管理

10.1　故障诊断与健康管理的体系结构

随着各种大型复杂系统性能的不断提高以及复杂性的不断增加,系统的故障预测和维修保障等问题越来越受到人们的重视。以定期维护为主的维修方法,耗费资源多,效率不高。例如,美国在某型运载火箭研制过程中的统计数据表明,为保证航天飞机任务的成功,每个任务期内要耗费 400 万美元以及 200 人左右的工作小组来进行预防性维修工作,耗费了大量的人力、财力和物力。视情维修策略是一种对故障进行预测、根据系统当前健康状态进行维修决策的方法,这种方法具有后勤保障规模小、经济可承受性好、自动化、高效率以及可避免重大安全事故等显著优势,应用前景广阔。视情维修要求对系统的故障进行预测并对系统的健康状态进行管理,故障诊断与健康管理(PHM)方法就此产生了。

目前在国外,尤其是美国,各种 PHM 系统和类 PHM 系统已经得到广泛应用。首先在陆军装备的直升机上,形成了健康和使用监控系统 (HUMS,Health and Usage Monitoring System)。20 世纪 70 年代,航空航天领域提出了航天器集成健康管理(IVHM,Integrated Vehicle Health Management)概念。随着故障监测和维修技术的迅速发展,先后开发应用的有飞机状态监控系统(ACMS,Aircraft Condition Monitoring System)、发动机监控系统(EMS,Engine Monitoring System)、综合诊断预测系统(IDPS,Integrated Diagnostics and Prognostics System)、海军的综合状态评估系统(ICAS,Integrated Condition Assessment System)等大量的应用 PHM 技术的系统,并在联合攻击战斗机 JSF 项目中正式命名为故障预测与健康管理系统。

PHM 是指利用尽可能少的传感器采集系统的各种数据信息,实时监控各部件的运行状态,并借助推理算法(如物理模型、数据融合、专家系统和智能算法等)来评价系统的健康状态,在系统故障发生前对其状态和故障预计发生时间进行预测的技术和方法。PHM 的体系结构主要包括以下 7 个部分,如图 10-1 所示。

① 传感器部分,主要包括数据的采集、数据的转换以及数据的传输。该部分提供 PHM 系统得以实施运行的数据基础。

② 数据预处理模块,主要用来接收来自传感器部分的信号和数据以及其他数据处理模块的信号,该部分的输出结果包括经过滤、压缩简化后的传感器数据,频谱数据以及其他特征数据。

③ 状态监测模块,用于接受来自传感器、数据处理以及其他状态监测器的数据。该部分的功能主要是将这些数据同期望的数据值进行比较进而判断系统的状态,并且根据事先预定的各种参数指标极限值(阈值)来提供故障报警能力。

④ 健康评估模块,用于接收来自不同状态监测器或其他健康评估模块的数据。该部分主要评估被监测系统/分系统/部件的健康状态是否退化。可以产生健康状态监测记录并确定故

障发生的可能性。健康监控应基于各种健康状态历史数据、工作状态以及维修历史数据等。

⑤ 预测模块,可综合利用前述各部分的数据信息,可以评估预测被监测系统的未来健康状态,如包括剩余寿命的预测等。

⑥ 决策支持模块,用于接受来自健康评估和预测模块的数据。该部分的功能主要是产生更换、维修活动的建议措施等。可在被监测系统发生故障之前适宜的时机采取维修措施。

⑦ 接口模块,主要包括两部分内容,即人—机接口和机—机接口。其中人—机接口是指对前述各模块主要是健康评估、预测和决策支持模块的数据信息的表示以及状态监控模块的警告信息显示;机—机接口是指将上述各模块的数据信息传递给其他系统的能力。

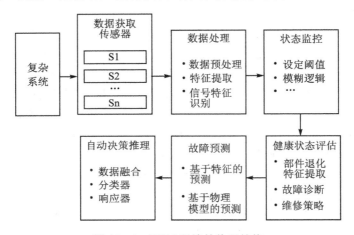

图 10 - 1 PHM 系统的体系结构

根据推理时候所采用的方法的不同,PHM 可以分为基于数据驱动的方法、基于故障物理(PoF)的方法以及故障物理和数据驱动融合方法 3 大类。

(1) 基于数据驱动的 PHM 方法

基于数据驱动的故障预测与健康管理主要运用信号处理、模式识别和状态估计等相关领域的知识进行推理。假设系统在发生故障前数据的统计特性保持相对不变,利用特定的算法就可以从传感器记录的数据中有效提取相应的特征,提供有价值的决策信息。在这种方法中,通过对传感器记录的原始数据进行分析并提取相应的特征信号,就可以检测出数据中的异常趋势和故障模式,从而可以确定系统的健康状态,最后使用趋势分析来估计系统的故障时间。

根据可用数据的类型,需要合理使用分析方法处理收集到的数据。如果表示系统健康和故障状态的数据均可用,则采用监督学习的方法;当只有一类数据(例如系统的健康状态)可用时,则使用半监督学习的方法;当没有标签数据可用时则采用无监督学习的方法。采用监督和半监督学习方法都需要可靠的训练数据。因为不可靠的训练数据将会导致系统预测错误、虚警等事件发生。

在确定分析方法之后就可以检测产品或系统中的异常行为并隔离故障。利用传感器连续监视系统参数,并且从数据中提取特征,根据选定的算法将预期的健康状态与检测到的产品的实际运行状态进行比较。设置阈值表明系统退化的程度,从而达到对系统的健康状态进行评估的目的。根据定义的故障标准对提取的特征进行趋势分析可得到随时间推移的故障或损伤曲线,可以用于估计产品的剩余使用寿命。

（2）基于故障物理的 PHM 方法

基于故障物理的 PHM 是以故障物理模型为基础，通过监测和采集产品的工作应力、使用环境条件（例如温度和振动）等参数信息，利用故障物理模型，计算出产品在经历环境的情况下由于各种故障机理引起的累积损伤，从而监测电子产品的健康状态。

美国 Impact 公司对齿轮箱的故障进行了预测，该预测模块被应用于 JSF 的 PHM 等系统中。在该系统中，对由于低周疲劳断裂或齿裂引起的齿轮齿牙故障进行实时的预测。在电子产品方面，美国马里兰大学 CALCE 中心开展了大量研究工作。

PoF 方法的核心在于有可利用的故障物理模型。对于电子产品，国内外已积累了各种故障机理的物理模型。这些模型一般表示了电子产品在某种特定机理下的寿命同环境条件、工作载荷及自身几何、材料等参数之间的函数关系。因此通过监测环境参数的实际情况可预测产品的损伤，再利用损伤累加理论可进一步预测电子产品当前的剩余寿命，从而实现对电子产品的健康状态进行监测的目标。

基于物理模型的方法是一种理想的健康监控/预测方法，该方法要求对故障机理和规律有深入了解，建立被诊断/预测对象的物理模型需要坚实的专业基础。由于对某些产品尤其是电子产品建立故障物理模型仍存在很多困难，因此将故障物理和数据驱动方法结合起来的PHM 就成为第 3 种方法。

（3）融合的方法

故障物理和数据驱动融合的方法中，故障物理主要用于分析系统可能的机理以识别可能导致系统故障的参数，对于某些有确定物理模型的故障机理，监测其工作载荷或者环境应力参数，利用故障物理模型预测剩余寿命。能够用关键参数表征的故障，采用数据驱动方法进行监控。两种方法得到的数据利用数据融合技术进行处理，最终得到产品的剩余寿命和健康状态。

由于目前故障物理模型都是描述局部故障机理的，一个产品包含了很多的故障机理，也就是有若干故障物理模型，这些物理模型无法统一称为一个系统物理模型，因此，除非产品只有一个主故障机理，否则，利用融合的方法来进行产品 PHM 是目前的趋势。

10.2　基于故障物理的 PHM 流程

在对实际电子产品进行故障预测时，应首先确定可以进行实际监测的、可以表征产品或系统的健康或故障状况的工作性能参数（如输出电压、电流等）或特征物理参数（如电阻值、漏电流、阈值电压等），并采用特征参数监测的方法进行故障预测。这种方法的特点是直接和简单，但对于大多数电子产品而言，性能参数的监测在技术实施上存在一定难度。基于故障物理模型的方法中，产品的寿命只与环境和工作应力参数有关系，监测这些参数是比较容易的。与特征参数监测方法不同，基于故障物理模型的方法同实际电子产品或系统的类型、设计和制造工艺等密切相关，需要相关的参数信息，并且这些因素的随机性也决定了最终根据模型获得的预测信息的随机性。

基于 PoF 方法对电子产品进行监测和寿命预测的具体流程，如图 10 - 2 所示。

首先，收集待监测产品的几何、材料和结构等相关设计信息，根据以往的失效分析经验、维修历史信息等，并辅以 FMMEA 和有限元仿真分析等方法来确定产品潜在的故障模式、机理和部位。将可能导致产品失效的各种环境条件进一步细化为一系列的温度、湿度、振动、冲击

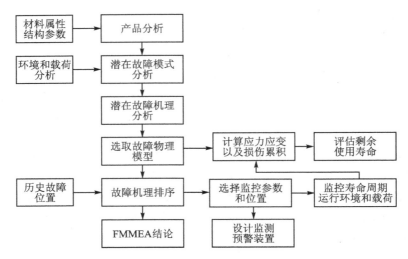

图 10 - 2　基于故障物理的 PHM 流程

和其他环境应力,并以此作为监测参数确定、传感器选择和安装等具体实施步骤的参考依据。

其次,对于采集到的原始参数数据,一般需要进行数据简化以有利于减少存储空间和减少用于损伤计算的时间。例如,采用 OOR(ordered overall range)方法,可将不规则的数据记录转换为规则的波峰—波谷序列,并可以由用户指定消除拐点(波峰或者波谷)的范围(如上限、下限)。如果采集到的参数数据是连续型数据,还可以采用"雨流法",也称循环计数法进行"离散化"以得到各个应力水平下的持续时间。

根据已确定的潜在故障机理的故障物理模型,可以计算得到产品由于不同故障机理的故障前时间,然后计算得到产品在不同应力水平下的寿命损伤,后结合累积损伤模型和"竞争"模型,可以预测整个产品的剩余寿命。

10.2.1　故障机理分析与物理模型选择

FMMEA 在基于故障物理的 PHM 方法中有着很重要的作用。由第 8 章可知,FMMEA 的目的是识别所有潜在故障模式的潜在故障机理和模型,在对系统进行 FMMEA 之后,会得到系统的故障模式、机理以及影响分析列表,表中综合了系统所有可能发生的潜在故障机理,故障机理的风险优先级排序,用于确定对系统故障影响最大的故障机理,从而更有效的对这些故障进行选择和监控,如果不对故障机理进行排序整理,在实际分析的过程中可能就会选择错误的监控参数,或者选择对系统可靠度影响较小的参数,从而得不到理想的分析效果。

基于故障物理的 PHM 中,剩余寿命预测是通过故障物理模型来实现的。故障物理模型可以描述机理发展过程以及发生时间与材料、结构、环境应力参数之间的数学物理关系,这些模型通常需要复杂的建模过程,也需要各领域的专家知识。确定了故障物理模型后,要监测的参数也就确定了。例如,如果热疲劳是主故障机理,就要监测温度变化量,如果振动疲劳是主故障机理,监测量就变成了位移或者加速度。

10.2.2　传感器的选择和布置

PHM 方法中需要许多高性能传感器系统来连续监控产品生命周期中的大量参数,并对这些数据进行的记录、分析和传输。可以说,数据是 PHM 的基础,直接关系到健康管理的目标能否实现以及实现的效果。因此,传感器技术的应用就显得尤为重要。PHM 系统的传感器技术主要包括选择待监测的参数(包括工作参数、环境参数以及性能参数等),选用传感器的类型,传感器安放的位置,传感器的数量,传感器的精度和带宽以及数据采集、存储和传输的硬件装置等。

选择待检测的参数时,除了那些直接反映系统故障与否的性能特征参数,还包括诊断、预测推理所需的其他可间接反映系统健康状态的参数。可根据具体参数的不同,选用各种参数传感器,如加速度、应变、位移等,以及温度、湿度等环境参数传感器。另外,对系统进行故障预测和健康管理应该对受监控产品的可靠性产生最小的不利影响,并且应该具有相对较低的成本。这就要求仔细选择传感器系统及其附件,以尽量减少对受监控产品的不利影响。

通常,为了评估产品的健康状况,监控的参数包括性能参数、物理参数、环境参数、电相关参数和运行参数等。基于故障物理的 PHM 重点监测的是故障物理模型中的环境和载荷参数,而基于数据驱动的方法则还需要监测性能参数。综合起来,一些常见的用于系统故障预测和健康管理的参数见表 10-1。

表 10-1　PHM 中常见的监测参数

种　类	参　数
机械	长度、面积、体积、速度、加速度、质量、力、扭矩、应力、冲击、振动、应变、密度、刚度、强度、角度、方向、压力、声强度和能量、声谱分布
电	电压、电流、电阻、电感、电容、介电常数、电荷、极化、电场、频率、电源、噪声水平、阻抗
热	温度(范围,周期,梯度,斜率)、热通量、散热
化学	化学、物种浓度、梯度、反应性、信息熵、分子量
湿度	相对湿度、绝对湿度
生物	酸碱度、生物分子浓度、微生物
电磁辐射和电离辐射	强度、相位、波长(频率)、偏振、反射率、透射率、折射率、距离、曝光剂量、剂量率
磁	磁场、磁通密度、磁导率、方向、距离、位置、流量

根据对影响产品的主要故障机理的分析,可以选择适当的环境和操作负荷以及性能参数来进行产品的健康监测。因此经过 FMMEA 之后就可以确定对于系统或者产品性能影响较为重要的故障机理,从而可以确定需要监控参数的类型。也可以帮助操作人员和决策者合理的选择相应的传感器。

用于故障预测和健康管理的传感器系统提供了可以监视参数和处理数据的手段。该系统通常具有传感器、板级数/模转换器、板级存储器、嵌入式计算系统、数据传输以及电源或电源管理系统。系统故障预测与健康管理的集成传感器系统结构图如图 10-3 所示。

由于系统和产品的特性不同,在进行故障预测和健康管理的过程中往往需要监测多个特定的参数。与此同时,常用的传感器种类也十分丰富,即使是同一种类型的传感器在尺寸和结构上也会存在差异,因此需要根据产品的特性合理的选择需要监控的参数,适当的选择传感器是顺利进行故障预测和健康管理的前提条件。

市场上可供选用的传感器类型很多,用于 PHM 系统的传感器通常有温度传感器、振动传

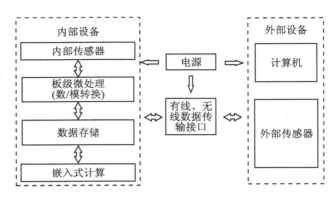

图 10 - 3　集成传感器系统结构图

感器以及冲击传感器等。此外,还有一些更专用的传感器如声学发射传感器、腐蚀传感器等。可根据实际情况分别选择。一般来说,有相应的标准和大量的工程实践确定了各种类型传感器的选择。除了这些传统的传感器可供选用外,随着微电子技术和测量技术的发展,在一些系统的研制过程中还广泛采用了各种先进的测量技术,如光纤传感器、压电传感器、碳纳米管、干涉测量、超声波和微电子机械系统(MEMS)技术等。这些新类型的传感器具有精度高、适用范围广和智能化等特点,在各种 PHM 系统中已有广泛应用,如:

(1) 光纤传感器

光纤传感器可用于对应变、位移、温度、湿度以及其他物理参量进行测量。例如,可以通过光纤应变计对船体结构的垂直弯曲、水平弯曲、扭矩、垂直剪切力以及纵向压力等进行监测,进而利用有限元仿真和小波变换技术计算整个船体的弯矩。利用光纤湿度传感器可以对混凝土结构中的水汽含量进行监测。利用光纤光栅传感器可以监测混合层压结构中的疲劳裂纹增长和分层,监测疲劳断裂层附近的应变。此外,光纤传感器非常适合用于各种严酷的环境条件,如飞机系统中,因为其在极端的温度、电磁干扰、振动和冲击等条件下具有较好的承受能力。在 IVHM 系统中,就是采用了分布式的光纤传感器阵列来测量应变和氢浓度的。

(2) 基于 MEMS 技术的传感器

MEMS 技术的发展促进了传感器的进一步小型化,同时极大地降低功耗(一般可降到 $40 \sim 500 \ \mu W$)和用于无线通讯的成本。小型化使基于 MEMS 技术的传感器可以应用于传统传感器所不能应用的场合,这样就使 PHM 系统的小型化成为可能。同时,成本的进一步降低促进了 MEMS 传感器的批量生产和在工程中的广泛应用。

如 Lockheed Martin 公司及其合作商在为美国陆军的导弹系统开发先进导弹远程监测系统的项目中,将轴向 MEMS 加速度计、湿度传感器以及环境温度传感器综合设计为一个可进行无线数据传输的 MEMS 传感器模块。各种振动、湿度和温度数据可以通过蜂窝电话进行远程传输。又如 Honeywell 公司已经研制开发了一系列基于 MEMS 的传感器,这些传感器可以将对多种参数信息测量综合到单一的 MEMS 装置上,如将振动传感器、温度传感器、压力、应变以及加速度传感器等集成到一起。

(3) 智能传感器

在上述基于 MEMS 技术发展起来的智能传感器的基础上,逐渐出现一些更加智能化的"传感器"产品,即传感器不仅有数据采集功能,同时将数据预处理和健康监控、预测算法集成到硬件产品中,使单个传感器单独具有 PHM 的能力。如美国 Impact 公司开发的智能油液传感器就可以利用内置的基于模型的分析推理包来预计液压和润滑油系统的油液质量和性能退化。

（4）内建传感器

传感器的小型化促进另外一种发展趋势,即内建传感器技术的发展。对于机械系统和其他结构,该技术已大量应用,而对于电子产品,近年来也得到初步的应用验证。目前对于电子产品,主要有两种类型的内建传感器。一种是用于监测那些可以反映产品可靠性或定义故障状态参数的内建电路。例如,内建电流传感器通过监测 IC(Integrated Circuit)的静态电源电流(IDDQ)来检测 IC 由于正常耗损或环境应力产生的缺陷如桥接、开路和寄生等。另一种是非独立单元或装置,其故障与被监测的实际电路具有相关性,如美国空军 Ridgetop 小组开发的 InstaCellTM 预测单元等。

根据对产品的 FMMEA 和故障机理风险等级排序结果我们可以得到某一产品的故障机理优先级排序列表,确定对产品危害较高的故障机理,从而确定需要监控的参数。图 10 - 4 给出了合理选择传感器的流程图。

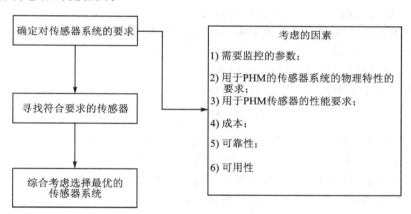

图 10 - 4　传感器选择流程图

传感器系统的选择取决于具体应用,但有一些共同需要的考虑因素。这些因素包括要测量的参数、传感器系统的性能需求、传感器系统的物理属性、可靠性、成本和可用性等。用户必须优先考虑这些注意事项,需要权衡利弊以选择用于特定应用的最佳传感器系统。

在考虑用于连接传感器的可用空间的限制或者由于要检测的位置的局限性时,传感器的尺寸成为最重要的选择标准。此外,也必须考虑传感器的重量,因为移动产品或使用加速度计进行振动和冲击的测量,增加的重量会改变系统响应特性。如果需要夹具将传感器安装到设备上,则传感器和夹具的附加质量也会改变系统特性。在选择传感器系统时,分析人员应确定系统环境可以处理的尺寸和重量、容量,然后考虑传感器系统的电池和天线、电缆等附件重量。

对于某些应用,还必须考虑传感器系统的形状,例如圆形、矩形或扁平形。一些应用还对传感器封装材料有要求,例如有些产品要求传感器的封装必须是塑料,而有些产品要求传感器的封装必须是金属,基于具体的应用,需要分析人员考虑这些因素。

还应该考虑传感器的安装方法。常用安装方法包括使用胶水,胶带,磁铁或螺钉(螺栓)将传感器系统固定到产品或者系统中。因为有些产品需要检测参数的位置材料是非金属的,此时坚决不能使用磁铁等安装形式。同理,当对传感器的固定稳定性有很强的的要求时,胶水、胶带等安装形式也应该排除。

功耗是传感器系统的基本特征,它决定了传感器在不连接外部电源的情况下可以运行多长时间。为延长传感器的持续运行时间,传感器系统必须具有足够的电源和管理功耗的能力。电源管理用于优化传感器系统的功耗,以延长其运行时间。功耗随系统采用不同操作模式(例如,运行模式,待机模式和睡眠模式)而变化。当传感器用于监视、记录、传输或分析数据时,传感器处于运行模式。传感器所消耗的功率根据检测方法和采样频率而变化。连续监测将消耗更多功率,而周期性或触发式监测消耗功率较少。较高的采样频率也会有高功率的消耗,因为它更频繁地监测和记录数据。此外,无线数据传输和板级信号处理也会消耗更多功率。

依照以上原则根据实际任务需要对传感器进行选择之后,就需要对传感器进行合理的布置、合理的安排系统中的测点位置,从而实时的监控系统中被测参数的变化。在电子产品工业中,对产品造成严重影响的因素主要有温度、振动和冲击等。因此温度、旋转器件的转速传感器、振动传感器的布置以及测点的选择尤为重要。

下面以振动传感器的安装和布置方法为例进行介绍。振动监测点的选择会对测量结果产生较大的影响,因此在选择传感器和连接形式之后就需要对测点的位置进行适当的优化。常用的优化传感器布置的方法有模态动能法、向量乘积法和 MinMAC 法。

模态动能法是传感器布置理论发展中的第一个较理性的量化方法,传统的方法依赖测试工程师的经验,通过选择结构振幅较大的位置布置传感器,而模态动能法通过比较待选测点中模态动能较大的位置来布置传感器。其计算公式如下:

$$\mathrm{MKE}_{ij} = \Phi_{ij} \sum_j M_{ij} \Phi_{jk} \qquad (10-1)$$

式中:MKE_{ij} 为与第 k 个模态第 i 自由度相对应的模态动能;Φ_{ik} 为第 k 个模态在 i 点的分量;Φ_{jk} 为第 k 个模态在 j 点的分量;M_{ij} 为有限元质量阵中的相应元素。

模态动能法考虑了结构各待选传感器位置对目标模态的动力贡献,粗略地计算在相应位置可能的最大模态响应。其优点在于可能通过选择模态动能较大的点,提高结构动态响应信号测量时的信噪比,这对于结构健康监测中环境噪音较大的情况较为合适。因此,模态动能法一般用于在较复杂的测点布置中初选传感器位置。

10.2.3　环境载荷监测值数据的处理

基于故障物理建立的预测模型需要有相应的数据作为输入,这些数据来源于传感器测量的产品环境参数或者所受载荷,在输入模型运算之前需要将这些数据进行预处理。

(1)降噪与消除趋势项

测量时难免会引入系统误差,因此原始数据并不是理想的,直接使用会降低分析准确度。常用的方法是小波变换、平滑滤波等。

(2)数据简化

由于监测历程较长,测量数据量较大,需要较大的存储空间,如果全部投入分析会导致效率的降低。再则,并不是所有数据都对分析具有重要的意义,因此数据简化十分重要。目前已有多种数据简化方法可供选择,在之前的内容中也有简要的介绍。

(3)数据传输与存储

传感器数据传输主要考虑总线的吞吐量,尤其是在传输振动数据时,应根据传感器的采样频率和浮点数的表示位数,计算出振动和温度传感器总的总线数据传输率,从而选择合适的总线。数据可以存储到自身的存储空间,也可以通过总线存储在系统外围设备,以提取数据方便为主要考虑。

10.2.4　剩余寿命预测

剩余寿命预测是指在故障物理模型获得的产品损伤百分比数据的基础上,进一步预测产品可以继续可靠工作的时间(这里的时间可以是天数、循环周期数,也可以是公里数等)。一般而言,故障物理模型均是对应一种应力水平下的寿命,对于工程实际多种应力水平的情况,需要应用损伤累加模型;并且对于某电子产品而言,造成其故障的原因和机理可以有多种,对于多机理情况,需要利用"竞争"模型来进行寿命预测。

通过寿命模型及剩余寿命计算公式,可以得出产品实时的剩余寿命。模型中的参数包括材料参数、缺陷、结构参数、环境参数以及其他的一些实测的应力,诸如电流、热流、化学和机械应力。其中,材料和结构参数是实验测量得到的,应力是实时监控的。由于产品在使用过程中工作条件会变化,即应力水平会变化,通过测量可以得到多个应力水平。首先分别计算某一故障机理在每种应力水平 S_j 的总故障前时间 TTF_j,则每个应力水平的损伤可以计算为

$$D_j = \frac{t_j}{\mathrm{TTF}_j} \qquad (10-2)$$

计算 N 时刻,已经出现了 m 个应力水平总累积损伤 AD

$$\mathrm{AD} = \sum_{j=1}^{m} D_j \qquad (10-3)$$

此时,该故障机理的剩余损伤量为 $1-\mathrm{AD}$,剩余寿命为

$$\mathrm{RL} = \left(\frac{1}{\mathrm{AD}}\right)N - N \qquad (10-4)$$

$$N = \sum_{j=1}^{m} t_j \qquad (10-5)$$

美国 Impact 公司对齿轮箱的故障进行了预测,并应用于 JSF 的 PHM 系统中,可以对由于低周疲劳断裂或齿裂引起的齿轮齿牙故障进行实时的预测,并在美国的实验室进行了验证。对其进行故障预测的简单过程如图 10-5 所示。

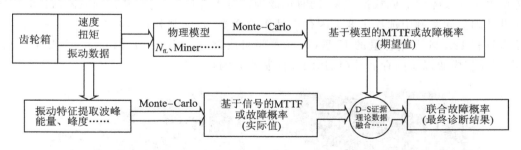

图 10-5　基于物理模型的齿轮箱健康监控/预测

首先,实时采集齿轮箱的速度、扭矩和加速度数据,利用物理模型、速度和扭矩数据计算出故障概率,利用加速度数据评估齿轮的振动特征,如波峰能量、峰度以及时域同步平均剩余量等。利用物理模型实时计算齿轮齿的裂纹初始和增长,而振动特征等级用于确定现场或试验

时实际的故障概率。然后利用 D - S 证据理论将基于振动信号的结果和基于物理模型的结果进行融合,得到"故障的联合概率"。实际的平均故障时间是根据信号信息获得,而期望的平均故障时间则基于工作剖面(速度和扭矩)由物理模型获得。

齿轮齿根断裂是上述齿轮箱的主要故障模式,是一种低周疲劳故障,可用下式描述齿轮齿根断裂初始前的平均故障时间(循环数),式(10 - 6)建立了低周疲劳损伤同局部(如齿轮齿根)应力之间的函数关系

$$N_{fL} = \frac{1}{2} [\sigma_L - \sigma_m]^{(\frac{1}{n-c})} \cdot K_\sigma^{(\frac{1}{n-c})} \cdot D_f^{-\frac{1}{c}} \qquad (10 - 6)$$

式中:N_{fL} 是齿轮的低周疲劳寿命;σ_L 为齿根处的塑性应力值,σ_m 为平均应力值;n 是循环应变硬化指数;c 是疲劳延展指数;K_σ 是循环强度系数;D_f 是疲劳耐久性系数。

由于实际情况中上述方程中的参数如机械属性和工作条件等具有不确定性,采用 Monte - Carlo 仿真计算出低周疲劳断裂初始前的时间分布。由于低周疲劳产生的损伤可利用非线性 Miner 方程进行累积,当损伤累加达到或超过 1 时则表明断裂初始,即:

$$D = \left(\frac{n}{N_{fL}}\right)^{r1} \qquad (10 - 7)$$

式中:n 是实际经历的循环数;$r1$ 是非线性损伤指数;N_{fL} 是断裂发生前的循环数。再进一步可根据裂纹增长 Paris 模型对齿轮齿的故障进行预测。

以上预测过程是针对齿轮齿的低周疲劳断裂故障机理,综合利用各种原始参数信息和物理模型而进行的,这一过程同样适用于其他类型的机械部件以及电子产品。对于电子产品,美国马里兰大学的 CALCE 中心研究了一套基于故障物理的监测和预计流程,以关键故障机理及其模型为基础,结合损伤累加模型等对其故障进行预测。

10.3　电子产品 PHM 实例

10.3.1　产品概况

存储器是人们经常要用到的一类电子产品,对其进行故障监控能够实时了解其工作状态,以防止由于其故障而造成数据丢失,同时也能为进行大容量、高速存储器的故障监控和健康管理提供基础。此案例中选择了 8 个闪存产品作为样本,其外观和组成如图 10 - 6 所示。试验样品为具有 128 M 存储容量的 U 盘(因其主要组成部分是 flash memory)。主要由 USB 接口、电源控制模块以及闪存芯片(包括闪存控制器和闪存芯片)组成。USB 接口外接 5 V 的工

(a) 存储器正面

(b) 存储器背面

图 10 - 6　实验样品外观及主要组成结构示意图

作电压,然后通过电源控制模块将 5 V 输入电压转化为闪存芯片的工作电压 3.3 V,再由闪存芯片完成读写和存储功能。一般要求闪存可以反复擦写 10 万次,存储在闪存中的数据可以保存 10 年。样品的主要结构组成和技术指标见表 10 - 2 所列。

表 10 - 2　样品的主要结构组成及其技术指标

名　称		主要技术指标及封装形式
闪存样品		存储容量:4 GB 存取速率:读出 1 000 kb/s;写入 800 kb/s
主要结构组成	电源控制模块	工作电压:5 V;SOT 封装芯片
	Hynix 闪存芯片	工作电压:3.3 V;TSOP 封装芯片
	iCreate 闪存控制器	工作电压:3.3 V;TSOP 封装芯片

10.3.2　FMMEA

在了解了案例产品的结构组成及特点后,对其进行 FMMEA 。主要考察了 4 种故障机理引起的故障,即印制电路板 PTH 的疲劳故障机理、有引脚形式芯片封装结构焊点的疲劳故障机理、金属互连线部位的电迁移故障机理以及 MOS 管氧化层内的热载流子退化故障机理。从这 4 种机理的故障物理模型中可以看到,影响失效的主要应力是温度。利用前面描述的模型和方法,可以对样品在不同实验条件下的寿命进行初步的评估。针对这 4 种机理,已有研究给出了相应的故障物理模型,电迁移的寿命评估模型和热载流子退化的寿命评估模型使用第 6 章式(6-20)和式(6-7)。焊点的疲劳寿命和 PTH 评估模型使用第 3 章中式(3-2)和式(3-10)。

U 盘实际使用条件中,温度循环为 25～50 ℃,故障监控中的温度条件如图 10-7 所示,这是一个持续时间为 90 分钟的温度循环,最高温度 130 ℃,最低温度 25 ℃,相当于对实际使用条件进行了加速。

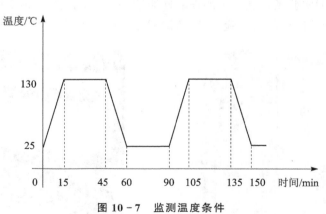

图 10 - 7　监测温度条件

选取不同的实验条件(如温度应力水平等),可分别计算得到各故障机理下的预测寿命,结果如表 10 - 3 所列。

表 10 - 3　　不同应力水平下各机理的寿命预测结果

应力水平	焊　点	PTH	热载流子	电迁移	TDDB
25～50 ℃	37 632 个循环	48 784 个循环	60 256 h	115 024 h	128 976 h
（正常应力水平）	2 352 天	3 049 天	7 532 天	14 378 天	16 122 天
25～130 ℃	3 136 个循环	3 808 个循环	9 880 h	28 568 h	3 424 h
（加速应力水平）	196 天	238 天	1 235 天	3 571 天	4 028 天

其中,每个温度循环时间均为 90 min,高温持续时间 30 分钟/循环。从上述寿命预测结果可以看到,PTH 及焊点的疲劳失效其预测寿命时间较长,而电迁移和热载流子的寿命预测时间相对较短。

10.3.3　选取样品特征参数

对于电子产品,一般可采用参数监测法或故障物理模型法对其进行健康状态监测和故障预测,两种方法的具体选择需要根据实际电子产品的失效判据而定。对 USB 闪存,采用了故障物理模型方法,监测 U 盘各芯片附近温度。

存取速率是衡量闪存产品性能的重要参数之一。在产品处于正常状态时,其速率基本保持不变;而当产品处于非正常工作状态下时,由于发生错误需要进行反复验证和校验而增加了芯片的存取时间,随着错误的增多,时间越来越长,可用作闪存产品的故障判据之一。在实验过程中,通过每隔一段时间读取预存于闪存中的特定格式和大小的数据文件,来对其存取速率性能参数进行监测。与此同时,由于闪存的基本功能是对数据文件的存取。一般来讲,主要表现为文件数据丢失,盘符不能识别等功能故障模式。本案例中,利用自行设计的实验程序实时地对样品文件数据存取的准确性和存取时间进行监测。

10.3.4　实验装置

根据前面确定的实验条件和选定的样品性能监测参数,搭建了如图 10 - 8 所示的实验装置。其中,温箱用于控制样品的实验条件,监测程序用于实现对功能状态和性能参数的监测。

图 10 - 8　实验装置示意图

针对上述实验设计,利用性能参数监测法和寿命模型法对闪存产品进行健康监控和预测的具体流程可总结为如图 10 - 9 所示。

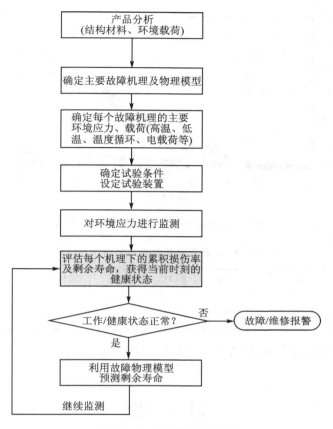

图 10 - 9　实验流程示意图

10.3.5　性能参数的监测结果

按照上述实验流程,对 8 个样品进行了如图 10 - 7 所示的温度循环试验,对样品所经历的温度环境条件和样品的性能参数同时进行了监测。

10.3.6　剩余寿命预测

对实验中监测记录的温度应力参数数据进行初步的处理,再结合各个机理的故障物理模型可以计算得到不同故障机理下的累积损伤率,如图 10 - 10 所示。从图中可以看出,由于没有考虑样品在几何参数、制造工艺质量等方面的分散性,对于不同的样品应用故障物理模型计算得到的累积损伤率相同。随着产品使用时间的增加,每个机理下的累积损伤率都在增大,即产品的寿命在发生耗损。其中,焊点热疲劳和 PTH 故障机理引起的寿命耗损较大,而热载流子和电迁移故障机理引起的寿命耗损较小(即寿命耗损曲线比较平缓),TDDB 引起的耗损最小。

利用对产品实际使用情况下的健康状态进行的实时监测数据,代入到故障物理模型中,即可对产品的剩余寿命进行预测,各故障机理的剩余寿命预测结果如表 10 - 4 所列。

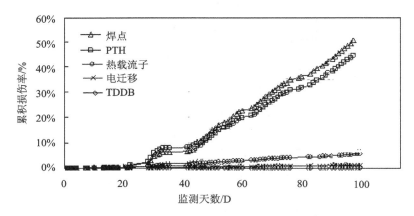

图 10 - 10   样品在不同机理下的累积损伤率

表 10 - 4   各故障机理的剩余寿命预测结果

应力水平	焊　点	PTH	热载流子	电迁移	TDDB
25～130 ℃ （加速应力水平）	95 天	122 天	1 136 天	3 500 天	3 986 天

根据表中的数据可以推断，随着样品使用时间的增加，样品可能首先发生焊点热疲劳和 PTH 故障。

习　　题

1. PHM 的定义是什么？
2. PHM 的体系结构包括哪几大部分，分别起到什么作用？
3. 基于故障物理的 PHM 流程包括哪些步骤？
4. PHM 中的故障机理分析可利用什么方法来实现？
5. 传感器在选择和布置方面需要考虑哪些因素？
6. 基于故障物理的 PHM 中剩余寿命的预测是通过什么实现的？
7. 基于故障物理的 PHM 传感器主要用于监测什么类型的信号？
8. 在较复杂的测点布置中初选传感器位置是常用哪种方法？
9. 列举几种先进的 PHM 传感器，并说明它们可以用于测量什么。
10. 美国 Impact 公司对齿轮箱进行了什么故障机理的预测？如何实现的？
11. 简述 FMMEA 在基于故障物理的 PHM 和融合的 PHM 方法中的作用。
12. 常用的 PHM 传感器包括哪些？选择传感器应该注意什么？

附录　符号表

第 2 章符号表

符　号	说　明
E	弹性模量,杨氏模量
G	剪切模量
τ	切应力
γ	切应变
ν	泊松比
σ_e	弹性极限应力
σ_s	屈服极限应力
σ_b	强度极限应力
ε	应变
ε_{crit}	导致蠕变的应变阈值
S	外加应力
ε_0	初始应变
$d\varepsilon/dt$	蠕变速率
E_a	蠕变故障激活能
k	玻耳兹曼常数
T	开氏温度
σ	应力
A_0	与材料或者加工工艺有关的系数
B_0	与材料或者加工工艺有关的系数
τ_{creep}	蠕变故障时间
σ_m	平均应力
σ_{max}	最大应力
σ_{min}	最小应力
σ_a	应力幅值
r	应力比
N	疲劳循环次数
N_0	初始裂纹产生所需的循环次数
N_p	裂纹扩展到临界长度所需循环次数
m	与材料有关的常数
C	与材料有关的常数

符　号	说　明
$\Delta\varepsilon$	总应变变化量
$\Delta\varepsilon_e$	弹性应变变化量
$\Delta\varepsilon_p$	塑性应变变化量
σ_f'	疲劳强化系数
ε_f'	疲劳延展系数
b	Coffin－Mason 模型中与材料有关的常数、Basquin 模型中的疲劳指数
c	Coffin－Mason 和 Engelmaire 模型中的疲劳延展指数
N_T	转变寿命/循环次数
K	应力强度因子
K_1	Ⅰ型变形情况下的裂纹尖端的应力强度
K_2	Ⅱ型变形情况下的裂纹尖端的应力强度
K_3	Ⅲ型变形情况下的裂纹尖端的应力强度
a	裂纹尺寸
F	应力强度因子公式（普遍形式）的系数
da/dN	疲劳裂纹扩展速率
ΔK	应力强度因子范围
ΔK_{th}	应力强度因子下限
a_0	初始裂纹尺寸
a_c	临界裂纹尺寸
$\Delta\sigma$	应力变化范围

第 3 章符号表

符　号	说　明
N	结构发生破坏时其所经历的热循环次数
$\Delta\varepsilon_p$	塑性应变幅值
ε_f'	疲劳延展系数
c	疲劳延展指数
N_f	热疲劳故障循环次数
$\Delta\gamma$	焊点所受剪切应变范围
F_1	应力范围因子
L_D	器件有效长度
h	焊点高度
α_C	器件外壳热膨胀系数
α_S	基板材料热膨胀系数
T_C	器件外壳温度
T_S	基板温度值
ΔT_C	器件外壳温度变化值
ΔT_S	基板温度变化值
T_{SJ}	循环平均温度

符　号	说　明
t_d	循环中高温持续时间
c_0,c_1,c_2	Engelmaire 模型中的拟合常数
δ_p	温度变化引起镀层的变形
$\Delta\delta_p$	基板对镀层作用引起的变形
δ_s	温度变化引起基板的变形
$\Delta\delta_s$	镀层基板作用引起的变形
H	通孔高度
D_f	镀层材料疲劳耐久性系数
E_{Cu}	镀铜的弹性模量
E'_{Cu}	屈服后镀铜的弹性模量
S_γ	镀铜的屈服强度
S_u	镀铜最大拉伸强度
E_E	电路板的弹性模量
α_E	电路板的热膨胀系数
α_{Cu}	镀铜的热膨胀系数
h_E	电路板厚度
d_E	镀通孔直径
h_{Cu}	镀层厚度
A_E	受影响的电路板面积
A_{Cu}	镀铜桶的横截面积
ΔT	元器件温度变化幅值
Z_1	参考情况下的振动位移
Z_2	疲劳寿命 N_2 情况下对应的电路板各点振动位移
N_1	参考情况下的振动疲劳寿命
N_2	疲劳寿命
b	疲劳指数
B	平行于元器件的 PCB 边缘长度
L	电子元器件的长度
C_1	不同封装电子元器件的常数
R_{xy}	元器件在 PCB 上的相对位置因子
G_{in}	输入的正弦加速度最大值
P_{in}	谐振频率点上输入的 PSD 值
f_n	电子产品的一阶谐振频率
f_d	PCB 最低固有频率
l	PCB 长度的坐标值
w	PCB 宽度的坐标值
Z_0	电路板中心位置最大位移

第 4 章符号表

符　号	说　明
W_1	长度磨损量
W_v	体积磨损量
W_w	重量磨损量
R_1	线磨损率
R_v	体积磨损率
R_w	重量磨损率
t_c	磨损厚度
ΔV	磨损体积
Δw	磨损前后质量变化
L_s	滑动距离
ρ	被磨损的材料的密度
A_n	滑槽宽度
R_r	粘着结点的半径
W_n	法向载荷
σ_s	较软材料的受压屈服极限
Q	单位滑动距离的总磨损量
K_s	粘着磨损系数
H	布氏硬度
h_d	压入深度
θ	Rabinowicz 模型中圆锥体半角
B_d	圆锥体与压入面相交位置处的圆的直径
A_s	压入部分的投影面积
k_A、k_{A1}、k_{A2}	磨粒的形状系数
P_{max}	最大接触应力
b_W	接触宽度的一半
β_0、c_1	控制裂纹扩展速率的参数
N_f	疲劳循环次数

第 5 章符号表

符　号	说　明
τ_{cr}	腐蚀故障前时间
RH	相对湿度
E_a	激活能
k	玻耳兹曼常数
T	开氏温度
α_0	湿度加速参数
J	扩散流量
ρ_c	浓度

符　号	说　明
D	扩散系数
V_k	扩散速率
V_A、V_B	扩散系统中成分 A 和 B 的摩尔体积
J_A、J_B	扩散系统中成分 A 和 B 的固有流量
D_A、D_B	扩散系统中成分 A 和 B 的固有扩散系数
A_R	空洞面积与焊点界面区域的面积比
ρ_{C_B}	成分 B 的浓度
L_{th}	金属间化合物厚度的故障阈值
D_0	扩散常数

第 6 章符号表

符　号	说　明
V_{GS}	栅源电压
V_G	栅电压
V_D	漏电压
V_B	背栅压
I_{sub}	衬底电流
I_G	栅电流
I_{ds}	漏极、沟道电流
p_1	电子从电场获得足够能量以克服势垒的概率
p_2	发生重定向碰撞的概率,也就是说,将电子发送到 SiO_2 绝缘体界面
p_3	电子在不损失能量的情况下向界面移动的概率
p_4	电子不能很好地在势阱中散射的概率
E_c	沟道电场强度
λ	散射平均自由程
Φ_b	$Si - SiO_2$ 势垒
ε	介电常数
λ_r	改变方向后的自由程
x_m	势垒的平均宽度
C_1、C_2	常数/比例常数
Φ_i	冲击电离能
q	电荷量
m	比例系数
C_N	常数
W_h	沟道宽度
τ_{HCI}	热载流子机理故障时间
C_N	常数
E_a	激活能

符　号	说　明
T	温度
k	玻耳兹曼常数
A_0	热载流子模型的器件相关的系数
AF	加速因子
G_1	常数
E_{ox}	栅氧化层上的电场强度
γ_1	电场加速参数
$\tau_{1/E}$	1/E 模型计算的 TDDB 故障时间
τ_E	E 模型计算的 TDDB 故障时间
F_q	电场力
F_e	摩擦力
F_1	常数
P_d	附加动量
R_e	质量输运率
υ	电子平均速度
E_e	电场强度
τ	碰撞之间的平均自由时间
e	电子电荷
R_ρ	体积电阻率
J	电流密度
n_e	每秒通过单位体积金属传输的电子数
ρ_e	电子密度
D_1	金属扩散常数
τ_{EM}	金属膜导体的电迁移平均故障时间
F_2	常数
W_d	导体/互连线宽度
t_d	导体/互连线薄膜厚度
S_d	离子散射截面积
A	Black 模型常数
n	电流密度指数
$f(t)$	故障时间的概率密度函数
t_{50}	故障时间的中值
σ	对数正态分布对数标准差
$t_{16\%}$	样本的 16% 发生故障的故障时间
$t_{1\%}$	样本的 1% 发生故障的故障时间
$t_{0.13\%}$	样本的 0.13% 发生故障的故障时间
α	威布尔分布特征故障时间
β	威布尔分布形状参数
$F(t)$	对数正态分布的累积故障函数

符 号	说 明
t_{63}	威布尔分布的特征故障时间
Q_t	热源能量
κ	导热率
α_λ	热扩散率的倒数
P	脉冲功率
S_A	结面积
ρ	密度
C_ρ	比热容
T_0	初始温度
t	脉冲持续时间
T_m	发生故障时的温度
t_{max}	可承受的脉冲最长能够持续的时间

第 7 章符号表

符 号	说 明
N_1、N_2	两种状况下产生疲劳故障前的循环数
S_1、S_2	两种状况下发生故障的应力
b	Basquin 模型直线斜率相关的疲劳指数
K	应力集中因子
Z_1、Z_2	两种状况下位移
B	平行于元器件的 PCB 边缘长度
L	电子元器件的长度
h_E	PCB 的高度或厚度
C_1	不同封装电子元器件的常数
R_{xy}	元器件在 PCB 上的相对位置因子
A_{mn}	系数
X、Y	横纵坐标
l	电路板的长
w	电路板的宽
Z_0	电路板中心位置最大位移
Y_0	最大位移
Y	瞬时位移
Ω	角速度
V	瞬时速度
a_{max}	最大加速度
a	瞬时加速度

符　号	说　明
f	频率
g	重力加速度
G_a	最大重力加速度
Q	振动传递率
G_{out}	以重力加速度单位表示的输出加速度
G_{in}	输入加速度
m	质量
c	阻尼
K	刚度
P_0	最大动载荷(输入力)
θ	相角
Ω_n	谐振角频率
Y_{st}	最大动载荷引起的系统位移
A	动态放大比
F_0	最大输出力
R_Ω	传递率中频率中间系数
R_c	传递率中阻尼中间系数
P	功率谱密度值
G_{RMS}	均方根(RMS)加速度
Δf	频率带宽
P_{out}	输入功率谱密度
P_{in}	输出功率谱密度
f_n	谐振频率
Z_{RMS}	均方根(RMS)位移
dM/dt	化学反应速率
A_1	Arrhenius 模型常数
ξ	退化量特征值
A	逆幂率模型常数
n	逆幂率模型常数
S_t	非温度应力
f_1	考虑由非温度应力存在时的修正因子
f_2	考虑由非温度应力存在时对激活能的修正因子
V_{th}	半导体器件的阈值电压
TF	S 退化到某一临界值,使器件失去正常功能时所经历的时间
y	特征退化量
α	退化方程中的固定参数
β	退化方程中随机参数
ε_0	测量误差

符　号	说　明
W	轴承磨损量
ε_{ij}	退化方程中测量误差
W_1	试件吸收的能量
n_1	循环数
D	损伤
n_T	热循环次数
n_v	振动循环次数
N_T	温度单独作用时的故障循环次数
N_v	振动单独作用时故障循环次数
N_{f_1}	第一种温度循环下故障前的循环次数
N_{f_2}	第二种温度循环下故障前的循环次数
a_c	器件外壳热膨胀系数
a_s	基板材料热膨胀系数
L_D	器件有效长度
ΔT	温度变化值

第 9 章符号表

符　号	说　明
m	典型任务剖面数
p	任务执行的可能区域数
a_m	第 k 种任务占所有比例的比率
t_m	第 k 种任务的时间
T_{min}	最小集合的任务时间
n	任务剖面组合个数

第 10 章符号表

符　号	说　明
MKE_{ij}	与第 k 个模态第 i 自由度相对应的模态动能
Φ_{ik}	第 k 个模态在 i 点的分量
M_{ij}	有限元质量阵中的相应元素
Φ_{jk}	第 k 个模态在 j 点的分量
D	损伤
RL	剩余寿命
N_{fL}	齿轮的低周疲劳循环数
σ_L	齿根处的塑性应力值
σ_m	平均应力值
n	循环应变硬化指数
K_σ	循环强度系数
r_1	非线性损伤指数

参考文献

[1] 康锐. 确信可靠性理论与方法[M]. 北京：国防工业出版社，2020.

[2] Pecht M，Dasgupta A. Physics of Failure：an Approach to Reliable Product Development [R]，IRW Final Report，1995.

[3] Lall P，Pecht M. An Integrated Physics-of-Failure Approach To Reliability Assessment [J]. Advances in Electronic Packaging ASME EEP，1993，4(1).

[4] 姚立真. 可靠性物理[M]. 北京：电子工业出版社，2004.

[5] 李舜铭. 机械疲劳与可靠性设计[M]. 北京：科学出版社，2006.

[6] 孙博，陈云霞. 基于失效物理的电子产品可靠性技术研究现状[R]. 中国国防科学技术报告，2004.

[7] Chatterjee K，Modarres M，Bernstein J B，Nicholls D. Celebrating Fifty Years of Physics of Failure[J]. Reliability and Maintainability Symposium (RAMS)，2013：1-6.

[8] Pecht M，Gu J. Physics-of-failure-based prognostics for electronic products [J]. Transactions of the Institute of Measurement and Control，2009，31(3-4)：309-322.

[9] Li Junhui，Dasgupta A. Failure-Mechanism Models for Creep and Creep Rupture [J]. IEEE Transaction on Reliability，1992，41(2)：168-174.

[10] Dasgupta A. Failure Mechanism Models for Cyclic Fatigue [J]. IEEE Transaction on Reliability，1993，42(4)：548-555.

[11] 尚福林，王子昆. 塑性力学基础[M]. 西安：西安交通大学出版社，2011.

[12] 贾乃文. 粘塑性力学及工程应用[M]. 北京：地震出版社，2000.

[13] 杨新华，陈传尧. 疲劳与断裂.[M]. 2 版. 武汉：华中科技大学出版社，2018.

[14] 王小红. 材料工程基础[M]. 北京. 科学出版社，2019.

[15] 许金泉. 疲劳力学[M]. 北京：科学出版社，2017.

[16] 郭伟，曹宏瑞，何正嘉. 近年滚动接触疲劳的确定性研究寿命模型综述[J]. 应用力学学报. 2014：31(4)：606-610.

[17] Chai F，Osterman M，Pecht M. Strain-Range-Based Solder Life Predictions Under Temperature Cycling With Varying Amplitude and Mean[J]，IEEE Transactions on Device and Materials Reliability，2014，14(1)：351-357.

[18] Konoza A，Sandborn P，Chaloupka A. An Analysis of the Electronic Assembly Repair Process for Lead-Free Parts Under Combined Loading Conditions[J]. IEEE Transactions on Components，Packaging and Manufacturing Technology，2012，2 (9)：1558-1567.

[19] George E，Osterman M，Pecht M，Coyle R. Effects of Extended Dwell Time on Thermal Fatigue Life of Ceramic Chip Resistors [C]，45th International Symposium on Microelectronics，San Diego，California，USA，2012.

[20] George E，Das D，Osterman M，Pecht M. Thermal Cycling Reliability of Lead-Free Solders (SAC305 and Sn3.5Ag) for High-Temperature Applications [J]. IEEE Transactions on Device and Materials Reliability,2011,11(2)：328-338.

[21] Menon S，Osterman M，Pecht M. Vibration Durability of Mixed Solder Ball Grid Array Assemblies [C]. Electronic Systems Technology Conference，Las Vegas，NV，2013.

[22] Lakhkar N，Menon S，Osterman M. Investigation of Harmonic Vibration Loading on Package on Package Assemblies [A]. Electronic Systems Technology Conference，Las Vegas，NV，2013.

[23] Habtour E，Choi C，Osterman M，Dasgupta A. Novel Approach to Improve Electronics Reliability in the Next Generation of US Army Small Unmanned Ground Vehicles Under Complex Vibration Conditions [J]. Failure Analysis and Prevention,2012,12 (1):86-95.

[24] Chen Y，Hou Z，Kang R. Lifetime Prediction and Impact Factors Analysis of Ball Grid Array Solder Joint based on FEA [C]. International Conference on Electronic Packaging Technology and high density packaging，Xi'an，china，2010.

[25] 陈颖，康锐. 球栅阵列封装焊点寿命预测的综合方法[J]. 焊接学报，2009,30(11)：105-108.

[26] 陈颖,霍玉杰,谢劲松,等.印刷线路板设计参数对镀通孔可靠性的影响[J].北京航空航天大学学报.2007,33(8):954-958.

[27] 陈颖,康锐.PBGA 封装焊点寿命影响因素的有限元分析[J].半导体技术.2008,33(7)：563-566.

[28] 陈颖,谢劲松,孔令文.镀通孔制造过程的失效机理与物理模型[J].电子元件与材料，2007,26(6):4-7.

[29] 陈颖,孙博,谢劲松,等.芯片粘接空洞对功率器件散热特性的影响[J].半导体技术，2007,32(10):859-862.

[30] Pecht M，Lall P. The influence of temperature on integrated circuit failure mechanisms [J]. Quality and Engineering International, 1992, 8:167-175.

[31] Lall P，Pecht M. Characterization of functional relationship between temperature and microelectronic reliability [J]. Microelectronic Reliability，1995，35(3):377-402.

[32] Syed A. R. Thermal fatigue reliability enhancement of plastic ball grid array (PBGA) package [C]. IEEE Electronic Components and Technology Conference，1996.

[33] Pang J H L，Seetoh C W，Wang Z P. CBGA solder joint reliability evaluation based on elastic plastic creep analysis [J]. ASME Journal of Electronic Packaging，2000，122 (3):255-261.

[34] IPC-TR-579 Round Robin Reliability Evaluation of Small Diameter Plated Through Holes in Printed Wiring Boards [S]. IPC Technical Report，1988.

[35] Xie J，Kang R，Zhang Y，Gordon Guo. A PTH Reliability Model Considering Barrel Stress Distributions and Multiple PTHs in a PWB [A]. The 44th Annual International

Reliability Physics Symposium（IRPS 2006）San Jose，CA，USA，2006.

[36] Mirman B. Mathematical model of a plated-through hole under a load induced by thermal mismatch [J]. IEEE Transactions on Components，Hybrids，and Manufacturing Technology，1988，11（4）：506-511.

[37] Mirman B. Mathematical Model of a Plated-Through-Hole Structure under a Load Induced by Thermal Mismatch [C]. InterSociety Conference on Thermal Phenomena in the Fabrication and Operation of Electronic Components，Los Angeles，CA，USA，1988.

[38] Steinberg S D. Vibration analysis for electronic equipment [M]. 2nd ed. A Wiley-interscience publication，JOHN WILEY&SONS，1989.

[39] 袁兴栋，郭晓斐，杨晓洁. 金属材料磨损原理[M]. 北京：化学工业出版社，2014.

[40] 侯文英. 摩擦磨损与润滑[M]. 北京：机械工业出版社，2012.

[41] 赫罗绍夫 M M，巴比契夫 M A. 金属的磨损[M]. 北京：机械工业出版社，1966.

[42] 姜晓霞，李诗卓，李曙. [M]金属的腐蚀磨损. 北京：化学工业出版社，2003.

[43] 林福严. 磨损理论与抗磨技术[M]. 北京：科学出版社，1993.

[44] 刘家浚. 材料磨损原理及其耐磨性[M]. 北京：清华大学出版社，1993.

[45] 高彩桥. 材料的粘着磨损与疲劳磨损[M]. 北京：机械工业出版社 1989.

[46] Rudra B，Jennings D. Failure Mechanism Models for Conductive-Filament Formation [J]，IEEE Transaction on Reliability，1994，43（3）：354-360.

[47] Knecht S，Fox L R. Constitutive Relation and Creep-Fatigue Life Model for Eutectic Tin-Lead Solder [J]. IEEE Transactions on Components，Hybrids and Manufacturing Technology，1990，13（2）：418-433.

[48] 林玉珍，杨德均. 腐蚀和腐蚀控制原理[M]. 北京：中国石化出版社，2007.

[49] 魏宝明. 金属腐蚀理论及应用[M]. 北京：化学工业出版社，1984.

[50] 杨德钧. 金属腐蚀学[M]. 北京：冶金工业出版社，1999.

[51] Jones A D. Principles and prevention of corrosion [M]. Prentice Hall，1996.

[52] 曹楚南. 腐蚀电化学原理[M]. 北京：化学工业出版社，1985.

[53] 何业东. 材料腐蚀与防护概论[M]. 北京：机械工业出版社，2005.

[54] 白新德. 材料腐蚀与控制[M]. 北京：清华大学出版社，2005.

[55] Maricau E，Gielen G. Computer-Aided Analog Circuit Design for Reliability in Nanometer CMOS [J]. IEEE Journal on Emerging and Selected Topics in Circuits and Systems，2011，1（1）：50-58.

[56] Chen Y，Kang R，Zhang G G. Failure Mechanisms and Lifetime Simulation Method for Nano Scale CMOS devices [J]. Key Engineering Materials，2011，483：40-44.

[57] Weber W，Werner C，Schwerin A. Lifetime and substrate currents in static and dynamic hot carrier degradation [C]. International Electron Devices Meeting，Los Angeles，CA，USA，1986.

[58] Liang C，Gaw H，Cheng P. An analytical model for self-limiting behavior of hot-carrier degradation in 0.25μm n-MOSFET's[J]，IEEE Electron Device Lett.，1992，13（11）：

569-571.

[59] 恩云飞,谢少锋,何小琦.可靠性物理[M].北京:电子工业出版社,2015.

[60] Young D, Christou A. Failure Mechanism Models for Electromigration [J], IEEE Transaction on Reliability, 1994, 43(2):354-360.

[61] 赵宇,谢劲松.半导体器件的通用电迁移失效物理模型[A].中国电子学会第十一届全国可靠性物理学术讨论会论文集[C].浙江温州,2005,77-83.

[62] 梁振光.电磁兼容原理、技术及应用.[M].2版.北京:机械工业出版社,2017.

[63] 何宏.电磁兼容原理与技术[M].北京:清华大学出版社,2017.

[64] Chookah M, Nuhi M, Modarres M. A probabilistic Physics-of-Failure model for prognostic health management of structures subject to pitting and corrosion-fatigue [J]. Reliability Engineering and System Safety, 2011, 96:1601-1610.

[65] Nagy T, Turanyi T. Determination of the uncertainty domain of the Arrhenius parameters needed for the investigation of combustion kinetic models [J]. Reliability Engineering and System Safety, 2012, 107:29-34.

[66] Chen Y, Xie L, Kang R. Probabilistic Modeling of Solder Joint Thermal Fatigue with Bayesian Method[C]. IEEE International Conference on Industrial Engineering and Engineering Management, Hong Kong, 2012.

[67] 麦克弗森.可靠性物理与工程:失效时间模型[M].秦飞,等译.北京:科学出版社.2013.

[68] 周玉辉.基于加速磨损试验的止推轴承磨损寿命预测[J].北京航空航天大学学报,2011,37(8):1016-1020.

[69] 林震,姜同敏,程永生,等.阿伦尼斯模型研究[J].电子产品可靠性与环境试验,2005,6:11-14.

[70] Gorjian N, Ma L. A review on reliability models with covariates[C]. Proceedings of the 4th World Congress on Engineering Asset Management Athens, 2009.

[71] 赵建印.基于性能退化数据的可靠性建模与应用研究[D].国防科学技术大学,2005,10.

[72] Barker D B, Vodzak J, Dasgupta A, Pecht M. Combined vibrational and thermal solder joint fatigue-a generalized strain versus life approach [J]. ASME Journal of Electronic Packaging, 1990, 112(2): 129-134.

[73] Yang P, Liu D J, Zhao Y F, et al. Approach on the life-prediction of solder joint for electronic packaging under combined loading[C]. IEEE Transactions on Reliability, 2013, 62(4): 870-875.

[74] Pang J H L, Che F X, Low T H. Vibration fatigue analysis for FCOB solder joints [J]. IEEE Electronic Components and Technology Conference, 2004, 1: 1055-1061.

[75] Perkins A, Sitaraman S K. Vibration-induced solder joint failure for a ceramic column grid array (CCGA) package [J]. IEEE Electronic Components and Technology Conference, 2004, 2: 1271-1278.

[76] Pei M, Fan X, Bhatti P K. Field condition reliability assessment for SnPb and SnAgCu solder joints in power cycling including mini cycles [J]. IEEE Electronic Components and Technology Conference, 2006, 7: 899-905.

[77] Chai F，Osterman M，Pecht M. Strain-range-based solder life predictions under temperature cycling with varying amplitude and mean[J]. IEEE Transactions on Device and Materials Reliability，2014，14(1)：351-357.

[78] Basaran C，Chandaroy R. Thermomechanical analysis of solder joints under thermal and vibrational loading [J]. Journal of Electronic Packaging，2002，124(1)：279-284.

[79] Perkins A，Sitaraman S K. A study into the sequencing of thermal cycling and vibration tests [C]. IEEE Electronic Components and Technology Conference，2008.

[80] Yang L，Yin L，Arafei B，et al. On the assessment of the life of SnAgCu solder joints in cycling with varying amplitudes[J]. IEEE Transactions on Components Packaging and Manufacturing Technology，2013，3(3)：430-440.

[81] Borgesen P，Yang L，Qasaimeh A，et al. Damage accumulation in Pb-free solder joints for complex loading histories [C]. Proc. Pan Pacific Microelectronics Symposium，Hawaii，Jan. 2011：18-20.

[82] Chen Y，Yang W M，Yuan Z H，et al. Nonlinear Damage Accumulation Rule for Solder Life Prediction under Combined Temperature profile with Varying Amplitude[C]. IEEE Transactions on Components Packaging and manufacturing Technology，2019，9(1)：39-50.

[83] Fan J，Yung K C，Pecht M. Failure modes，mechanisms，and effects analysis for LED backlight systems used in LCD TVs [C]. Prognostics & System Health Management Conference，2011.

[84] Cheng S，Das D，Pecht M. Using Failure Modes，Mechanisms，and Effects Analysis in Medical Device Adverse Event Investigations[C]. International Conference on Biomedical Ontology，Buffalo，NY，2011.

[85] Xie L，Ying C，Rui K. Failure Mode，Mechanism and Effect Analysis for Single Board Computers[C]. Prognostics & System Health Management Conference，2011.

[86] 陈颖，侯泽兵，康锐. 故障模式、机理及影响分析（FMMEA）及应用研究[C]. 中国航空学会 12 届学术年会，2010，10.

[87] Cheng S，Das D，Pecht A M. Using Failure Modes，Mechanisms，and Effects Analysis in Medical Device Adverse Event Investigations[J]. Icbo，2011.

[88] 骆明珠，陈颖，康锐. 基于 PoF 模型的电子产品可靠性参数计算方法[J]. 系统工程与电子技术，2014.

[89] 陈颖，高蕾，康锐. 基于故障物理的电子产品可靠性仿真分析方法[J]. 中国电子科学研究院学报，2013，8(5)：444-448.

[90] Chen Y，Xie L，Kang R. Reliability prediction of single-board computer based on physics of failure method[C]. Industrial Electronics & Applications，2011.

[91] Smith G，Schroeder J B，Navarro S，et al. Development of a prognostics and health management capability for the Joint Strike Fighter[C]. Autotestcon，97 IEEE Autotestcon. IEEE，2002.

[92] Malley M E. Methodology for Simulating the Joint Strike Fighter's (JSF) prognostics

and Health Management System[D]. Air Force Institute of Technology Master's thesis, 2001.

[93] Mathew S, Das D, Rossenberger R, Pecht M. Failure mechanisms based prognostics [C]. International conference on prognostics and health management, 2008:356-367.

[94] Vichare N M, Pecht M. Prognostics and health management of electronics [J]. IEEE Transactions on Components and Packaging Technologies, 2006, 29(1):222-229.

[95] Kumar S, Dolev E, Pecht M. Parameter selection for health monitoring of electronic products[J]. Microelectronics Reliability, 2010, 50(2):161-168.

[96] Li F, Pecht, Lau, et al. The research and application of the method of life consumption monitoring based on physics of failure[C]. International Conference on Electronic Packaging Technology & High Density Packaging. IEEE, 2010.

[97] Xie J, Pecht M. Application of in-situ health monitoring and prognostic sensors[A]. 9th Pan Pacific Microelectronic Symposium Exhibits Conference Proceedings, 2004.

[98] 张宝珍,曾天翔. 先进的故障预测与状态管理技术[J]. 测控技术,2003,22(11):4-6.

[99] 徐萍,康锐. 预测与状态管理系统 PHM 技术研究[J]. 测控技术,2004,23(12):58-60.

[100] 曾声奎. 故障预测与健康管理 PHM 技术的现状与发展[J]. 航空学报,2005, 26(5): 626-632.

[101] 马静华,谢劲松,康锐. 电子产品健康监控和故障预测的流程和案例[C]//中国航空学会可靠性工程专业委员会第十届学术年会论文集. 北京:国防工业出版社,2006.

[102] Mishra S, Ganesa S, Pecht M, et al. Life consumption monitoring for electronics prognostics[J]. IEEE, 2004, 5:3455-3467

[103] Vasan A, Long B, Pecht M. Prognostics Method for Analog Electronic Circuits[C]. Annual Conference of Prognostics and Health Management Society, 2012.

[104] Kumar S, Dolev E, Pecht M. Parameter selection for health monitoring of electronic products[J]. Microelectronics Reliability 2010, 50:161-168.

[105] Sood B, Osterman M, Pecht M. Health Monitoring of Lithium-ion Batteries [C]. 46th 2013 IEEE Symposium on Product Compliance Engineering (ISPCE), 2013.

[106] Miao Q, Xie L, Cui H, et al. Remaining useful life prediction of lithium-ion battery with unscented particle filter technique [J]. Microelectronics Reliability, 2013, 53 (6): 805-810.

[107] Liu D, Pang J, Zhou J, et al. Prognostics for state of health estimation of lithium-ion batteries based on combination Gaussian process functional regression [J]. Microelectronics Reliability, 2013, 53(6): 832-839.

[108] Patil N, Das D, Pecht M. A Prognostic Approach for Non-Punch Through and Field Stop IGBTs [J]. Microelectronics Reliability, 2012, 52: 482-488.

[109] 孙博,康锐,谢劲松. 故障预测与健康管理系统研究和应用现状综述[J]. 系统工程与电子技术,2007. 29(10):1762-1767.

[110] 孙博,康锐,谢劲松. PHM 系统中的传感器应用与数据传输技术[J]. 测控技术,2007,26 (7):12-14.

［111］孙博,何晶靖,陈颖,等. 基于 Mirman 模型的镀通孔焊盘应力评估有效性研究［J］. 机械强度,2008,30(5)：834- 838.

［112］孙博. 电子产品的故障预测技术和模型研究［D］. 北京航空航天大学,2007.

［113］Black J R. Electromigration failure modes in Aluminum Metallization for semiconductor devices. Proceedings of the IEEE. 1969,57(9):1587-1593

［114］White M, Bernstein J B. Microelectronics Reliability:Physics-of-Failure Based Modeling and Lifetime Evaluation. NASA report WBS: 939904. 01. 11. 10, 2008.

［115］戴夫 S 斯坦伯格,常勇. 电子设备热循环和故障预防［M］. 丁其伯,译. 北京:航空工业出版社. 2012.

［116］Steinberg D S. Vibration Analysis For Electronic Equipment. 3rd ed. John Wiley & Sons, Inc 2000.

［117］Chen Y, Yang W M, Zeng H Y, et al. Nonlinear Damage Accumulation Rule for Solder Life Prediction under Combined Temperature profile with Varying Amplitude. IEEE Transactions on Components Packaging and manufacturing Technology.

［118］Chen Y, Liu Y, Cui Y, et al. Failure mechanism dependence and reliability evaluation of non-repairable system［J］. Reliability Engineering and System Safety. 2015, 138: 273-283.

［119］中航工业集团. 航空电子产品可靠性仿真试验方法:Q/AVIC 05061—2019［S］.

［120］中航工业集团. 航空产品故障模式机理及影响分析指南:Q/AVIC 05062—2019［S］.